BOTANISCHE ABHANDLUNGEN

AUS DEM GEBIET

DER MORPHOLOGIE UND PHYSIOLOGIE.

HERAUSGEGEBEN

VON

Dr. JOHANNES von HANSTEIN,

WEIL. PROFESSOR DER BOTANIK AN DER UNIVERSITÄT BONN.

VIERTER BAND.

DRITTES HEFT.

Beiträge zur allgemeinen Morphologie der Pflanzen von Johannes von Hanstein.

BONN,

BEI ADOLPH MARCUS.

1882.

BEITRÄGE

ZUR ALLGEMEINEN

MORPHOLOGIE DER PFLANZEN

VON

JOHANNES VON HANSTEIN.

BONN,
BEI ADOLPH MARCUS.
1882.

Vorwort des Herausgebers.

Mit dem vorliegenden dritten Hefte erreicht der vierte Band der Botanischen Abhandlungen aus dem Gebiete der Morphologie und Physiologie, herausgegeben von Dr. Joh. v. Hanstein, seinen Abschluss.

Wie schon den Inhalt des zweiten Heftes eine Abhandlung Hanstein's bildete, die erst nach seinem Tode aus dem hinterlassenen Manuskripte herausgegeben werden konnte, so bringt auch das vorliegende Heft eine grössere Arbeit aus dem wissenschaftlichen Nachlass des bisherigen Herausgebers dieser Hefte.

Hanstein hinterliess bei seinem Tode am 27. August 1880 ein unvollendetes umfangreiches Werk, das unter dem Titel „Grundzüge der allgemeinen Morphologie der Pflanzen“ den Gesammt-Umfang der pflanzlichen Morphologie und Biologie behandeln sollte. In diesem Werke beabsichtigte er, den gesammten Umfang des botanischen Wissens von der Gestaltung der Pflanzen in allgemeinen Zügen zu schildern, die Masse der einzelnen Thatsachen in rationellen Zusammenhang zu bringen und dieselben zu erklären. Er ging dabei von der Grundidee aus, dass nur aus der physiologischen Leistung die morphologische Gestaltung einer Pflanze oder eines Pflanzentheiles verstanden werden könne, dass eine Erklärung der morphologischen Thatsachen nur möglich und allein ausführbar sei unter Zugrundelegung der physiologischen Aufgabe, die von den Einzelgestalten auszuführen ist.

Von dieser Grundidee aus hatte er es unternommen, in einem ersten Bande die Zellenlehre und Gewebelehre, den allgemeinen Aufbau des Pflanzenstockes und die Ausbildung seiner einzelnen Glieder, sowie die specielle Gestaltung der verschiedenartigen einzelnen Organe der

Pflanze, kurz die gesammte pflanzliche Morphologie ausführlich zu besprechen, die mannigfaltigen einzelnen Thatsachen zu schildern und in ihrer speciellen Ausbildung und Gestaltung zu erklären. Ein zweiter Band behandelte die gesammte Menge der allgemeineren biologischen Erscheinungen der Pflanzenwelt. Ein dritter Band endlich hatte die Aufgabe, das gesammte Pflanzenreich nach seiner Gliederung in zahlreiche einzelne Abtheilungen und Gruppen in systematischer Uebersicht zu schildern und in rationellen Zusammenhang zu bringen.

Hanstein hatte an diesem Werke seit einer Reihe von Jahren gearbeitet. Das vorliegende Manuskript des ersten und zweiten Bandes ist in den Jahren 1873, 1874 und 1875 niedergeschrieben worden. In den folgenden Jahren entstand der Entwurf des dritten Bandes, und gleichzeitig ward die Bearbeitung der beiden ersten Bände weitergeführt, soweit nicht andere Arbeiten den Verfasser momentan mehr in Anspruch nahmen oder sein leidender körperlicher Zustand eine angestrengte wissenschaftliche Thätigkeit überhaupt unmöglich machte.

Beim Tode Hanstein's war der dritte Band noch gänzlich unfertig. Hanstein hatte in den letzten Jahren seines Lebens fort und fort an der Verbesserung seines Pflanzensystems [1]) gearbeitet und hatte wiederholt grössere und kleinere Umarbeitungen dieses Theiles seines Werkes vorgenommen. Trotzdem aber war gerade dieser Theil noch weit entfernt von einer auch nur einigermaassen abgeschlossenen Vollendung. Der erste und zweite Band waren weit mehr in der Bearbeitung vorgerückt und enthielten nur an einzelnen Stellen noch grössere Lücken. Doch war auch hier der vorliegende Entwurf noch in keinem Theile vollständig durchgearbeitet und druckfertig.

Es hat den Verfasser während der langen Zeit seiner letzten Krankheit vielfach der Gedanke schmerzlich bewegt, dass er nicht mehr im Stande sein würde, das begonnene Werk, an dem er mit so viel Vorliebe und Freude gearbeitet hatte, selbst zu Ende zu führen, namentlich im Hinblicke darauf, dass die eigenartigen Grundanschauungen des ganzen Werkes eine Vollendung desselben durch einen Anderen aufs

1) Vgl. die beiden Entwürfe: Uebersicht des natürlichen Pflanzensystems. Bonn (A. Marcus) 1867 und: Uebersicht des natürlichen Pflanzensystems. Als Manuskript zum Vorlesungsgebrauch entworfen im Winter 1875/76.

höchste erschweren mussten. Leider ist seine Befürchtung zur Gewissheit geworden.

Nach dem Tode des Verfassers war es der lebhafte Wunsch seiner Angehörigen, das unvollendete Werk des Verstorbenen so weit als möglich für die Wissenschaft nutzbar zu machen und zu veröffentlichen. Ein Versuch, das ganze Werk im Sinne des Verfassers zum Abschluss und zur Vollendung zu bringen, musste jedoch alsbald als unausführbar erscheinen. Ebenso stellten sich dem Versuche, die beiden ersten Bände, die in der Ausarbeitung weiter vorgeschritten waren, einigermaassen abzurunden und dem heutigen Stande der wissenschaftlichen Kenntnisse anzupassen, unübersteigliche Hindernisse entgegen, sowie auch eine einfache Drucklegung des vorhandenen unfertigen Manuskriptes bei dem bedeutenden Umfange desselben sich als unmöglich erwies. So blieb schliesslich nichts anderes übrig, als einzelne Abschnitte des ganzen Werkes herauszugreifen und selbständig zu veröffentlichen, um so wenigstens einen Theil der Arbeit und der Resultate des Verfassers für die Wissenschaft zu verwerthen.

Der Aufgabe, die Herausgabe dieser Publikation zu besorgen, hat sich der Unterzeichnete in dankbarem Andenken an seinen verstorbenen Lehrer und Freund bereitwilligst unterzogen. —

Bei der Auswahl einzelner Abschnitte des Manuskriptes zur Veröffentlichung musste es nun zunächst meine Aufgabe sein, unter Berücksichtigung des Raumes, der für die beabsichtigte Publikation zu Gebote stand, diejenigen Abschnitte herauszugreifen, welche theils am vollständigsten ausgearbeitet vorlagen, theils das grösste wissenschaftliche Interesse darboten. Der letztere Gesichtspunkt gebot von vorn herein die Auswahl der Abschnitte I und V des vorliegenden Heftes (I 1 und II 3 des Manuskriptes), von denen der erstere die leitenden Ideen des ganzen Werkes darlegt, der letztere die Grundanschauungen des Verfassers über das Zusammenwirken der Kräfte in der organischen Natur entwickelt. Unter den übrigen Kapiteln des ersten Bandes (Morphologie im engeren Sinne) (1. Pflanzliche Eigenthümlichkeiten, 2. Zelle, 3. Zellvereinigungen, 4. Aufbau des Pflanzenstocks, 5. Glieder des Pflanzenstocks, 6. Verjüngung und Fortpflanzung, 7. Anordnung der Sprosse des Pflanzenkörpers, 8. Blüthengestalten, 9. Frucht, Same, Keim) bestimmten dann die genannten Gesichtspunkte zur Auswahl des Kapitels 7 (II des vorliegenden Heftes) und des letzten Abschnittes von Kapitel 8 (III) und ebenso unter den Kapiteln des zweiten Bandes (Biologie) (1. Standort und Pflanzengestalt, 2. Wehrvermögen und Kampf gegen die Umgebung, 3. Zusammenwirken allgemeiner und besonderer Kräfte bei der Gestaltung der Pflanzen, 4. Aufbau des Pflanzenreichs) zur Auswahl des Kapitels 2 (IV des vorliegenden Heftes).

Allein auch diese ausgewählten Abschnitte lagen keineswegs vollständig ausgearbeitet im Manuskript vor. Es konnte nun nicht meine Aufgabe sein, diese Abschnitte im Sinne des Verfassers vollständig auszuführen und abzurunden oder dieselben zu einem einheitlichen organischen Ganzen zu verschmelzen, namentlich da ich selbst dem allgemeinen Standpunkte und den Grundanschauungen des Werkes nicht in allen Stücken beizustimmen vermag. Ebensowenig konnte es sich darum handeln, die Darstellung selbst dem gegenwärtigen Standpunkte der Wissenschaft anzupassen und mancherlei Einzelheiten des Entwurfes, der im Laufe der Jahre 1873 bis 1875 niedergeschrieben und seitdem nur hie und da vervollständigt worden ist, den neueren Forschungsergebnissen entsprechend zu verändern oder zu ergänzen. Vielmehr habe ich geglaubt, mich auf eine redaktionelle Revision der vorliegenden Abschnitte beschränken zu sollen.

Das vorliegende Heft bringt somit die einzelnen Abschnitte des Hanstein'schen Manuskriptes in fast unveränderter Wiedergabe. Ich habe allein die Darstellung selbst, die der Natur eines ersten Entwurfes entsprechend mancherlei Unebenheiten darbot, etwas zu glätten und abzurunden gesucht, ohne dabei jedoch alle Eigenthümlichkeiten der Ausdrucksweise beseitigen zu wollen. Es sollte eben die ursprüngliche Darstellung, so wie sie vorlag, möglichst unverändert erhalten und nur der nothwendigsten Redaktion unterzogen werden.

In dem Entwurfe des Hanstein'schen Werkes waren die Beispiele nur an einzelnen Stellen bereits vollständig ausgeführt; meist sind noch grössere oder kleinere Lücken im Manuskripte offen gelassen, um die erforderlichen Beispiele später nachzutragen. Solche Stellen sind in dem vorliegenden Hefte durch ..... angedeutet, zuweilen, wo es der Zusammenhang gestattete, gänzlich unterdrückt worden; in einzelnen Fällen wurden die Namen der Pflanzen, die am Rande des Manuskriptes vorläufig notirt standen, in den Text selbst aufgenommen.

Bei der Zusammenstellung der Abschnitte des vorliegenden Heftes sind ferner so viel als möglich die Hinweise auf vorhergehende oder spätere Theile des ganzen Werkes, die hier nicht mit aufgenommen werden konnten, beseitigt worden, um den Eindruck, dass hier nur Bruchstücke eines grösseren Ganzen vorliegen, möglichst wenig hervortreten zu lassen. Doch liess sich dies vielfach ohne wesentliche Veränderungen der ursprünglichen Darstellung nicht erreichen, und sind deshalb mehrere derartige Hinweise stehen geblieben.

Litteraturangaben und Citate fehlen in der Darstellung des Manuskriptes noch vollständig und sollten erst nachträglich eingefügt werden. Dieselben mussten deshalb auch in der vorliegenden Publikation bei Seite gelassen werden. Doch wird der kundige Leser leicht die Benutzung der einschlägigen Litteratur, soweit sie vor 1874—75 erschienen ist, aus der Darstellung selbst erkennen. Die neuere Litteratur war in dem Entwurfe des Manuskriptes noch nicht verwerthet worden.

Von den zahlreichen neuen Bezeichnungen, welche in den nachfolgenden Abschnitten benutzt worden sind, erfährt die Mehrzahl ihre Erklärung durch die Darstellung selbst. Einige sind bereits durch die Abhandlung des Verfassers „Das Protoplasma als Träger der thierischen und pflanzlichen Lebensverrichtungen (Heidelberg 1880)“ in die Wissenschaft eingeführt worden. Die übrigen erklären sich durch ihre Wortbedeutung einfach und leicht, sodass von besonderen Erklärungen derselben abgesehen werden konnte.

Es sind einzelne Abschnitte eines unvollendeten grösseren Werkes, welche in dem vorliegenden Hefte mitgetheilt werden. Die bessernde Hand des Verfassers würde wohl noch manches daran geändert und umgearbeitet haben, ehe das vollendete Ganze dem Druck übergeben worden wäre. Sein vorzeitiger Tod hat dies unmöglich gemacht. Allein auch aus dem unvollendeten Entwurfe tritt deutlich und klar der Grundgedanke des begonnenen Werkes hervor.

Bonn im März 1882.

Fr. Schmitz.

Inhalt.

I.

Morphologie nennt man die Wissenschaft von dem Gestaltenkreise, welcher einer gewissen Klasse von Naturkörpern eigen ist. Die Aufgabe derselben ist, den rationellen Zusammenhang der Erscheinungsformen aufzudecken. Es hat dieselbe also nicht bloss diese einzelnen Erscheinungsformen zu beschreiben, sondern auch nachzuweisen, wie sie zu Stande kommen.

Gleich anderen Naturerscheinungen sind die Gestalten der Pflanzen die Ergebnisse zusammengesetzter Bewegungen, welche als Wirkungen von Naturkräften aufgefasst werden müssen, die theils in ihnen selbst, theils ausser ihnen ihren Angriffspunkt haben. Sie sind also keine zufälligen, sondern aus bestimmbaren Gründen abzuleitende Erscheinungen. Die Ausführung dieser Ableitung ist nun der Gegenstand der pflanzlichen Morphologie, und diese wird ihre Aufgabe erfüllt haben, wenn sie die ganze Mannigfaltigkeit der Pflanzengestalten aus möglichst wenigen allgemeinen Annahmesätzen zum Verständniss zu bringen und diese wiederum auf möglichst wenige einfache Kräfte zurückzuführen vermocht hat.

Desgleichen hat sie den Versuch zu machen, auch die Aehnlichkeiten und Unterschiede der Einzelpflanzen als einer einheitlichen Reihe mit einander verknüpfter Formen aus denselben Ursachen herzuleiten und sie als ein System zusammenzufassen.

Pflanzliche Eigenthümlichkeiten.

§. 1. Die Körper, welche sich in oder auf der Erde befinden, sind von zweierlei Art. Die einen, welche die Hauptmasse derselben ausmachen, bilden ein Gemenge vieler Elementar-Stoffe in einfacheren chemischen Verbindungen. Sie sind meist ohne eigene Gestalt, nur zum geringeren Theile gewinnen sie ein regelmässiges Gefüge ihrer Massentheilchen durch die Krystallbildung. Doch sind die hierdurch entstandenen Form-Individuen innerlich gleichartig und vergrössern sich durch Massenzunahme nur an der Oberfläche ohne Umbildung ihrer Gestalt.

Die andern sind individualisirte Körper, welche sich als abgeschlossene Eigenwesen zu den sie umgebenden Massen in einen Gegensatz stellen. Indem sie sich auf Kosten derselben durch Aufnahme von Stofftheilen in ihr Inneres vergrössern, bilden sie zugleich ihre Gestalt in bestimmtem, wiederkehrendem Kreislauf aus, d. h. sie entwickeln dieselbe. Der Erfahrung nach gehen diese Einzelkörper in der Jetztzeit nicht von Neuem aus den umgebenden Massen hervor. Vielmehr entstehen sie aus einander durch Vervielfältigung der bestehenden oder durch die Bildung neuer Individuen innerhalb der alten.

Man nennt die mit diesem selbständigen Gestaltungsvermögen begabten Einzelwesen lebendige oder organische Körper (Organismen), jene anderen im Gegensatz anorganische. Je nach dem Grade der Selbständigkeit und der Freiheit gegenüber der anorganischen Umgebung unterscheiden wir die Organismen ferner in Thiere nnd Pflanzen. Als thierische Einzelwesen werden diejenigen betrachtet, welche befähigt sind, infolge äusserer Reize den Gegensatz ihrer eigenen Körperlichkeit zur Aussenwelt zu empfinden, und welche diese Selbstempfindung durch Bewegungen, die durch Selbstbestimmung geleitet werden, bethätigen. Als Pflanzen dagegen werden diejenigen angesehen, bei denen nach bisheriger Erfahrung weder Selbstempfindung noch Selbstbestimmung stattfindet, deren Kräfte-Aeusserung sich daher nur auf Aufnahme und Umbildung von Stoffen, Ausbildung der Gestalt und Herstellung neuer ähnlicher Einzelkörper beschränkt.

§. 2. Diese Organismen, die wir Pflanzen nennen, bedecken die Erdoberfläche in grosser Mannigfaltigkeit der Formen und der Grössen-Verhältnisse. Sie stellen bald kleine und einfache, bald massige, aus zahlreichen Gliedern zusammengesetzte Gestalten dar. Man möchte zweifeln, ob in der Verschiedenartigkeit ein Gemeinsames zu entdecken sei. Dennoch fasst sie der Volksmund unter ebenso einheitlichem Namen wie die Thiere zusammen. Es ist daher erforderlich, von jeder einzelnen Form das Specifische, Unwesentliche begrifflich abzustreifen, damit das Generelle und Wesentliche hervortritt, dasjenige, was die Pflanze als solche im Gegensatz zu anderen Naturkörpern sicher kennzeichnet.

Als derartige gemeinsame Züge werden nun doch nicht wenige ohne Schwierigkeit zu erkennen sein.

Die Mehrzahl derjenigen uns umgebenden Pflanzen, die am meisten in die Augen fallen, gehören den vollkommeneren Kreisen des Gewächsreiches an. Unter ihnen verräth sich leicht ein gewisser, fast allen gemeinsamer Bauplan, nach welchem ihre Körperlichkeiten aufgeführt sind. Wir sind gewohnt, grünes Laubwerk auf langgestreckten, säulenförmigen, verzweigten Stämmen oder Stengeln emporgehoben zu sehen. Wir kennen fast bei allen buntgefärbte, einander physiognomisch ziemlich ähnliche Theile, die wir Blüthen nennen, und an deren Stelle nachher die sogenannten Früchte erscheinen. Jeder weiss, dass die den Früchten entnommenen Samenkörner befähigt sind, neue ähnliche Pflanzen ins Dasein treten zu lassen. Und es geschieht dies, indem aus diesem Samen sich zuvörderst ein sehr einfach gebautes Gebilde entfaltet, das sich vergrössert, sich mehr und mehr gliedert und alle einzelnen Lebens- und Gestaltungs-Stadien des mütterlichen Wesens wiederholt. Endlich lehrt die Erfahrung, dass der Stamm sich abwärts, in den Erdboden hinab, in ein meist ästiges Wurzelwerk zertheilt. Dabei zeigt sich allgemein, dass an dem Stamm aufwärts wie abwärts periodisch immer neue Glieder ausgebildet werden, deren Anzahl dem Anscheine nach ohne Beschränkung ist, so dass der gesammte Körperumfang nirgends wie bei den Thieren ein bestimmt umgrenzter genannt werden kann.

§. 3. Ebenso drängt sich uns eine gewisse Beziehung jedes Pflanzen-Individuums zu seiner Umgebung auf. Es findet ein bemerkbarer Verkehr und Austausch zwischen dem Laubwerk und der umgebenden Atmosphäre, eine noch bemerkbarere Aufnahme vom Gehalte des Bodens durch die Wurzeln statt, welche zugleich auch den Pflanzenkörper im Boden befestigen. Ersichtlich hängt die Zunahme des Pflanzenkörpers an Masse von diesen Verkehrs-Beziehungen ab. Die Substanz der Pflanze mehrt sich proportional dieser Aufnahme von Luft- und Bodenbestandtheilen. Allein dies geschieht nicht unter allen Umständen. Gewisse physikalische Einwirkungen sind unentbehrlich, zumal erscheinen Licht und Wärme und ein Vorrath von Wasser in auffallendster Weise als unerlässliche Bedingungen.

Ferner folgt aus genauerer Beobachtung, dass die Pflanzen, nachdem sie durch Laub und Wurzeln aus der Umgebung die einfachen

Stoffe oder Stoffverbindungen aufgenommen haben, in ihrem Innern selbst aus diesen die viel zusammengesetzteren und mannigfaltigeren chemischen Associationen herstellen, aus denen ihre Organe gebildet sind. Dieselben sind fertig nirgends in der anorganischen Natur vorhanden, und stellen sich auch durch die alltäglichen chemischen Vorgänge in der Natur ausserhalb der Organismen nicht her. Selbst künstlich hat die Chemie erst sehr wenige von den relativ einfacheren organochemischen Verbindungen herzustellen vermocht, und speciell von denen, die im engeren Sinne als Baustoffe des Pflanzenkörpers zu betrachten sind, noch keine.

Dieses Vermögen, die andersartigen, der eigenen Körpersubstanz unähnlichen Stoffe der anorganischen Umgebung durch chemische Umbildung der eigenen Körpersubstanz zu verähnlichen und dann plastisch zu verwenden, dies „Assimilations-Vermögen", ist besonders geeignet, den Gegensatz zwischen den organischen Individuen und den anorganischen Massen klar hervortreten zu lassen. Letztere treten zwar zuweilen nicht völlig amorph und gestaltlos, sondern in Gestalt der scheinbar individualisirten Krystalle auf. Doch vermögen solche Krystalle weder von aussen Zuwachsmaterial in ihr Inneres aufzunehmen, noch mittelst solchen Materiales von Innen heraus die Masse und Form ihres Körpers fortbildend umzugestalten. Sie zeigen keine „Entwicklung" im eigentlichen Sinne des Wortes, sondern vergrössern sich lediglich in stets gleichen Formverhältnissen durch Auflagerung vorgebildeter Molekeln auf ihre Oberfläche. Endlich vermögen sie auch niemals Keime zu gleichartiger Nachkommenschaft zu erzeugen.

§. 4. Diese assimilatorische Kraft ist den sämmtlichen Organismen eigen, aber doch nicht in gleichem Grade. Der Erfahrung nach schöpft die Thierwelt fast ihren gesammten Nahrungsbedarf — sei es unmittelbar, sei es in letzter Instanz — aus der Pflanzenwelt. Die Bau- und Inhaltsstoffe des Pflanzenkörpers werden dabei im Thierleib soweit umgebildet, dass daraus dessen Organe aufgebaut werden können. Aber derselbe vermag keine derartige Substanz direkt aus anorganischen Stoffverbindungen herzustellen. Die Energie der chemischen Einwirkung, die im vegetabilischen Organismus aus Kohlensäure, Wasser und Bodensalzen alles fabricirt, dessen die Pflanze bedarf, geht dem animalen Ernährungs-Apparat nach jetzigem Stand der Erfahrung ab, und nur wenige Zuthat bezieht das Thier direkt aus dem Mineralvorrath der umgebenden Natur. Und so erhellt hieraus ein Gegensatz zwischen Thieren und Pflanzen, der beider Gebiet schärfer und durchgreifender scheidet, als es die oben angedeuteten specifischen Merkmale der Pflanzengestalt, die beim ersten Anblick deutlicher ins Auge fallen, zu thun vermögen.

Während so die Pflanzenwelt als die unentbehrliche Ernährerin der Thierwelt auftritt, stellt sich auch noch eine andere Beziehung zwischen beiden ins Licht. Ausser dem chemischen Dienst leisten die Pflanzenkörper, die durchschnittlich an Masse und Umfang den Thieren weit überlegen sind, diesen auch den nöthigen mechanischen Schutz für ihre Existenz. Ohne die Massen-Produktion der Pflanzenleiber wäre den animalischen Organismen weder passendes Material noch geeigneter Spielraum geboten. Nur an Orten, wo Pflanzen wachsen, leben in der Natur Thiere. Das Vorhandensein dieser ist von jenen unbedingt abhängig, nicht aber umgekehrt.

Nach anderer Richtung ist die Pflanze aber auch der anorganischen Umgebung gegenüber nicht ohne Einfluss. Indem sie dieser ihren Nährstoff entzieht, so zu sagen die eigene Existenz aus dem umgebenden Material herausarbeitet, ist sie veranlasst, gegen die feste Erdrinde aggressiv vorzugehen. Die in dieselbe eindringenden Pflanzenwurzeln helfen, sie mechanisch zu zertrümmern und chemisch zu zersetzen.

Aus allem diesem tritt die vermittelnde Stellung deutlich hervor, welche die Pflanzen in der Jetztzeit thatsächlich im Haushalt der Natur, im Wechselbetrieb der Bewirthschaftung der Erdoberfläche durch die Organismen, einnehmen. Die ausgiebigere assimilatorische Leistung des chemisch-plastischen Vermögens der Pflanze verfertigt für sich das eigene Lebens-Material und verschafft zugleich, je grösser und vollkommener sie den eigenen Körper aufbaut, der zehrenden und des Schutzes bedürftigen Thierwelt desto ausreichendere und günstigere Existenz-Bedingungen.

§. 5. Was hier in Betracht gezogen ist, gilt aber nicht allein für die vollendeteren Pflanzenformen, von deren Anschauung zunächst ausgegangen wurde. Bis zu den kleinsten und einfachsten Pflanzenformen hinab ist mit wenigen Ausnahmen irgend ein durch grüne Färbung erkennbares Lauborgan, ferner wurzelartige Fortsätze, die in den Boden dringen, und Vorrichtungen zur Fortpflanzung zu bemerken; es werden der Umgebung Stoffe entzogen, durch die einerseits sich die Körperform erweitert und entwickelt, andererseits der anorganische Boden zersetzt wird.

Selbst die innerhalb des Wassers frei schwimmenden Pflanzenformen lassen durch die Art ihrer Entwicklung und Vergrösserung, wie durch mancherlei Uebergänge zwischen ihrer Gestaltung und der Gestalt der vornehmeren Gewächse dennoch im Wesentlichen mit jenen übereinstimmende Eigenschaften erkennen. Alle nehmen in ähnlicher Weise an der vermittelnden Stellung zwischen Mineral-Boden und Thierreich und an der dazu zu leistenden stofflichen und gestaltenden Arbeit Theil.

Diese charakteristischen Züge pflanzlicher Eigenthümlichkeit, die sich auf induktivem Wege aus der Mannigfaltigkeit der Erscheinungsformen herleiten lassen, seien nun kurz folgendermassen zusammengefasst:

Die Pflanzen sind individualisirte Naturkörper, welche aus Stoffen, die sie der anorganischen Umgebung entnehmen, in ihrem Inneren eigenartig zusammengesetzte Substanzen herstellen, welche aus diesen dann ihren eigenen Körper erbauen, dauernd vergrössern und in einem bestimmten, wiederkehrenden Formenkreis umgestaltend fortentwickeln, welche hierdurch zugleich der Thierwelt ihre Existenzbedingungen verschaffen, und welche durch Aussonderung gewisser Theile neue, den alten ähnliche Wesen ins Dasein zu rufen befähigt sind.

§. 6. Ist nun dies die allgemeinste Eigenthümlichkeit der Pflanzen, und stellt sich uns in dieser Weise in der That die specielle Leistung der Pflanzenwelt im Dienste der Natur-Oekonomie dar, so hat nunmehr die Pflanzen-Morphologie zu untersuchen, wie dieser auszuführenden Gesammtaufgabe der Bau und die Einrichtung jeder Pflanze und jedes Theiles einer Pflanze entspricht und dadurch dann für uns verständlich werden kann.

Jeder Pflanzentheil ist darauf zu prüfen, welche Arbeit er zu vollbringen habe, und wieweit ihn seine Gestaltung als Instrument dazu geschickt mache; aber wiederum auch darauf, wie und mit welchen Herstellungsmitteln er selber zu Stande gekommen ist. Vom Allgemeinen zum Besonderen fortschreitend muss sowohl die Bedeutung, wie die Herkunft der individuellen Gestaltungen der einzelnen Organe, endlich der feinsten Zusammensetzungsstücke derselben in Bezug auf den nothwendigen Zusammenhang von Form und Verrichtung zu verstehen sein.

Daraus geht nun freilich hervor, dass die Lehre von der Pflanzengestaltung ihr letztes Ziel erst erreicht haben wird, wenn wir nicht bloss wissen, aus welchem Anlass die Pflanzen im Ganzen nach dem in der Mehrzahl beobachteten Plan gebaut sind, oder warum an jeder Einzelpflanze jedes Organ grade so gebildet und eingefügt ist, sondern wenn wir auch erklären können, aus welchem letzten Grunde jede Einzelzelle jedes Organs, und endlich in jeder einzelnen Zelle jede Molekel grade so geformt und so zwischen die andern eingelagert sein muss, wie sie es thatsächlich ist. Allein obgleich dieses letzte Ziel noch in äusserster Ferne zu liegen scheint, so hat doch schon jetzt die Morphologie in dieser Richtung zu forschen, und überall ausser der Schilderung der Gestalt den Versuch zu machen, den Causal-Zusammenhang für ihre Ableitung zu ermitteln.

Wollen wir diese unsere Aufgabe noch genauer bestimmen, so ergiebt sich folgendes.

Insofern eine jede organische Ausgestaltung nach ihrem letzten Grunde nur in ihrer Beziehung zum Ganzen, dem sie angehört, nie aus zusammenwirkenden Einzel-Umständen allein verstanden werden kann, ist für jeden Fall der Forschung zunächst die zu lösende biologische Aufgabe zu fixiren.

Hiernach fragt sich zweitens, welcher technische Apparat zur Ausführung der Aufgabe erforderlich und anwendbar erscheint.

Daran schliesst sich als dritte Frage die, durch welche inneren organoplastischen Hülfsmittel das erforderliche technische Geräth herstellbar ist.

Viertens fragt sich dagegen, welche äusseren Umstände der Umgebung sich als Hülfsmittel oder Vortheile bei Ausführung der Aufgabe und Herstellung des Werkzeuges darbieten; aber auch

Fünftens, welche Bedingungen und Beschränkungen durch diese Umgebung zugleich auferlegt werden.

Aus allen diesen Faktoren wird sich alsdann die organische Form um so deutlicher als Produkt ableiten lassen, je sicherer uns dieselben nach ihrem faktischen Werth erkennbar sind.

§. 7. Weiterhin aber sind die letzterwähnten nächsten Faktoren, als deren unmittelbares Ergebniss die organische Formbildung sich darstellt, selbst wieder auf die einfachen physischen Kräfte, die in ihnen wirksam sind, zurückzuführen.

Es kann keinem Zweifel unterliegen, dass jeder Organismus pflanzlicher sowohl, wie thierischer Art den Einwirkungen von Schwerkraft und Chemismus, von Wärme und Licht und den andern physischen Kräftewirkungen in allen seinen Theilen eben so unbedingt und widerstandslos unterliegt, wie jeder anorganische Körper. Auch finden diese Kräfte alle einen mehr oder weniger stark in die Augen fallenden Ausdruck in jeder organischen Gestalt. Allein diese Kräfte, welche so in der anorganischen Natur für sich allein alle Formbildung deutlich bewirken, lassen nach dem heutigen Stande der Kenntniss eine Ableitung der organischen Formen aus ihrer unmittelbaren und alleinigen Einwirkung nicht zu. Weiter unten wird genauer zu erörtern sein, wie viel oder wie wenig die molekularen, Anziehungs-Kräfte, so wie auch die Schwingung erregenden Kräfte in diesem Gestaltungs-Prozess zu leisten im Stande sind. Hier genüge einstweilen nur auf Einiges hinzuweisen.

Es bilden sich in vollkommen gleicher anorganischer Umgebung die specifisch wie individuell verschiedensten Organismen, in ungleicher Umgebung vollständig gleiche. Aufrechte und kriechende, das Licht suchende und fliehende Pflanzensprosse gestalten sich unter dem Einfluss qualitativ, wie graduell gleicher Kräftewirkungen. Es wachsen in denselben chemischen Medien stofflich differente, in verschiedenen stofflich gleiche Pflanzengebilde. Jedes Individuum bringt die seiner Species eigenen Form- und Stoff-Verbindungen trotz der Verschiedenheit der äusseren Bedingungen zu Stande. Kurz es erfolgt der Aufbau zahlreicher Einzelwesen nach demselben Bauplan trotz der Verschiedenheit der gegebenen äusseren Bedingungen. Und endlich ist dieser Plan im Fortpflanzungsakt sogar auf neue Individuen übertragbar.

Daraus geht denn hervor, dass eine Kräftequelle, welche alle diese eigenthümlichen Gestaltungsbewegungen bewirkt, in ähnlicher Weise an jedem Individuum selbst haftet, wie die specifisch chemischen Qualitäten an die Atome jeder bestimmten Art chemischer Elemente gebunden sind. Wie diese bei der Herstellung chemischer Associationen unter den physischen Schwesterkräften prävaliren, so prävalirt eine in dem Organismus selbst entspringende Kräftewirkung über die, so zu sagen, von aussen angreifenden anderen Kräfte während der ganzen Dauer desjenigen Zustandes des Organismus, den wir schlechthin als

Leben zu bezeichnen pflegen. Nach demselben erst fällt dieser Faktor sofort aus, und der nun eintretende Zerfall resultirt aus dem Zusammenwirken der restirenden Kräfte allein.

Denn sobald die Entwicklungsfähigkeit eines Organismus erlischt, unterliegt derselbe fortan ausschliesslich den gedachten Naturkräften, genau in der Weise wie die anorganischen Körper auch, d. h. dieselben wirken auf seine Organe zerstörend und auf seine complicirten chemischen Stoffverbindungen zerlegend. An die Stelle steigender Complication von Form und Substanz tritt die Entbildung und Vereinfachung der Organe und ihrer Bestandtheile. Es können somit gerade diejenigen Eigenthümlichkeiten der Organismen, die uns veranlassen, sie als Naturkörper besonderer Klasse anzusehen, d. h. die Fähigkeit der Fortentwicklung und Umbildung der Gestalt im Gegensatz gegen die äusseren Hindernisse, nur durch eine Summe von Stoff-Bewegungen hergestellt werden, die aus keiner Combination der bekannten Attraktions- oder Schwingungswirkungen allein hervorgehen. Stets bleibt als unberechenbarer Bewegungs-Rest ein Effekt übrig, welcher auf einen in eigener Richtung wirkenden Bewegungs-Faktor, auf eine unabhängige Kräftequelle hinweist, die nicht aus den anderen entspringt, sondern ausser denselben selbständigen Ursprunges ist.

So erhellt, dass für die organischen Vorgänge eine eigenthümliche und zwar eine den anderen physischen Kräften als gleichberechtigt zur Seite zu stellende Bewegungs-Ursache oder Kraft anzunehmen ist.

§. 8. Das hypothetische Atom der chemisch einfachen Körper wird auch als ein körperlich einfaches vorgestellt, das die ihm eigene Kraft als das besondere Substrat derselben unveräusserlich festhält, da es selbst stets dasselbe bleibt. Der Organismus aber ist an sich schon als ein Vielfaches aus differenten Theilen zusammengesetzt. Zu diesen Theilen werden stets neue hinzugenommen, andere davon ausgeschieden; der Gesammt-Complex ist in verschiedenen Zeiten ein verschiedener. Mithin kann die dem Organismus eigene Fähigkeit, Gestaltungs-Bewegungen auszuführen, nicht als eine Kraft angesehen werden, die einem unwandelbar gleichbleibenden Substrat constant anhaftet. Sie erscheint vielmehr stofflich übertragbar. Dennoch aber bleibt die Frage, von welchem seiner Theile sie in letzter Instanz ausgeht, oder in welchem sie ihren unmittelbaren Angriffspunkt besitzt, da es nach allgemeiner und berechtigter Vorstellungsweise für jede physische Kraft eines materiellen Substrates bedarf.

Selbst der einfachste Organismus, sagten wir, ist kein absolut Einfaches, sondern besteht aus differenten Theilen. Die vollkommensten Gewächse sind aus zahllosen organischen Zusammensetzungsstücken gebildet. In allen herrscht Bewegung, Bildsamkeit, Entwicklung. Aber es tritt doch ein Gegensatz hervor. Die Form des Pflanzenkörpers wird durch die Wandungen seiner Einzeltheile aufgebaut; diese werden relativ starr und fest. Das Innere desselben enthält die in Fluss und Gestaltung begriffenen, der Veränderung unterliegenden Substanzen. Nun giebt es an den Pflanzenkörpern häufig Theile, die nur noch aus Wandungen bestehen, deren bildsamer Inhalt verschwunden ist. Nie nimmt man wahr, dass solche Theile noch fernerer Umgestaltung oder auch nur ferneren Wachsthums fähig sind. Höchstens passiv können sie allerlei Säfte aufbewahren oder hindurchströmen lassen. Dem entgegen kennen wir pflanzliche Theile, die der starren Wand ganz entbehren und nur aus schmiegsamen, weichen Substanzen bestehen, und grade diese zeigen das, was wir kurzweg Lebensthätigkeit nennen, in kräftigster und lebhaftester Weise.

Hieraus begründet sich die Anschauung, dass die organischen Gestaltungs-Ursachen nicht in den starren Wänden, sondern in deren weicher Inhalts-Substanz ihren Sitz haben.

Vergleicht man diese sogenannten Inhalts-Körper näher, so kommt man zu noch bestimmterem Ergebniss. In allen Pflanzentheilen, in welchen irgend eine chemische oder mechanische Neu- oder Umbildung stattfindet, hat sich unter den darin befindlichen Körpern eine bestimmte Substanz finden lassen, welche den starren Wandungen nicht angehört, vielmehr aus weichem, sehr zartem Gefüge ist, stets eine bestimmte Gestaltung zeigt, die zur Form der Wand und des übrigen Inhaltes in deutlicher Beziehung steht, und chemisch sich der Reihe der Albuminate anschliesst. Dieser Körper scheint durch das ganze Pflanzenreich überall eine im Wesentlichen gleiche Zusammensetzung und gleiche Eigenschaften zu besitzen. Es ist ausreichend festgestellt, dass nur im Innern oder in unmittelbarer Nähe dieser Substanz die erwähnten chemischen und plastischen Bildungen sich vollziehen. Und gerade von diesem Körper gilt, was oben gesagt ist, dass Pflanzentheile, die nichts davon enthalten, auch die fernere Fortbildungsfähigkeit verloren haben.

Hiernach dürfen wir in diesem Körper den Sitz der den Pflanzen eigenen Bildungs-Kräfte erblicken. Und wir nennen ihn wegen seiner „plastischen“ Befähigung, sich selbst und Anderes zu gestalten, d. h. Bildner und erstes Gebild zugleich zu sein, das „Protoplasma“ der Pflanze (resp. der organischen Körper überhaupt, denn ganz derselbe Körper liegt auch allen thierischen Organismen zu Grunde).

§. 9. Allein nicht bloss solche Gestaltungs-Arbeit, deren Ausführung lediglich durch molekulare Umlagerungen bei inniger Berührung vorstellbar bleibt, ist dem Protoplasma zuzuschreiben. Vielmehr geht dessen Wirksamkeit noch erheblich weiter, was deutlich in einer weiteren Eigenthümlichkeit der organischen Wesen hervortritt. Dieselben lassen nämlich überall erkennen, dass sie zur Bildung neuer Massen und Formen nicht allein die Fähigkeit besitzen, sondern auch, so lange sie existiren, diese herzustellen selbständig ohne äusseren Anlass bestrebt sind. Unter allerlei Umständen, durch Ueberwindung von Hindernissen und im Kampf gegen andere Organismen sucht eine jede Pflanze die ganze ihrer Art zukommende Gestalten-Reihe zu Stande zu bringen, bis sie zuletzt Nachkommen erzeugt, die ohne Weiteres das gleiche Verfahren zu wiederholen suchen. Dabei wird ersichtlich, dass diese dem Organismus innewohnende Gestaltungs-Kraft selbst die anderen allgemeinen physischen Kräfte zu Gunsten der individuellen Entwicklung zu beeinflussen vermag.

Das will nun sagen: die Einzelpflanze hat nicht allein eine ihr eigenthümliche Kraft, die eben genannten Wirkungen hervorzurufen, sondern sie hat auch den Trieb dazu (wenn wir nämlich hier unter Trieb diejenige Kraft oder Kräftequelle verstehen, die statt einer einfachen Bewegung vielmehr einen Complex von planmässig zusammenhängenden Bewegungen, d. h. also eine „Thätigkeit“ hervorruft).

Ist es nun somit keine einfache Arbeit mehr, sondern eine zusammengesetzte, die von dem Pflanzen-Organismus ausgeführt wird, und müssten wir uns demgemäss eigentlich nach einem in gleichem Maasse complicirten Kräfte-Substrat umsehen, so hat sich doch ein solches bisher in der Pflanze nicht auffinden lassen. Weder giebt es neben dem Protoplasma noch andere ähnliche, ihm zur Seite stehende Substanzen darin, noch ist es bisher gelungen, in dem einen Protoplasma derartige vorauszusetzende Differenzen zu entdecken, die den differenten Leistungen entsprechen könnten.

Mithin muss zur Zeit, vorbehaltlich künftiger genauerer Ermittelungen, die gesammte oben erwähnte pflanzliche „Thätigkeit" in allen ihren Zügen auf das einheitliche Protoplasma als gemeinsame Kräftequelle zurückgeführt werden und dies Protoplasma als Sitz einer Gruppe von Kräften angesehen werden, deren Wirkung auf ein eben so einheitliches Ziel gerichtet ist, wie ihre Ausgangspunkte zu einem einzigen verbunden erscheinen.

Denselben Entwicklungsprozess wie jedes einzelne pflanzliche Individuum zeigt aber auch in gleichem Maasse das ganze Pflanzenreich. Es ist eine in der Geschichte der organischen Natur anerkannte Thatsache, dass die in der Zeitfolge nach einander auftretenden Pflanzenformen allmählich im Allgemeinen immer vollkommener werden, d. h. immer künstlicher eingerichtete Lebens-Apparate darstellen. Beide Erscheinungen sind einander ähnlich. Für die Form-Entwicklung sowohl innerhalb der Art, wie für diejenige im ganzen Pflanzenreiche kann daher auch der gleiche Grund angenommen, beide Vorgänge können mithin als analoge Wirkungen des gleichen Gestaltungs-Triebes auf die gleiche Kräftequelle zurückgeführt werden.

So ergiebt sich also aus Zusammenfassung des Vorstehenden nun folgender Annahme-Satz:

Die Ausgestaltung sämmtlicher Pflanzenformen hat zur letzten Ursache eine denselben innewohnende eigenthümliche Kräftegruppe, welche die Herstellung organischer Stoffverbindungen aus anorganischen, die Zusammenfügung derselben zur individualisirten Pflanzen-Gestalt, die fortgesetzte Entwicklung und Vervollkommnung dieser Gestalt, und ihre endliche Vervielfältigung bewirkt, und deren Substrat das Protoplasma ist. Oder in noch einfacherem und schärferem Ausdruck: Das Protoplasma hat die Fähigkeit, seine inneren Molekular-Zustände nach Zeit und Raum in jederlei Weise selbständig und so zu sagen planmässig zu ändern und dadurch zugleich fremde Atomgruppen in seinen Wirkungskreis zu ziehen, zu lösen und umzuordnen.

Es mag diese complicirte Fähigkeit des Protoplasmas, durch die es sich von allen anderen bekannten Körpern unterscheidet, kurz mit dem Ausdruck „Gestaltsamkeit" bezeichnet werden.

Indem dann in dieser Grundeigenschaft des Protoplasmas die zur Zeit letzte erkennbare, der Pflanze selbst inhärente Ursache ihrer Ausgestaltung gefunden ist, so ist der oben gestellten Forderung, so weit es angeht, Genüge gethan, und es können nunmehr die daselbst (§. 6) aufgestellten Faktoren der Gestaltbildung noch dahin vereinfacht werden, dass man die gegebene pflanzliche Form schlechthin als Funktion der Gestaltsamkeit des Protoplasmas in Zusammenwirkung mit den allgemeinen physischen Schwesterkräften aufzufassen sucht.

Wenn dies bei speciellerer Durchmusterung gelingt, so hat unsere genannte Fundamental-Hypothese so lange den Anspruch, für richtig zu gelten, bis eine andere gefunden ist, die eine grössere Anzahl der morphologischen Thatsachen und diese noch besser verstehen lehrt. —

§. 10. Im Anschluss an das Obige wird nun zunächst zu erörtern sein, wie die so zahlreichen Pflanzenformen insgesammt aus dem gleichartigen, mit einheitlicher Kraftäusserung begabten Protoplasma gestaltet werden können.

Die naturökonomische oder biologische Aufgabe des Pflanzenreiches ist in zahllosen differenten Verhältnissen der Umgebung zu lösen. Die stoffliche Leistung wie die Formenbildung können z. B. nicht mit gleichem Apparat im fliessenden Wasser, im Sumpf, im feucht-warmen Thal, auf trockener kalter Höhe, an steiler Felswand und in dürrer Steppe ausgeführt werden. Jede besondere Combination äusserer Bedingungen bietet der Eigenkraft der Pflanze andere Vortheile und legt ihr andere Beschränkungen auf. So resultiren ohne Weiteres für jedes gegebene Verhältniss andere Formen des Arbeits-Apparates als die nützlichsten, und so ist die Vielgestaltigkeit nicht zufällig, sondern nothwendig.

Und hieraus erhellt zugleich noch ein anderes Gesetz. Wenn für jede differente Leistung zusammengesetzter Art ein besonderer Apparat erforderlich ist, damit diese den nöthigen Erfolg habe, so gilt dies ebenso von jeder einfachen Arbeit. Verschiedene Verrichtungen bedürfen stets, sollen sie vollkommen geschehen, solcher Werkzeuge, die einer jeden einzelnen angepasst sind. Sollen mit einem Werkzeug zwei verschiedene Arbeiten ausgeführt werden, so kann dasselbe für keine ganz entsprechend geformt sein, und der Gesammt-Effekt ist, unter Kräfte-Verlust, ein geringerer, als er bei gleichem Kraftaufwand mit zwei verschiedenen passenden Instrumenten zu erzielen ist.

Und es gilt nicht allein in den Verhältnissen der menschlichen Gesellschaft, sondern genau ebenso in der Natur, dass durch die Theilung einer zusammengesetzten Arbeit unter so viel Arbeiter, als einzelne Verrichtungen dazu gehören, dieselbe besser ausgeführt wird, als bei einer gleichen Summe von Arbeitern, deren jeder einzelne alle Verrichtungen ausführt.

Die Thätigkeit des Protoplasmas setzt sich nun aus sehr vielen Einzelarbeiten zusammen, in der Einzelpflanze so gut wie im ganzen Reich. Je mehr es sich selbst daher theilt und sondert und sich entsprechend mit Sonder-Instrumenten ausrüstet, desto vollkommener wird seine Gesammtleistung ausfallen. Daher vertheilt jedes Individuum seine Einzelarbeiten an Einzelorgane, wie die des ganzen Reiches an die differenten Arten vertheilt werden. Und so tritt das Gesetz der Arbeitstheilung als neuer Faktor bei der Bildung der Pflanzengestalten zu den übrigen hinzu.

Ueberall im Pflanzenreich (wie im organischen Reich im Allgemeinen) müssen demnach Verrichtung und Gestalt einander bedingen. Und es muss schliesslich die Pflanze, in welcher die feinste und am besten durchgeführte Arbeitstheilung herrscht, die vollkommenste vegetabilische Leistung ausführen, mithin die vollkommenste Pflanze sein.

Versucht man indessen hiernach die Gestaltung der einzelnen Pflanzenarten zu verstehen, so wird man bald finden, dass neben allen den leicht und sicher erklärbaren Formen derselben sich doch noch eine Anzahl von Zügen ergiebt, die innerhalb der gesetzlichen Schranken den Anschein einer grossen Freiheit oder Willkür gewähren, sodass den von gleichen Bedingungen abhängigen Gewächsen sehr häufig dennoch die verschiedenste Physiognomie aufgeprägt erscheint. Dies rührt nun freilich zweifellos zum Theil nur daher, dass wir die feineren Differenzen in den Aufgaben und Lebensbedingungen jeder Pflanzen-Species noch nicht genügend kennen, um ihre morphologischen Effekte beurtheilen zu können; andererseits indessen steigt ja auch, je complicirter eine Thätigkeit ist, desto mehr die Möglichkeit, sie durch verschiedene Arbeits- und Apparat-Combinationen gleich erfolgreich auszuführen. Und diese — so zu sagen — freie Auswahl in der Zusammenstellung der Mittel und Formen tritt gerade in der organischen Natur überall in ausgiebigstem Maasse hervor und stellt sich dann als ein neuer, seiner Special-Wirksamkeit nach unbekannter morphologischer Faktor dar, den wir mithin zur Zeit nur als empirische Grösse hinnehmen können. Diese, bisher aus obigen Gründen nicht ableitbare, frei und ungebunden auftretende „Vielgestaltsamkeit“ lässt die dem Protoplasma zuzuschreibende Befähigung schliesslich in ihrer grössten Energie ins Licht treten.

§. 11. An der Hand dieser bisher gewonnenen Gestaltungsfaktoren lassen sich nun zunächst noch einige allgemeine morphologische Folgerungen finden, bevor zur speciellen Durchmusterung der Pflanzen-Gestaltungen zu schreiten ist.

Die erste Aufgabe aller Pflanzenthätigkeit ist Aufnahme von Nährstoffen aus der äusseren Umgebung und Umgestaltung derselben im Innern. Die störenden Einflüsse und Bestandtheile der Umgebung sollen dabei abgehalten, die brauchbaren Stoffe eingenommen werden. Dies kann nur geschehen, wenn das Innere gegen das Aeussere durch eine relativ feste Umgrenzung abgeschlossen ist, ohne welche eine stoffliche Differenz beider nicht erreicht werden könnte. Dies bedingt schlechthin für jeden Organismus überhaupt, mithin auch für jede Pflanze, eine Umwandung, die aus gestalteter, nicht flüssiger Substanz besteht. Im Innern dagegen ist wiederum der flüssige Zustand wenigstens für den Theil des Inhalts unumgänglich, der, nachdem er aufgenommen ist, nun der chemischen Umbildung anheimfallen soll. Ohne diesen Gegensatz zwischen einem wenigstens zum Theil tropfbar flüssigen Inhalt und einer relativ festen, stets gestalteten Umgrenzung ist mithin ein Organismus nicht denkbar, und es ist dies als allgemeinstes Gestaltungsgesetz zu verzeichnen, dass die Grundform alles Organischen auf dem Gegensatz einer widerstandskräftigen Hülle und einer weicheren, theilweise mit flüssigem Saft erfüllten Innensubstanz beruht.

Es ist dies zugleich das einzige, wirklich allgemein gültige „Gesetz“. Denn es giebt in der That Pflänzchen, die keinerlei weitere Formdifferenz als diese allein erkennen lassen. Indessen sind ihrer nur wenige, und die Mehrzahl schreitet zu weiteren Nützlichkeitseinrichtungen vor. Allein diese wenigen lehren zur Genüge, dass schon diese einfachste Formbildung vegetabilische Existenzen möglich macht. Derartige individualisirte Protoplasma-Körperchen, die ausser dem weichen und saftigen Inhalt und der festeren Hülle keine wesentlichen

Differenzen erkennen lassen, finden sich z. B. unter den einfachsten Amöben.

§. 12. Es tritt also die einfachste organische Gestalt schon für sich allein existenzfähig in der Natur auf. Dass jedoch häufiger eine Vielzahl solcher Formen mit einander verbunden einen grösseren Pflanzenkörper zusammensetzt, ist im Folgenden näher zu besprechen. Sei nun dies oder jenes der Fall, so lassen es im Ganzen doch nur die allerwenigsten dieser kleinen Einzelwesen bei der eben erörterten geringen Differenzirung bewenden. Vielmehr gehen die meisten wenigstens einen Schritt darin weiter.

Denn der Trieb zu stetiger Fortentwicklung erheischt zunehmende Stoffaufnahme. Die Assimilation und Umgestaltung derselben erweckt das Bedürfniss eines noch festeren Abschlusses des Inneren gegen das Aeussere. Je starrer aber das Protoplasma selbst an der Aussengrenze würde, desto mehr müsste es an innerer Agilität verlieren. Die Doppelarbeit, nach aussen zu schützen und nach innen zu assimiliren, würde auf die Dauer zu einer drückenden Belastung des Protoplasmas werden. Es empfiehlt sich daher die Herstellung eines besonderen Schutzorgans aus passendem Material, welches widerstandsfähiger als das Protoplasma selbst und dadurch geeignet ist, die Form gegen äussere Einflüsse zu bewahren, und doch auch locker genug, um Flüssigkeiten den Eintritt zu gestatten. So sondert das Protoplasma eine der Reihe der Amyloide angehörige Substanz aus dem Nährmaterial, das es enthält, heraus und umgiebt sich so mit einer festeren Umwandung. Und dadurch gewinnen die protoplasmatischen Einzelkörper erst die Formen, in der sie gewöhnlich auftreten und zuerst bekannt geworden sind. Denn insofern diese Wand nunmehr den festesten Theil des ganzen Körperchens bildet und als solcher am leichtesten wahrnehmbar ist, scheint derselbe auch die Gestalt des Ganzen allein zu bedingen. Besonders wo viele derartige Einzelkörper als Baustücke eines grösseren Pflanzengebäudes mit ihren Wandungen zusammengefügt sind, fallen oft diese fast allein ins Auge, während die Protoplasma-Individuen zunächst übersehen werden. Dann scheint das Ganze aus vielen festumwandeten Kämmerchen zusammengesetzt zu sein, die mit mehr oder weniger flüssigem Inhalt erfüllt sind oder auch leer sein können.

Diese Erscheinungsform ist es nun, die den kleinsten Zusammensetzungsstücken des Pflanzenkörpers den Namen der Zellen verschafft hat, unter welchen man sich früher eben zunächst die umschlossenen kleinen Räume, die das Pflanzeninnere erfüllen, vorstellte. Man hat jetzt die Vorstellung geändert, aber den Namen beibehalten, indem man das, was man früher zum blossen „Inhalt" degradirte, jetzt als das eigentlich Wesentliche, als den „Zell-Leib" auffasst, während die „Zellwand" als dessen Produkt in die zweite Stelle zurücktritt. Mithin steht man nun auch nicht mehr an, ausser den Zellen, die im Verband mit anderen ein Pflanzenorgan ausmachen, auch die einzeln und gesondert lebenden ebensowohl Zellen zu nennen und ebenso selbst die „nackten Protoplasmaleiber" mit diesem einmal hergebrachten Namen zu belegen, ob sie gleich das Gegentheil einer Zelle sind, nämlich statt eines umwandeten Hohlraumes ein wandloser massiver Einzelkörper [1]).

So stellt sich nach jetziger Anschauung dieser Begriff der organischen Zelle so heraus, dass dieselbe die kleinste in sich abgeschlossene Formeinheit sei, die aus ungleichen Bestandtheilen gebildet und mit eigener Fortentwicklungsfähigkeit begabt ist, gleichviel ob sie eine „Zellwand" besitzt oder nicht, ob sie für sich allein lebt oder in Genossenschaft mit anderen ihresgleichen.

§. 13. Die Zellwand gewährt den Nutzen grösserer Widerstandsfähigkeit, leichterer Vergrösserung und Formentwicklung und fortschreitender Arbeitstheilung. Mit dem verbesserten Apparat erhöhen sich Ansprüche und Bedürfnisse. Der wieder gesteigerte Entwicklungstrieb heischt neue Verbesserung.

Die sich vergrössernde Oberfläche macht Differenzirung ihrer Thätigkeit möglich, desgleichen der wachsende Innenraum. Statt einer Werkstatt für alle Arbeit würden mehrere für getheilte Arbeiten besser sein. Auch würden innere Querwände das Zellgehäuse abermals fester und widerstandskräftiger und die Gestalt zugleich zu äusserer Gliederung freier und geeigneter machen. Reicht die Gestaltsamkeit des Protoplasmas zur Herstellung einer äusseren Zellwand aus, so muss dergleichen im Innern noch leichter ausführbar sein.

1) Auch auf die feinsten Zusammensetzungs-Stücke des thierischen Körpers ist die Bezeichnung Zelle passend übertragen worden.

So entsteht die Verbesserung, dass aus einer Zelle deren zwei und mehrere gebildet werden, welche nun die Arbeit des ganzen Organismus zum Vortheil desselben theilen und gleichzeitige Form-Differenzen und Gliederungen hervorrufen. Einsaugung und Verarbeitung, Speicher und Werkstätte können nun in verschiedene Räume verlegt und jedes mit besonderem, passendem Geräth versehen werden. Zugleich wird das nun nicht mehr auf ein organisches Element beschränkte Wesen bei Verletzung eines Theiles nicht sofort dem Untergange anheimfallen.

Es erscheint demnach bei gegebenem gleichen Volumen und gleicher Entwicklungs-Intensität unter zwei Einzelwesen das mit Wandung versehene dem wandlosen, das aus mehren Zellen zusammengesetzte dem einzelligen an Leistungsfähigkeit überlegen. Folglich müssen die letzteren Einrichtungen die verbreitetsten sein, da ihre Herstellung in den Verhältnissen der Umgebung keine wesentlichen Hindernisse finden kann.

Und hiermit stimmt die Beobachtung überein. Nur wenige Pflanzen-Arten haben es unternommen, mit nur einem einzigen Zellraum eine grössere gegliederte Gestalt zu entwickeln, z. B. die Algengattung *Vaucheria*, die Pilzformen, die man *Mucor* nennt, und deren Verwandte, u. a. m. Die Mehrzahl aller Pflanzen vervielfältigt ihre Zellen proportional ihrer Körpergrösse, bis dieselben in ungeheuerer Anzahl die grössten Pflanzen-Individuen zusammensetzen.

Von jenen einzelligen Pflanzenkörpern bis zu den aus zahllosen Zellen aufgebauten entfaltet sich dabei eine sehr lange Reihe immer vollkommnerer Einzelformen, deren immer nützlichere Einrichtungen unter Voraussetzung genügend günstiger äusserer Umstände der ganzen vegetativen Arbeit immer besser gewachsen erscheinen. Und dadurch wird eben die feinste Gliederung in zahllose differente Einzel-Organe und der höchste Grad pflanzlicher Vollkommenheit erreicht, auf den schon oben kurz hingedeutet ist.

---

§. 14. Es wird in den nachfolgenden Kapiteln zu zeigen sein, auf wie vielfache Weise die architektonische Vervollkommnung der Zellgebäude allmählich angestrebt wird und schliesslich zu Stande kommt. Ebenso bleibt speciell nachzuweisen, wie verschiedene Gestaltungswege doch zu so übereinstimmendem Ziele hinführen können, dass der grossen Mannigfaltigkeit der höheren Pflanzenformen dennoch der Stempel der Einheitlichkeit aufgedrückt ist. Es erscheint indessen zweckmässig, vor dieser speciellen Erörterung in einem kurzen Ueberblick vorher anzudeuten, in welchem Sinne die Fülle der Einzelformen rationell zu verknüpfen sei. Ein solcher flüchtiger Umriss wird die Ermittelung, wie Gestaltsamkeit und Abwandlungsvermögen (Allomorphismus) sich den von aussen kommenden Beschränkungen und Vortheilen anpassen und im Arbeitstheilungs-Verfahren der biologischen Aufgabe am besten nachkommen, von vorn herein erleichtern.

Die Leistung der Pflanzenwelt ist, wie oben erläutert ward, die Erzeugung organischer Masse zum Verbrauch sowohl bei der eigenen gleichzeitigen Gestaltbildung, wie als Nährmaterial des Thierreichs. Zu möglichster Massen-Erzeugung gehört möglichst reichliche Stoff-Aufnahme. Diese erheischt möglichst viele Berührungspunkte zwischen der Oberfläche der aufnehmenden Pflanze und der Umgebung.

Hierzu bieten sich zwei Wege der Ausführung dar: nämlich entweder durch Vergrösserung der Körperoberfläche, oder durch fortgesetzte Veränderung ihrer Lage gegen die Umgebung. Beides ist dem Gestaltungs-Vermögen der Pflanze ausführbar und wird deshalb auch ausgeführt. Einige Wasserpflanzen können sich durchaus selbständig fortbewegen, die Mehrzahl aller Pflanzen aber sucht durch Oberflächen-Vergrösserung die Nahrungsaufnahme zu vermehren.

Diejenigen, welche untergetaucht im Wasser leben, können ferner mit ihrer ganzen Oberfläche alle im Wasser gelösten Nährstoffe einsaugen, die Mehrzahl der Pflanzen aber hat die vom Wasser entblösste Erdoberfläche zu bewirthschaften. Diese müssen die Lösungen von Mineral-Nährstoffen aus dem Boden, die gasförmigen Stoffe direkt aus der Luft schöpfen. Während also die Wasserpflanzen mit einheitlichem Ernährungs-Apparat auskommen, bedürfen die Land- oder Luftpflanzen eines zwiefachen, des einen für die Aufnahme von Luft-, des andern für die Aufnahme von Boden-Bestandtheilen.

Zu diesem Grunde für eine Vergrösserung der Körperoberfläche kommt noch ein anderer Umstand hinzu. Nur unter direkter Mitwirkung des Sonnenlichtes vermag das Pflanzen-Protoplasma der Nahrungs-Rohstoffe Herr zu werden und sie zu assimiliren. Daher wird die Nothwendigkeit, viele Sonnenstrahlen aufzufangen, ein weiterer Grund zur Oberflächen-Ausdehnung für den Pflanzenleib.

Dementsprechend wird eine reiche Gliederung des Pflanzenkörpers fast bei allen Landpflanzen durchgeführt, und nennen wir den in die Erde hinabsteigenden Theil desselben schlechthin die Wurzel, den zum Licht und in die Luft emporsteigenden den Laubkörper.

§. 15. Nun ist leicht einzusehen, dass die für beide Theile nöthige Oberflächen-Ausdehnung den verschiedenen Bedingungen gegenüber verschieden ausfallen muss. Der eindringenden Wurzel leisten die festen Bodentheile zu grossen mechanischen Widerstand, als dass dieselbe mit flächenartigen Ausbreitungen vorgehen könnte. Die ersichtlich passendste Form ist vielmehr die dünner, langgestreckter, ursprünglich cylindrischer Körper, die schmiegsam genug sind, sich den findbaren Lücken einzufügen und in ihnen ihren Weg zu suchen. Reichliche Verzweigung und stetes Vordringen vergrössert und erneuert die Berührungsfläche und ersetzt die nicht ausführbare Vorschiebung der erst gebildeten Wurzeln. In der That entspricht die Mehrzahl der Wurzelformen diesen Anforderungen.

Für das Laubsystem ist die Lösung der Aufgabe leichter. Der Widerstand der Luft gegen dasselbe ist verschwindend klein, und der einfachen Flächenvergrösserung nach beliebiger Richtung steht nichts im Wege. Nur wird der Apparat um so nützlicher sein, je bequemer derselbe in der Atmosphäre und gegen die Sonnenstrahlen ausgebreitet werden kann. So ergiebt sich die überall häufige Form gesonderter Laubblätter, deren jedes einzelne aus zartem, flächenartig entfaltetem Gewebe gebildet und an einem langen beweglichen Stiel aufgestellt ist, und die alle zusammen nach einem gewissen Ebenmass um den Pflanzenkörper herum vertheilt sind.

Ebenso einfach aber ergiebt sich die Form des dritten Hauptorganes, des Stammes oder Stengels. Denn der Säfte-Erwerb der Wurzeln muss zu den Blättern geschafft werden, um hier zugleich mit den aufgenommenen Luftbestandtheilen passender Umarbeitung unterworfen zu werden. Diesen Transport übernimmt der Stengel, wie ebenso auch die Leitung des fertiggestellten Nährsaftes von den Blättern aus abwärts. So trägt und ernährt dasselbe Organ die Blätter, streckt sich dabei selbst am besten so viel als möglich in die Länge und verzweigt sich nach den Seiten hin, um jene einen immer grösseren Raum ausbeuten zu lassen. Dazu bedarf der Stamm freilich entsprechender Festigkeit, aber keines bedeutenden Volumens, und so ist ersichtlich, dass auch für dies Organ lang gestreckte, verzweigte Cylinder die passendste Form sind, und dass ihre Substanz nicht weich und schmiegsam, wie die der Wurzeln, sondern zäh und fest sein muss.

Die Physiognomie also, die der Mehrzahl der vollkommeneren Pflanzenarten eigen ist, lässt sich leicht als diejenige erkennen, welche zugleich den Ernährungs- und Wachsthums-Bedürfnissen derselben ammeisten entspricht. Und es wird aus diesem kurzen Ueberblick schon verständlich erscheinen, wie die Formen der Pflanzen-Organe nicht bloss als zufällige Thatsachen hingenommen zu werden brauchen, sondern als Ergebnisse der angegebenen Faktoren resultiren. Mithin gehören sie zu denjenigen Naturerscheinungen, die nicht bloss beschrieben, sondern erklärt werden müssen.

Die biologische Aufgabe der Vegetation führt also in ihrer Anpassung an die gegebenen, im Allgemeinen ähnlichen äusseren Verhältnisse auch zu ähnlichen Ergebnissen in der Pflanzengestaltung. Je complicirter aber die Aufgabe wird, desto mehr tritt der obige Ausspruch in sein Recht, dass es der besonderen Wege zu ihrer Lösung mehrere geben kann. Daraus erhellt, dass innerhalb des allgemeinen Rahmens höherer Pflanzen-Physiognomien eine Unzahl einzelner Abwandlungen Platz findet. Jede Pflanzen-Art wandelt das Thema auf ihre Weise ab, das um so mehr Variationen zulässt, als es selbst künstlicher ist. Und so gewinnt eben das Abwandlungsvermögen der Pflanzenwelt seinen Spielplatz, indem es principiell gleiche Gestaltenreihen in tausend accidentell verschiedenen Formenkreisen umlaufen lässt. Dadurch werden die höchsten Pflanzenklassen zugleich die formenreichsten.

§. 16. Trieb und Befriedigung bedingen und befördern einander wechselseitig. Die Vergrösserung des vegetativen Organismus lässt reichlichere Ernährung zu, diese veranlasst wieder neuen Zuwachs von Organen. Die Zweige und Laubtheile sowohl, wie die Wurzeln können sich Jahre lang vervielfältigen. Die Stämme endigen in Wachsthumswerkstätten oder Knospen, durch die sie immer weiter verlängert und mit immer neuen Blättern ausgestattet werden. Andere, seitlich angelegte Knospen sorgen für neue Zweige. So wird das ganze Verfahren immer planmässiger und ergiebiger geordnet, und wir sehen die ganze Vergrösserungs-Technik der höheren Pflanzen wesentlich darauf eingerichtet, in kürzester Weise immer wieder neue Blätter und Stengelglieder fertig zu stellen.

Nun tritt an das Pflanzen-Individuum die zweite Hauptaufgabe seiner Leistung heran, die Sorge für Nachkommenschaft. Zur Ausübung derselben sind mancherlei verschieden gestaltete Werkzeuge erforderlich, die in ihrer schliesslichen Gestaltung mit den Laubblättern fast gar keine Aehnlichkeit haben. Es sind Gehäuse zur Anlegung und Ausbildung der Samen erforderlich. Es bedarf der Vorrichtungen, welche die materiellen Zeugungsmittel passend zusammenführen, das Befruchtende zum Empfangenden hinbefördern. Es müssen endlich Umhüllungen verschiedener Art und Wirkung die Befruchtungs-Organe schützend und helfend umstehen.

So wie die Laub- und Wurzel-Organe könnte nun auch solcher Fortpflanzungs-Apparat aus den umbildungsfähigen Zellmassen der Knospen direkt ausgeformt und nach eigenem Muster zurecht gemacht werden. Dazu wäre indessen ein neues Arbeits-Verfahren in die Zellen-Werkstätte der Knospen einzuführen, und es wäre ein Aufwand plastischer Kräfte auf diese Umordnung derselben zu verwenden. Zwischen zwei Herstellungsweisen einer Arbeits-Vorrichtung wird aber immer diejenige die nützlichere sein, die bei gleichem Resultat den geringeren Kräfte- oder Massen-Aufwand erfordert. Da nun das Blüthen- und Frucht-Geräth ebensowohl aus den zu Blättern oder Stengeltheilen bestimmten Zellgewebs-Anlagen herstellbar ist, als aus anderen Gebilden, so erheischt jene Sparsamkeits-Regel die Beibehaltung desjenigen technischen Verfahrens, auf welches die fortbildenden Knospen einmal eingerichtet sind. Und so sehen wir nicht allein — was leicht verständlich ist — die äusseren Hüll-Apparate der Blüthe aus Blättern zusammengesetzt, auch die erwähnten anderen Instrumente, die der Befruchtung und Keimbildung selbst, bestehen grösstentheils aus Sprossungen, die nach Anlage und Entwicklung als morphologische Aequivalenzen der Laubblätter aufgefasst werden können. Das was wir Blumen nennen, sind also Genossenschaften ursprünglich blattartiger, aber zu besonderen Diensten geschickt gemachter Glieder. Es werden mithin alle wesentlichen Organe der höheren Pflanzenklassen in ihren Hauptheilen als Stengeltheile und Blattgebilde angelegt und dann in der Ausbildung für ihre verschiedenen Funktionen geeignet gemacht.

Die Aehnlichkeit der äusseren und die Beständigkeit der inneren Bedingungen wirken zusammen. Und nicht allein gewährt die grössere

Menge der selbständigen Pflanzen einen ähnlichen Gesammtanblick, sondern auch die einzelnen Theile jedes Pflanzenkörpers für sich werden aus wenigen einzelnen Grundformen zu Stande gebracht. Dadurch tritt eine organoplastische Regel von sehr allgemeiner Geltung ins Licht. Ganz allgemein nämlich wird eine einmal eingeführte, so zu sagen angewöhnte Herstellungsmethode in den phytoplastischen Werkstätten so lange wie möglich und selbst bei veränderter Aufgabe beibehalten. Diese Regel aber wird leicht verständlich, wenn man bedenkt, dass ja in allen Fällen für die Ausgestaltung eines erforderlichen neuen Werkzeuges das nützlichste Verfahren dasjenige ist, welches den geringsten Aufwand nöthig macht, welches sich also der nächstliegenden und einfachsten Mittel bedient.

---

§. 17. Es sei nun auf der Grundlage, die durch vorstehende Betrachtungen gelegt ist, die pflanzliche Organoplastik genauer im Einzelnen durchmustert. Um jedoch das Verständniss alles Einzelnen richtig an das Allgemeine anzuknüpfen, empfiehlt es sich, unter Hinweis auf die allgemeine Untersuchungsregel (§. 6) die wichtigsten, die Gestaltungen beherrschenden Sätze noch einmal in Uebersicht zu bringen.

1. Unsere erste Fundamental-Hypothese ist die Allgestaltsamkeit des Protoplasmas, welches wir als Quelle und Angriffspunkt eigener organoplastischer Kräfte (Bewegungsursachen) auffassen.

2. Die zweite ist, dass alle organische Form durch die Verrichtung bedingt ist und desshalb planmässig zu Stande kommt (Anpassung in unserem Sinne).

3. Hierzu tritt der Erläuterungssatz: Der Gestaltsamkeit des Protoplasmas wohnt der Trieb zur Begründung und Erhaltung seiner Individualität, zur stetigen Vervollkommnung und endlich zur Fortpflanzung derselben bei (Individualisirungstrieb, Vervollkommnungstrieb, Fortpflanzungstrieb).

4. Und der andere: Dies Protoplasma besitzt zugleich die Befähigung, gleiche Ziele auf verschiedenen Wegen anzustreben (Abwandlungsvermögen).

Hierzu treten als erweisbare allgemeine Gesetze:

1. Jede Leistung wird um so vollkommener ausgeführt, je mehr

ihre einzelnen Arbeiten durch eigens angepasste Sonder-Werkzeuge betrieben werden; aber auch:

2. Jede Leistung ist um so nützlicher für das Gesammtwohl des organischen Individuums, mit je weniger Aufwand von Stoff und Kraft sie ausgeführt wird.

Und darnach stellen sich folgende allgemeine phytoplastische Regeln heraus:

1. Die Existenz jedes Organismus hängt zunächst von dem Besitz einer gestalteten Umhüllung ab, vermöge deren allein er seine Individualität gegen die Umgebung festhalten kann.

2. Jede Zelle und jede Zellgenossenschaft kann ursprünglich dem Bedürfniss entsprechend zu jeder erforderlichen Form ausgestaltet und zu jeder pflanzlichen Verrichtung fähig gemacht werden.

3. Gleiche Anlagen können zu verschiedenen, verschiedene zu gleichen Verrichtungen passend gemacht werden. Keine Funktion ist principiell an bestimmte organische Anlagen gebunden, keine Anlage in ihrer Anpassungsfähigkeit principiell beschränkt.

4. Je mehr Gliederung und Differenzirung aber der Pflanzenkörper aussen und innen aufweist, desto vollkommner wird mit seinem Bau auch seine Leistung.

5. Es kann aber auch die Vollkommenheit des Baues und der Leistung durch geschickte Verbindung verschiedener Leistungen, die, ohne einander zu stören, von demselben Werkzeuge verrichtet werden, erzielt werden.

6. Jede Arbeitseinrichtung wird indessen auch zur Lösung einer neuen Aufgabe so lange wie möglich beibehalten.

7. Dennoch sucht jeder einzelne Pflanzenkörper sich veränderten Umständen schrittweise immer mehr in allen Theilen anzupassen.

8. Ebenso treten im ganzen Pflanzenreich die zunehmenden Sonderungen und Vervollkommnungen des Lebens-Apparates nur nach und nach in die Erscheinung.

9. Also stammen alle organischen Differenzen aus ursprünglicher Einheit, und zwischen allen noch so scharfen Formgegensätzen müssen sich vollkommen neutrale Mittelzustände finden.

10. Arbeitstheilung und Abwandlungstrieb führen nicht allein für die Glieder des einzelnen Pflanzenkörpers, sondern auch für das ganze Gebiet zu in sich abgeschlossenen Formenkreisen, die wir Arten nennen.

11. Innerhalb jeder einzelnen Art wiederholen sich die Formen, während alle im Gesammtbild eine stetig fortschreitende Vervollkommnung vor Augen legen.

12. Und hiernach stellen sich uns die Einzelformen der Pflanzen und ihrer Organe nach den verschiedenen morphologischen Principien reihenweise mit einander verbunden dar und zwar entweder:

a) Durch allmählich immer feinere Differenzirung von Apparat und Verrichtung als Vervollkommnungsreihen (Differenzirungsreihen); oder:

b) Durch immer genauere Anpassung des ganzen Apparates an immer eigenthümlichere äussere Umstände als Anpassungsreihen; oder:

c) Durch Ausführung einer bestimmten biologischen Aufgabe durch verschiedene einander vertretende oder ersetzende Vorrichtungen als Vertretungsreihen. —

Diese Regeln indessen gelten nirgends ausschliesslich und ausnahmslos. Wie es sprichwörtlich ist, so duldet die Regel als solche Ausnahmen, und alle vorstehenden erleiden dergleichen. Auch sind dieselben oft nur annähernd befolgt, und es entstehen dann Uebergangsformen, welche selbst das scheinbar principiell Verschiedenste verknüpfen. Rein morphologische Gesetze giebt es daher nur wenige. Denn als Naturgesetz kann nur der Satz gelten, der mit absoluter Nothwendigkeit aus dem Grundprincip der Erscheinungen nachweisbar ist, also Ausnahmen schlechterdings unmöglich macht. Unbeweisbare Sätze sind keine Gesetze, am wenigsten solche, die nur aus Induktionen stammen und also durch jede neue negative Beobachtung ohnehin zu Fall gebracht werden können. Es empfiehlt sich daher, den Missbrauch mit dem Wort Gesetz, das heut zu Tage von den Naturkundigen und selbst von den Physikern im engern Sinne so vielfach für blosse, mehr oder weniger vollständige Induktionen gebraucht wird, wenigstens aus unserer Morphologie zu bannen und sich genügen zu lassen, wenn es nur gelingt, recht weit geltende Regeln zu finden und diese aus ihren Ursachen zu verstehen. Aber auch ihre Ausnahmen hat man nicht bloss als berechtigt gelten zu lassen, sondern dieselben auch in den meisten Fällen geradezu als kaum vermeidliche Erscheinungen zu erwarten.

Für diese Auffassungsweise giebt es nur das eine morphologische Gesetz, dass jeder Organismus, also auch jede Pflanze, ihrer

Individualisirung wegen durch eine gestaltete Hülle, welche eine weichere Substanz umschliesst, abgeschlossen sein muss (vgl. oben). Alle andern Sätze, die hier aufgestellt werden können, sind nur derartige Regeln, insofern sie nicht etwa allgemeine Wahrheiten enthalten. — Für rein physiologische Erscheinungen dagegen werden mehr wirkliche Gesetze aufzufinden sein.

Dieser Anschauung entsprechend sind nun die Einzelzüge des pflanzlichen Gestaltungsbildes näher auszuführen.

II.

Anordnung der Sprosse des Pflanzenkörpers.

§. 1. Dass ein Spross seitliche Glieder austreibt und sie durch vollständige Zellgewebs-Ausrüstung zu allerlei Werk geschickt macht, ohne sie mit eigener Fortentwicklungsfähigkeit zu begaben, ist ein Verfahren, das von grossem Nutzen für die Haushaltsführung des Pflanzenstockes sein muss. Derselbe kommt daher auch thatsächlich im Gebiet der höhern Pflanzen nur selten in die Nothwendigkeit, zur Herrichtung der Vegetations-Apparate noch andere architektonische Einheiten in Anwendung zu bringen. Nach Entstehung und Ausbildung zeigen diese seitlichen Glieder sämmtlich eine hinreichend grosse Anzahl übereinstimmender Merkmale, um sie unter dem gemeinsamen Begriff der Phyllome vereinigt zu lassen.

So behalten denn weitaus die meisten Pflanzensprosse im ganzen Gebiet der Phanerogamen während ihrer ganzen Lebenszeit in ihren Vegetations-Schritten dieselbe Fortbildungs- und Gestaltungsweise bei: Blatt für Blatt wird zugleich mit einem neuen Vorstoss des Stengelkörpers ausgetrieben und dann allmählich durch feineren Ausbau seiner Bestimmung überwiesen.

Diese gleichmässige Wiederholung analoger Neubildungen hat nun noch eine doppelte Folge. Einerseits nämlich wird das vom Keim schon befolgte Verfahren, in schnellen Zügen das bildungsfähige Zellgewebe, dem Bedürfniss der vorzunehmenden Arbeitstheilung entsprechend, so früh wie möglich räumlich zu sondern, auch vom fortbauenden Scheitelgewebe befolgt. Kaum erhebt sich der Scheitel des Sprosses zu neuem Wachsthum, so parzellirt sich auch schon die Aussenfläche des Vegetationskegels von unten nach oben, bis nahe an den Gipfel selbst, zu gesonderten Zellgenossenschaften, deren jede die Auftreibung eines Blatthügels in Angriff zu nehmen hat. Soll dabei jede zu ihrem Recht kommen, ohne dass Raum verloren geht, so müssen diese Abtheilungen nach einem gewissen Ebenmass plan- und regelmässig aneinandergereiht werden.

Andrerseits müssen die für so sehr viele Pflanzen gleichartigen äusseren Lebensbedingungen auch eine ähnliche Aufeinanderfolge der Lebensarbeiten veranlassen. Und hieraus folgt, dass auch die den verschiedenen Arbeiten angepassten Sonderformen der gewöhnlichen Sprossglieder in der Mehrzahl der Fälle dieselbe Regel in der Reihe ihrer Erscheinung befolgen werden.

1. Blattfolge.

Es sei hier zuerst das letztere Moment in Betracht gezogen.

Für jede ganz neu angelegte Pflanze, die aus dem Samen erwächst, sind die ersten Glieder als Kleimblätter gegeben. Dieselben kommen für alle Kindheits-Bedürfnisse der Pflanze in irgend einer Weise auf. Handelt es sich dagegen nicht um den aus dem Keime entstehenden Urspross eines Pflanzenwesens, sondern um ein Epiblastem desselben, welches späterhin nach der Vegetations-Ruhe aus seiner Knospe am überwinterten Stock sich entfalten soll, so besteht das erste Bedürfniss eines solchen in der Nothwendigkeit eines Schutzes gegen aussen während dieser Ruhezeit. Diesen Schutz aber leisten die Niederblätter. So beginnt jede Blatt-Ordnung an einem einzelnen Sprosse der Regel nach entweder mit Keimblättern oder mit Niederblättern.

Ein solcher Spross, der zunächst auf Kosten des Mutter-Individuums oder des Muttersprosses ins Wachsen gebracht worden ist, hat nun, um sich selbständig zu machen, zunächst für Assimilations-Organe d. h. Laubblätter zu sorgen. Daher bilden diese naturgemäss die zweite Stufe. Ihre Anzahl pflegt entsprechend der Wichtigkeit ihrer Aufgabe im Allgemeinen eine grössere zu sein.

Nach genügender Förderung der Laubarbeit behufs individueller Vergrösserung tritt die Aufgabe der Blüthenbildung in den Vordergrund. Daher können nun sogleich die äusseren Blattglieder der Blüthe, die Schutzblätter oder Kelchblätter, folgen. Allein in der Mehrzahl der Fälle wird zu Gunsten des Befruchtungs-Verfahrens eine grössere Gesellschaft von Blüthen auf langen Stielen hoch emporgehoben. In solchen Fällen empfiehlt es sich, während der Ausbildung derselben den Kelchblättern noch kräftigere Gehülfen voranzuschicken, und so entstehen als Schutz der Blüthengenossenschaften die Hochblätter, die zugleich als Abschwächungsformen der Laubblätter den formalen Uebergang von diesen zu den Kelchblättern vermitteln. Alsdann folgen, den einzelnen Verrichtungen des Zeugungs-Apparates entsprechend, auf die Kelchblätter sämmtliche verschiedenen Phyllome der Blüthe und Frucht, mit denen alsdann der Formen-Kreis des einzelnen Sprosses oder des ganzen Einzelwesens abschliesst.

Denkt man sich demnach eine den allgemeinsten Verhältnissen entsprechende und dabei möglichst vollständige und für Einzelverrichtungen ins Feinste differenzirte Reihe dieser Bildungen zusammengestellt, so erscheint dieselbe folgendermassen:

1) **(1a)** Keimblätter, Nährblätter für das junge Phytom, meist mit Stiel und Spreite versehen; oder statt derselben (selten nach denselben an einem und demselben Sprosse).

2) **(1b)** Niederblätter, Schutzblätter für den jungen, noch in der Knospe eingeschlossenen Spross, der Regel nach nur Scheiden ohne Stiel und Spreite. — Diese beiden Blattarten mögen als Anfangsblätter zusammengefasst werden.

3) **(2)** Laubblätter, Phyllome für den Verkehr mit Licht und Luft, mit Blattspreiten versehen, die wesentlich aus Chlorenchym und Pneumenchym gebildet sind.

4) **(3)** Hochblätter, Schutz-Phyllome für die Blüthengenossenschaften, ungegliedert und scheidenartig entwickelt.

5) **(4)** Kelchblätter, Schutzblätter der Blüthe und gewöhnlich deren Erstblätter, meist Scheiden ohne Stiel und Spreite.

6) **(5)** Blumenblätter oder Kronblätter, die Schaublätter der Blüthe, der Regel nach mit farbiger Spreite versehen, gewöhnlich die Zweitblätter der Blüthe.

7) Lock- und Leit-Blätter, zur Aushülfe bei der Befruchtung verschieden ausgestaltete Organe, bald Nektarien, bald andere Gebilde entwickelnd, zuweilen als selbständige Drittblätter ausgebildet.

8) (6) Staubblätter, Befruchtungs-Organe, statt der Spreite mit einem Behältniss für Pollen versehen, gewöhnlich (wenn die vorigen nicht vorhanden) als Drittblätter der Blüthen entwickelt.

9) (7) Fruchtblätter, zur Bildung eines Gehäuses für den Befruchtungs-Akt und die Samenentwicklung eigenartig ausgestaltet, meistentheils als Viertblätter angelegt, oder auch schon zu Endblättern der Blüthe bestimmt.

In manchen Fällen folgen noch als besondere Phyllome:

10) Scheidewandblätter, zur Trennung der Frucht-Fächer,

11) Samenblätter, zur Erzeugung der Samenanlagen, und zuweilen

12) Eiblätter, zur Umwandlung in die Samen selbst angelegt; die letzten drei Blattarten in sehr mannigfacher Weise entwickelt und mit anderen Blattorganen verschmolzen.

Natürlich hängt es nun von den üblichen beiden Faktoren, den äusseren Lebensbedingungen und der inneren typischen Eigengestaltung der Species, ab, ob alle diese oder welche von diesen Blatt-Formationen in Anwendung gebracht werden, oder ob sogar noch andere Mittelbildungen hinzutreten. Denn auch hier sind solche Mittelbildungen in der verschiedensten Ausbildung aufzufinden. Bei sehr vielen Pflanzensprossen sind es speciell die in der vorstehenden Uebersicht noch besonders mit fetter Ziffer in Klammern numerirten Phyllom-Arten, die in constanter Reihe in die Erscheinung treten und deshalb grade als die gesetzmässige Reihe betrachtet werden. Der Umstand ferner, dass alle diese Formen an einem Sprosskörper von unten nach oben in der Entwicklung auf einander folgen und dabei durch Form-Uebergänge vielfach unter einander verknüpft sind, sodass die ursprüngliche Uebereinstimmung ihrer morphologischen Natur um so heller ins Licht tritt, hat sie als Wandelformen eines und desselben organischen Typus erkennen lassen, welcher der Reihe nach sich in alle die einzelnen Formationen umgestaltet. Man bezeichnet diesen mehr theoretischen als thatsächlichen Vorgang als Blattwandlung oder Metamorphose des Blattes. Jene 7 Formen können dabei als die normale, die gesammten 12 dagegen als die vollständige Blattfolge bezeichnet werden, und kann man ferner die Nieder- und Laubblätter, welche rein vegetativen Zwecken dienen, als Laub-Region die sämmtlichen übrigen Blattarten, die zusammen das Fortpflanzungs-Geschäft betreiben, als Blüthen-Region zusammenfassen.

2. Sprossfolge.

§. 2. Es giebt Pflanzen, deren ganzer Stock aus einem einzigen Spross besteht, welcher in seiner Entwicklung von unten nach oben die ganze Hauptreihe der Blattglieder ausgestaltet, von den Keim- oder Niederblättern an bis zu den Fruchtblättern oder sonstigen Endblättern der Blüthe. So geschieht es z. B. bei manchen Arten der Gattung *Papaver*. Nach den Keimblättern erscheinen einige Laubblätter, und darauf entwickelt der obere Theil des Sprosses direkt die Blüthen-Phyllome. Dann ist ein und dasselbe Spross-Individuum in seinem unteren Theil Laubkörper, im oberen Theil Blüthe, und damit ist der Gestaltenkreis des Individuums und seine Lebensaufgabe abgeschlossen. — Aehnlich machen es im Wesentlichen auch diejenigen Pflanzen, die nach einander verschiedene Sprossgenerationen in den aufeinanderfolgenden Vegetationsperioden zur Entwicklung bringen, dabei aber dennoch an jedem derselben die ganze phyllomatische Skala abspielen. Dieser Art sind zahlreiche der sogenannten Staudengewächse, z. B. *Tulipa*, *Paris* und andere Liliaceen, *Paeonia*, *Anemone* und andere Ranunculaceen, manche Gentianen, Saxifragen, Alsinen, *Dianthus* u. a. m. Die biologische Gesammtarbeit wird bei allen diesen nicht zwischen verschiedenen Spross-Individuen, sondern nur zwischen der Anfangs- und Endregion eines und desselben Einzelsprosses vertheilt, und wenn der Pflanzenstock dennoch mehrere Sprosse zugleich entwickelt, so theilen diese die gemeinschaftliche Arbeit unter sich nur quantitativ, nicht qualitativ.

Allein der Vervollkommnungstrieb der Pflanze strebt nach noch erspriesslicherer Vertheilung der verschiedenen biologischen Aufgaben durch Uebertragung an gesonderte Werkzeuge.

Wie mehrere Zell-Individuen eine zusammengesetzte Thätigkeit zweckmässiger unter sich theilen, als wenn dieselbe, selbst an verschiedenen Orten, innerhalb eines Zellraums ausgeführt würde, so verhält es sich auch mit den Spross-Individuen, aus denen der Körper höherer Pflanzen aufgebaut wird. So wird denn ganz allgemein auf dem Gebiete der höheren Pflanzen neben jeder Blattanlage sofort ein zweites jüngeres Schwester-Blastem zwischen ihr und dem Sprossgipfel angelegt, um zur Ausbildung eines Seitenzweigs jederzeit bereit zu sein. Werden diese dann ausgetrieben, so stellen sie eine Generation von Tochtersprossen dar, welche in Bezug auf den Muttersspross, der nun Hauptspross heisst, Seitensprosse genannt werden. Treiben auch diese wieder neue Spross-Individuen hervor und diese abermals und so fort, so baut sich schliesslich ein ganzes Spross-System auf, dessen Generationen man nun als Sprosse erster, zweiter, dritter bis n-ter Ordnung unterscheidet. — Während dieses Austreibens der Seitensprosse setzt gewöhnlich auch der Hauptspross durch Fortwachsen des Scheitels seiner Länge immer neue Stücke zu, die zwar im Gegensatz gegen jene Seitensprosse gewöhnlich als Gipfelsprosse bezeichnet werden, eigentlich jedoch mit jenem Hauptspross nur eine einzige Spross-Individualität darstellen.

§. 3. Werden nun gewisse Seitensprosse mit einer Sonderleistung betraut, so können sie nicht allein im innern Bau ganz und gar ihrem Geschäft angepasst werden, sondern auch aussen am Pflanzenstock die räumlich passendste Aufstellung erhalten. Schon bei der einsprossigen Haushaltsführung werden die Fortpflanzungs-Organe erst auf dem Gipfel des Sprosses angelegt, erstlich weil das System der Ernährungs-Werkzeuge zweckmässiger Weise vorangeht, zweitens aber weil sie zum Zwecke einer sicheren Erzielung der Befruchtung möglichst frei emporgehalten werden müssen. So werden nun auch am reichgegliederten Pflanzenstock am angemessensten von den sämmtlichen Sprossgenerationen die allerobersten und letzten das Blühen und Fruchtbringen zu besorgen haben. Und ebenso gewinnt wie zur Vergrösserung und Emporhebung des assimilatorischen Apparates, so auch zur Entfaltung der Blüthenregion die Aufführung des Pflanzenstockes aus mehreren Sprossgenerationen, statt aus einem einzelnen langgestreckten Sprosse, einen besonderen Werth.

Diese Vervollkommnung spricht sich zunächst darin aus, dass der erste Spross für sich ausser den Anfangsblättern nur noch Laubblätter zur Entwicklung bringt und auf alle anderen Formationen verzichtet, dafür aber zur Herstellung der übrigen Blattformationen (der Regel nach in den Blattachseln) besondere Epiblasteme auswirft. Jedes derselben gestaltet sich dann durch Entwicklung sämmtlicher Blätter der Blüthenregion zu einer Einzelblüthe. Um also ihren gesammten

Lebensapparat auszubilden, bedarf eine solche Pflanze ausser dem ersten oder Hauptsprosse noch einer zweiten Generation von Sprossen (oder mindestens noch eines Sprosses) zweiter Ordnung. Aus dieser Vertheilung erwächst der augenscheinliche Vortheil, dass der Hauptspross nunmehr ungestört fortfahren kann, theils die Laubmasse durch Entfaltung immer neuer Blätter und Stengelglieder aus seiner Spitze beliebig zu vermehren, theils gleichzeitig ebenso beliebig viele, seitlich auszustreckende Blüthen fertig zu stellen. Selbstverständlich hat nun jede Blüthe den vollen morphologischen Werth eines Spross-Individuums ebenso gut wie der Laubspross selbst und wird diesem gegenüber deshalb als Blüthenspross unterschieden.

Eine fernere Verbesserung ist alsdann dadurch zu erzielen, dass zwischen Laubspross und Blütheneinheiten noch ein drittes System von Sondersprossen eingeschoben wird, denen lediglich der Dienst von Armen, welche die Blüthen noch freier hinaus zu strecken haben, zufällt. Solche Arme werden am zweckmässigsten mehrere Blüthen zugleich zu tragen haben und stellen dann Blüthenstände (Inflorescenzen) dar. Zu ihrer Verrichtung bedürfen sie höchstens der die Einzelblüthen in ihrer Jugend hegenden Deckblätter, aus deren Achseln die Blüthen selbst hervorgehen. Es setzt sich dann das Ganze aus dreierlei Sprossen zusammen, die zugleich drei Generationen, also Sprosse dreier Ordnungen, ausmachen, dem Laubspross, den Blüthenträgern oder Blüthenstandssprossen und den Blüthensprossen.

Mithin bedarf die Pflanze zur Ausführung ihrer biologischen Aufgabe bald einer, bald zweier, bald dreier Sprossgenerationen. Insofern man nun gemäss der Auffassung, dass der Stengeltheil des Sprosses sich zu den Blättern wie eine Achse zu peripherischen Anhängen verhalte, also an sich das morphologisch Maassgebende sei, statt „Spross“ auch wohl schlechthin „Achse“ zu sagen pflegt, kann man auch von so und so viel Achsen-Systemen sprechen, welche zur vollständigen Abwicklung des einer Pflanzenart planmässig zukommenden Formenkreises erforderlich seien. Und hiernach nennt man eine Pflanze, die die ganze Skala an einer Achse hinaufsteigt, eine einachsige, eine Pflanze dagegen, die erst an den Sprossen zweiter, dritter oder vierter Ordnung die Blüthen- und Fruchtblätter herstellt, eine zweiachsige, dreiachsige, resp. eine vierachsige.

Höhere Zahlen von Spross-Generationen sind bis jetzt noch nicht beobachtet worden.

Hierbei ist nun nicht zu übersehen, dass es bei dieser Bezeichnung nur auf den Minimalwerth abgesehen ist. Sehr häufig treiben einachsige Pflanzen aus ihren Blattachseln Wiederholungs-Sprosse, die ganz genau dieselbe Blattfolge ausbilden, wie der Hauptspross selbst. Solche ändern die typische Natur der Pflanze nicht, die ja nur darauf beruht, in welcher Sprossgeneration dieselbe bereits zu ihrem biologischen Endziel zu gelangen befähigt ist. Solche Wiederholungssprosse können in einer unbeschränkten Reihe von Generationen auseinander hervorgehen, wobei sie schrittweis immer dürftiger zu werden und zuletzt ohne alle Laubblätter nur noch eine einzelne Blüthe zu bilden pflegen, also eine Art Uebergang zu mehrachsigen Pflanzen darstellen. In solchen Fällen löst sich gewissermassen die ganze Pflanze in eine grosse und lange fortentwickelte Inflorescenz auf. Auch die Blüthenstandssprossen können beliebig viele Wiederholungsgenerationen erzeugen und können dadurch zu zusammengesetzten Inflorescenzen sich verbinden. Treiben achselständige Einzelblüthen zweiachsiger Pflanzen aus ihrem Stengeltheil noch dergleichen Wiederholungssprosse, gleichsam als Tochterblüthen, so werden sie dadurch eben zugleich zu Blüthenstandssprossen und vermitteln auch so den Uebergang zwischen zwei- und dreiachsigen Pflanzen. —

Gewächse, die es lediglich bei einer einzigen Achse, also auch bei einer einzigen Blüthe bewenden lassen, sind selten. Häufiger finden sich solche, die bei typisch einachsigem Aufbau sich durch gleichwerthige Wiederholungssprosse zu scheinbar mehrachsigen gestalten, z. B. die *Iris*-Arten, viele Amaryllideen, Gentianeen, Caryophylleen u. a. m. Das sichere Kennzeichen solcher Gewächse ist stets das Erscheinen einer Gipfelblüthe auf der Spitze des Hauptsprosses. Nicht selten ragt eine solche nicht als Einzelblüthe, wie z. B. bei *Iris*, hervor, sondern es entspringen mehr oder weniger zahlreiche Wiederholungssprosse dicht unter der Endblüthe aus der Blüthen-Region des Hauptsprosses und treten unter sich und mit der erstentwickelten Blüthe zu einer Spross-Genossenschaft, einem Blüthenstande, zusammen. Dies ist dann zugleich als ein Fortschritt in dem Differenzirungs-Prozess von Laub- und Blüthen-System aufzufassen, deren Gegensatz hier durch die Einfachheit des Laubsprosses und die Complication der Blüthengesellschaft noch auffälliger wird. In solcher Weise endigt auch bei vielen Holzgewächsen, z. B. *Syringa*, der lange fortentwickelte Hauptspross endlich, wenn auch erst nach Jahren, in eine Einzel-Blüthe, die einer Blüthengenossenschaft als prima inter pares präsidirt. Ebenso ist die Mehrzahl der Pflanzen aus den Gruppen der Decussaten, Contorten, Caryophyllinen, *Polycarpicae* u. s. w. typisch einachsig.

In gleicher Weise bilden die typisch zweiachsigen Pflanzen eine ähnliche Stufenleiter hinsichtlich der Sonderung der Blüthenregion. Sehr viele zweiachsige Pflanzenstöcke bringen an den laubtragenden Haupt- und Wiederholungssprossen einzelne Blüthen in den Achseln der Laubblätter selbst hervor, so dass, wenn diese kurzgestielt sind, die Sonderung beider Systeme nur wenig hervortritt. In anderen Fällen aber finden sich die Blüthen nur gegen die Spitze hin entwickelt und nur von Hochblättern begleitet, während die Belaubung nur den untern Theil des Pflanzenstockes einnimmt. Dadurch gestaltet sich dann wieder ein gesonderter Blüthenstand, der dem eben besprochenen auf dem Gipfel einachsiger Pflanzen in seiner äusseren Erscheinung sehr ähnlich ist. In Wirklichkeit aber ist er demselben überlegen, insofern er durch den sich stets fortentwickelnden Hauptspross beliebig und schrankenlos sich verlängern und emporwachsen kann.

Endlich aber können wiederum die Seitenblüthen, seien sie laub- oder hochblattbürtig, durch abermalige Ausbildung seitlicher Blüthensprosse zu Theilblüthenständen sich vervollständigen und so die Gliederung des ganzen Pflanzenstockes noch ausgiebiger machen.

Alle drei genannten Vervollkommnungsstufen kommen bei verschiedenen Arten oder selbst Individuen derselben systematischen Typen vor, z. B. bei Cruciferen, Resedaceen, Malvaceen, Labiaten, Scrophulariaceen, Convolvulaceen, Oenotheraceen u. s. w.

Dass sich ganz dieselben Complications-Reihen bei dreiachsigen Pflanzen wiederholen werden, ist wohl selbstverständlich. Die Zahl solcher dreiachsigen Gewächse ist überhaupt eine sehr beträchtliche, zumal ja auch ihr Bauplan die grösste Freiheit und Mannigfaltigkeit in der erspriesslichen Aufstellung der beiden Hauptsysteme der Organisation gestattet. Dabei kommen dann noch so viel andere biologische Eigenthümlichkeiten zugleich zum Austrag, dass es sich empfiehlt, diese Verhältnisse einer späteren einheitlicheren Erörterung vorzubehalten.

Typisch vierachsige Pflanzen sind sehr selten. Als Beispiel sei hier nur (nach A. Braun) *Trifolium montanum* genannt, dessen Hauptspross nur grosse Laubblätter in gedrängter Rosette trägt. Aus den Achseln dieser Laubblätter werden dann gestreckte Laubsprosse ausgetrieben, welche ihrerseits Hochblattsprosse mit achselständigen Blüthensprossen entwickeln, so dass diese letzten die Sprosse vierter Ordnung darstellen.

Wie nun die regelmässige Reihe der verschiedenen Typen von Blattorganen Blattfolge genannt wird, so heisst mit demselben Recht die für jede Pflanzenart nach bestimmter Regel sich vollziehende Gestaltung und Verwendung der successiven Generationen von Sprossen die Sprossfolge des Pflanzenstockes.

3. Blüthenstände.

§. 4. Nach dem Vorstehenden nennt man also jede Genossenschaft von Einzelblüthen (sei es, dass dieselben an einem Spross oder an einem System von Wiederholungssprossen auftreten), die sich vom Laubsystem irgendwie sichtlich absondert und wesentlich nur mit Deckblättern versehen ist oder vollständig nackt bleibt, einen Blüthenstand oder Inflorescenz. Zugleich geht schon aus dem Vorhergehenden hervor, dass diese Vergesellschaftungen zwei Hauptformen der Entwicklung befolgen. Die einen Blüthenstände bestehen aus Blüthen, die als gleichwerthige Epiblasteme entstehen und sich längs eines gemeinschaftlichen Muttersprosses aufreihen, gleichviel ob dieser ein Hauptspross oder ein Spross zweiter oder beliebig anderer Ordnung ist, gleichviel auch ob sie nach und nach in der Richtung von unten nach oben, oder sämmtlich gleichzeitig sich entfalten. Solche Blüthenstände heissen Trauben (racemi). Die zweite Art der Blüthenstände entsteht dagegen dadurch, dass der oberste Gipfel eines relativen Hauptsprosses sich selbst zuerst zu einer Blüthe gestaltet und alsdann aus dem Stiele dieser Blüthe, oberhalb der gesammten Laubregion des Sprosses, einmal oder in beliebig häufiger Wiederholung neue Tochtersprosse sich entwickeln, die sämmtlich sofort und ohne Laubbildung in eine Einzelblüthe auslaufen. Hier gehören dann die Blüthen sehr verschiedenen Epiblastem-Generationen an, die sämmtlich von dem Hauptblüthenspross abstammen. Diese Form mag im Allgemeinen Strauss (cyma) genannt werden.

Ob bei einer Traube schliesslich der Sprossgipfel selbst eine Blüthe trägt resp. sich in eine solche verwandelt, ist dabei gleichgültig und kann die typisch zweiachsige Natur eines solchen Blüthenstandes nicht ändern. Denn einerseits wird es in vielen Fällen nicht zu ermitteln sein, ob eine solche Blüthe in der That genau central oder in einem verschwindend kleinen Abstand von der Scheitelwölbung am Vegetationspunkt angelegt worden ist. Andrerseits aber kann ein solches Blastem, das nur als Endglied einer Reihe gleichwerthiger Gebilde erscheint, unter allen Umständen nur als ein gleichwerthiges Schwestergebilde derselben taxirt werden. Dagegen sind die Cymen, deren Gipfelblüthe zuerst angelegt wird, stets als typisch einachsig zu betrachten.

Erwägt man ferner, dass in beiden genannten Fällen der relative Hauptspross als Achse des ganzen Blüthenstandes und sein Scheitel als morphologisches Centrum desselben angesehen werden kann, so ergibt sich noch eine andere einfache Unterscheidungs-Weise. Die Blüthen der Traube pflegen sich in ihrer Entwicklung dem weiterwachsenden Scheitel des Hauptsprosses immer mehr zu nähern, die zuletzt ausgebildete Blüthe bleibt stets dem Scheitel am nächsten. Mithin schreitet die Blüthenanlage in der Richtung zum Centrum hin vorwärts. Bei der Cyma ist die centrale Blüthe zugleich die älteste, und jede fernere wird von diesem Punkte in immer grösserem Abstand erzeugt. So kann man also passend die traubigen Blüthenstände auch centripetale oder schlechthin typisch zweiachsige, die straussartigen dagegen centrifugale oder typisch einachsige Inflorescenzen benennen.

Wie beide Typen einfacher und complicirter ausgeprägt werden können, erhellt schon aus dem vorigen Paragraphen. Man unterscheidet eine Cyma, die ausser der Gipfelblüthe nur eine Generation von Seitenblüthen hat (z. B. bei *Philadelphus*), als einfache von den zusammengesetzten, welche beliebig viele Wiederholungs-Ordnungen ausgestalten. Und ebenso nennt man eine Traube, die anstatt aus einzelnen Seiten-Blüthen vielmehr aus Trauben zweiter Ordnung aufgebaut ist, eine zusammengesetzte Traube oder einfach eine Rispe (panicula).

Dass aber ein so variables Thema wie das Blüthenstands-Verhältniss von der unbeschränkten Gestaltsamkeit phanerogamischer Blasteme auch sonst noch zu mancherlei Formspielerei benutzt wird, ist leicht zu denken. Die gewöhnlichsten derselben mögen neben einigen aussergewöhnlichen, besonders auffallenden Gestaltungen hier noch als nicht unwichtige morphologische Erscheinungsformen Erwähnung finden.

§. 5. Zunächst ist schon oben erwähnt, dass Blüthen, welche Sprosse zweiter Ordnung vorstellen, leicht durch Wiederholungs-Blüthen, die aus ihren Stielen hervortreten, zu selbständigen Blüthenständen werden. Rücken solche Blüthen nun nach der Spitze des Hauptsprosses hin zusammen und sind dabei nur von Deckblättern gestützt, so entsteht eine zusammengesetzte Traube anderer Art, die nicht aus Träubchen, sondern aus Sträusschen gebildet ist. Das Gegentheil kann statthaben, wenn ein den Hauptspross abschliessender Strauss aus dem tieferen Theil dieses Hauptsprosses durch Seitentrauben in einer oder mehreren Generationen wiederholt wird. Dann baut sich aus Träubchen ein complicirter Strauss auf. So giebt es strausstragende Trauben und traubentragende Sträusse.

Sehr auffallende, aber dennoch nur äusserliche, physiognomische Unterschiede beruhen auf einem Wechsel in dem Längenverhältniss der Haupt- und Seitensprosse der Blüthenstände. Das Gewöhnliche ist, dass der Hauptspross mit seinem Gipfel, gleichviel ob dieser selbst eine Blüthe ist oder nicht, die Auszweigungen erheblich oder doch sichtlich überragt. Dies kann sogar so bedeutend werden, dass die Seitenblüthen mittelst verschwindend kurzer Stiele an dem relativ langen Mittelstiel unmittelbar angefügt zu sein scheinen. Dann nennt man die Infloresccnz eine Aehre (spica) und den Mittelstiel selbst Spindel (rhachis), ein Ausdruck, der auch sonst zur Bezeichnung des Mittelstieles der Inflorescenzen sehr vielfach benutzt wird. Sind dabei die Seitenblüthen in mehrfachen Generationen vorhanden, aber doch mittelst verkürzter Stiele dem Hauptspross dicht ansitzend, so entstehen zusammengesetzte Aehren, wiederum nach doppelter Methode construirt, indem die seitlichen Blüthenfamilien entweder traubig angelegt sein können, wie beim Weizen, oder straussartig wie bei der Gerste. So giebt es, analog wie bei den Trauben, Träubchen-Aehren und Sträusschen-Aehren. Sind die Tochterfamilien endlich in sehr langer dichter Reihe an überlanger Spindel aufgestellt, so heisst man das Ganze einen Blüthenschweif (anthurus).

Allein es kann ebensowohl das Entgegengesetzte eintreten, d. h. die Spindel ganz verkürzt bleiben, dagegen aber die Tochtersprosse lang auswachsen. Findet dies zunächst bei traubiger Anordnung statt, so zwar, dass die Verkürzung der Spindel ebenso wie die Verlängerung der Tochtersprosse eine sehr beträchtliche ist, die Länge der Auszweigungen aber eine verschiedene, so entsteht die sogenannte Spirre (anthela), die vielen Juncaceen und Cyperaceen eigen ist. Erreichen dagegen die Seitensprosse eine unter sich zwar ebenfalls verschiedene, in der Richtung von unten nach oben oder (was bei sehr verkürzter, äusserlich verschwindender Spindel dasselbe besagt) von der Peripherie zum Centrum aber regelmässig abnehmende Länge, so bildet die Stellung der Blüthen eines solchen Blüthenstandes eine schirmähnliche Fläche, die Inflorescenz selbst wird dann Dolde (umbella) genannt. Spirre wie Dolde können durch Wiederholung desselben Sprossungsverfahrens in zweiter (selten auch dritter) Generation sich weiter compliciren und zur zusammengesetzten Spirre und Dolde (umbella, anthela composita) werden. Endlich findet sich diesem Reichthum der Auszweigung und Stielentwicklung gegenüber auch das entgegengesetzte Extrem in Form des gänzlichen Mangels der Stiele. Haupt- und Seitenstiele der Trauben bleiben bis zum Verschwinden verkürzt, die Blüthen erscheinen zu kolbiger Gesammtform eng aneinandergedrängt. Dies nennt man dann ein Köpfchen (capitulum).

Dieselbe Reihe spielt sich auch auf Seite der cymösen Blüthenstände ab. Schieben sich unterhalb der Gipfelblüthe die Stengelglieder des Hauptsprosses und seiner sämmtlichen Seitengenerationen bis zur Unkenntlichkeit eng zusammen, so dass nur ihre oberen Theile, die Einzelblüthenstiele, verhältnissmässig stark verlängert (und zwar unter sich verschieden lang) aus der Deckblattumhüllung heraustreten, so ergiebt sich ein der Spirre ähnlicher Blüthenstand, den man Büschel (fasciculus) nennen kann. Nehmen ferner die Systeme der Seitensprosse von innen nach aussen regelmässig an Länge zu, so dass ein Schirm zu Stande kommt, so haben wir die Schein- oder Trugdolde (cyma umbelliformis). Endlich ergiebt sich aus extremer Verkürzung aller Stengelglieder einer ganzen Cyma ebenfalls ein Köpfchen, welches dem äusseren Ansehen nach meist von dem oben erwähnten traubigen Köpfchen gar nicht verschieden ist. Seiner Entstehung nach aber, die sich in der Reihenfolge der Entfaltung seiner Einzelblüthen zu verrathen pflegt, muss es von diesem als straussartiges Köpfchen (capitulum cymosum — racemosum) wohl unterschieden werden.

Auch in diesem Formenkreis treten dann Mischbildungen hervor. So giebt es Pflanzenstöcke, deren Hauptspross zwar die erste aller entwickelten Blüthen auf seinem Scheitel trägt, dann aber die Reihe der Seitenblüthen von unten an, mit den untersten Blüthen beginnend, allmählich nach oben fortführt. Häufig auch wachsen in solchen Blüthenständen an den einzelnen Blüthen noch Sprosse dritter Ordnung in gleicher Reihenfolge hervor, und selbst noch weitere Wiederholungs-Generationen können ausgebildet werden. Dabei pflegen die untersten Aeste dem Hauptspross an Länge gleichzukommen, die ferneren Aeste dagegen in dem Maasse an Länge abzunehmen, dass alle wieder ungefähr in einer Schirmfläche neben einander zu stehen kommen. Solche Inflorescenz ist dann ein eigenartiges Gemenge von traubigem und straussförmigem Aufbau-Verfahren. Man nennt sie Doldentraube (corymbus), die sehr zusammengesetzten Formen auch wohl Doldenrispe (corymbus compositus).

Die Sträusschen bilden ausserdem nicht selten getheilte und einseitige Aufbau-Formen. Aus dem Stiel der Primär-Blüthe entwickelt sich nur nach einer Seite eine Secundär-Blüthe, aus dieser ebenso eine tertiäre u. s. w. Wir nennen solche Inflorescenzen hier einstweilen Halbsträusse und behalten ihre weitere Unterscheidung als Wickel und Schraubel einer späteren geeigneteren Stelle vor. Auch die Trauben neigen nicht selten alle ihre Seitenblüthen, wenn auch erst nach ihrer ursprünglich regelmässigen Anlage, einer Seite des Sprosses zu und werden dann einseitswendig (racemi secundi) genannt.

§. 6. Je mehr die Blüthenfamilien oder Blüthengenossenschaften eines einzelnen Blüthenstandes unter sich zusammentreten und sich vom Laubsystem sondern, desto mehr gewinnen sie für sich die Physiognomie selbständiger, in sich abgeschlossener, wenn auch zusammengesetzter Individualitäten. So sehen schon beispielsweise die Dolden der Umbelliferen von Weitem wie einzelne grosse Blüthen aus, ebenso die Köpfchen des Klees, die Aehren der *Plantago*- und *Carex*-Arten, die Trauben bei *Medicago*, *Melilotus*, *Astragalus* u. s. w. Dies wird noch dadurch verstärkt, dass diese Blüthenstände ihrerseits wiederum nach denselben Principien am Stock angeordnet und vertheilt erscheinen, wie die grösseren Einzelblüthen anderer Pflanzen. Genauer betrachtet zeigt sich dann ferner, dass diese Gesellschaften von Blüthen oftmals ihre unteren Deckblätter zu einem Kreis zusammentreten lassen, der im Ansehen den Kelchblattkreisen grösserer Einzelblüthen ähnelt. Immer kleiner und unselbständiger werden dabei die einzelnen Blütheneinheiten dieser Genossenschaften, so dass es scheint, als ob sie eben ihrer Kleinheit wegen in grösserer Anzahl sich vereinigen müssten, um in der Gesammtwirkung einer einzelnen grösseren Blüthe gleichzukommen. Besonders charakteristisch erscheint letzteres bei den erwähnten Umbelliferen, deren ganzer Stock in einen aus vielen Sprossordnungen aufgebauten, typisch einachsigen, also cymösen Blüthenstand aufzugehen pflegt: jede einzelne Dolde ist hier als ein zusammengesetztes Einzelwesen anzusehen.

Diese bemerkenswerthe Complication, dass zu noch feinerer Differenzirung ganze Blüthengenossenschaften die morphologische Rolle von Einzelblüthen spielen, gelangt nun zunächst dadurch zu bestimmterem Ausdruck, dass in vielen Fällen die ganze Blüthenstandsspindel einer solchen Inflorescenz sich nach dem Verblühen der Einzelblüthen ablöst und als Ganzes abfällt, nicht aber diese Blüthen einzeln abfallen lässt. Solche Blüthenstände führen, mögen sie auch im Einzelnen die verschiedenste Gestalt besitzen, den gemeinsamen Namen der Kätzchen (amenta, juli). Meist sind sie traubig oder ährenartig, wie bei unseren Eichen, Birken, Ellern, Weiden, Pappeln, in anderen Fällen kopfförmig wie bei Buchen und Platanen. Die Mimosen und Akazien besitzen Kätzchen von beiderlei Form. Rispig verzweigt sind diese Kätzchen bei manchen Urticaceen.

Noch schärfer aber prägt sich die erwähnte Erscheinung in einer ganzen Reihe anderer Bildungen aus. Die innige Zusammengehörigkeit der Einzelblüthen wird dadurch noch auffälliger, dass die Region des Blüthenstandssprosses, welche die Blüthen trägt, abweichend von dem übrigen Theil desselben sich gestaltet. Häufig schwillt sie zu fleischig-massigem Gewebekörper auf und wird dadurch in Stand gesetzt, auf der vergrösserten Oberfläche eine grössere Anzahl von Blüthen-Individuen zu vereinigen. An ihrem Grunde bildet sich eine Genossenschaft von Deckblättern zu rings geschlossenem Hüll-Apparat aus, der, von den andern Phyllomen scharf gesondert, vollkommen das Bild eines Kelches gewährt und ebenso, wie dieser die Einzelblüthe während ihres Heranwachsens schützend umschliesst, so auch die Gesammtheit der dem fleischigen Unterbau eingefügten, oft sehr winzigen Einzelblüthchen schützend umhüllt. Es entsteht dadurch ein Verhältniss, welches an die aus vielen kleinen Blättchen zusammengesetzten Blätter erinnert, und desshalb sind auch früherhin diese individualisirten Blüthengesellschaften entsprechend als zusammengesetzte Blüthen (flores compositi) bezeichnet worden. Jetzt zieht man für solche Gebilde, welche die Physiognomie der Einzelblüthe nachahmen und so den Uebergang von Blüthe zu Blüthenstand ausmachen, den Ausdruck Scheinblüthe (Anthodium) vor. Weitaus die häufigste Art dieser Gestaltung ist die ganz allgemein in der grossen Familie der Compositen vorherrschende Form des Blumenkörbchens (calathium). Hinsichtlich der typischen Entwicklungsfolge der Blüthen können die Anthodien sowohl racemös als cymös sein, wie jenes bei den Compositen, Campanulaceen, dieses bei Dipsaceen, Plumbaginaceen, *Euphorbia* u. a. der Fall ist.

Zu den Anthodien gehören ferner die sogenannten Kolben (spadices), als langgestreckte, ährenartige Formen, welche ihre Blüthchen mehr an der Seitenfläche der walzenförmigen Spindeln tragen, während bei den echten Calathien die Blüthchen mehr auf der gewölbten, seitlich verbreiterten Scheitelfläche der Spindel eingefügt sind; doch sind beiderlei Bildungen durch zahlreiche Mittelstufen untereinander verbunden. Typische Kolben finden sich bei Araceen, Piperaceen, Saurureen, Chloranthaceen, Artocarpaceen (*Morus, Artocarpus*), verzweigte bei den Palmen vorherrschend. Dieselben unterscheiden sich von den Calathien meist noch dadurch, dass das Involucrum nur aus einem einzigen grossen Hüllblatt gebildet wird, welches hier den Namen Blüthenscheide (spatha) erhält.

§. 7. Die Mehrzahl der Anthodien aller Formen besitzt, wenn auch sehr kleine, so doch gut differenzirte und ausgebildete Einzelblümchen, nur dass für die einzelnen die Schau- und Schutzblätter oft entbehrlich werden, da das Involucrum resp. die Spatha einen gemeinsamen Schutz für alle ausübt, und, wenigstens bei dem Kolben, die Spatha durch Grösse und Färbung zugleich auch den Schaublatt-Apparat vertritt. Bei den Anthodien der Compositen wird dieser letztere dagegen sehr häufig in der Weise ersetzt, dass von den zahlreichen Einzelblüthchen ein peripherischer Kreis allein mit langen band- oder zungenförmigen Blumenkronen versehen ist, die nach allen Seiten wie ein Strahlenkranz den Blüthenkorb umfassen, während die inneren Blüthchen nur sehr unscheinbare, röhren- oder glockenförmige Kronen ausbilden. Jene heissen dann Strahlen-, Zungen- oder Randblümchen, diese Scheiben-, Mittelfeld- oder Röhrenblümchen. Zwischen diesen beiden Formen der Einzelblüthchen finden übrigens sehr häufig auch noch weitere Differenzirungen statt, insofern dieselben auch die Geschlechtsfunktionen in mannigfaltiger Weise unter einander theilen.

Solche complicirte Sonderungen innerhalb der Anthodien sind schrittweise durch alle möglichen Uebergänge mit solchen Blüthenständen verbunden, die aus getrennten einzelnen Blüthen zusammengesetzt sind. Uebergänge dieser Art bieten namentlich die Blüthenstände der Doldenpflanzen, sowie die verschiedenen Gestalten der Blüthenköpfchen auch ausserhalb der Familie der Compositen dar. Bei den Umbelliferen kommen zunächst häufig Dolden vor, deren äusserster Blüthenkranz strahlend ausgebildet ist. Von dieser Form führen zahlreiche Uebergänge hin zu den Gattungen *Astrantia*, *Dondia*, *Eryngium*, deren Dolden mit ihrer geschlossenen Hülle fast correcte Anthodien darstellen, und diese schliessen sich dann durch die Gattung *Echinops* sehr enge der grossen Mehrzahl der Compositen an. Auch bei *Viburnum*, *Hydrangea* u. a. kommen strahlende schirmartige oder köpfchenähnliche Blüthenstände vor.

Andrerseits bilden die Anthodien noch weitergehende Blüthenstands-Missformen, welche der Bildung von Einzelblüthen noch näher treten. Vergisst man nur nicht, dass es durchaus keine gesetzliche Nothwendigkeit ist, welche die Pflanze zwingt, die Befruchtungs-Organe stets in einzelnen durch Hüll-Organe wohl abgeschlossenen Individualitäten zusammenzustellen, so kann es durchaus nicht auffallen, dass die Pflanze diese gewöhnliche Bildungsweise, die allerdings sehr allgemein verbreitet ist, auch einmal unbeachtet lässt. Einzelne Organe erscheinen an den vegetativen Sprossen, ohne mit anderen einen besonderen Blüthenblatt-Verband einzugehen. Es können dann auch solche ohne weiteres eine Inflorescenz bilden, insofern sie eben auch besondere Sprosse repräsentiren können. Demnach giebt es Kolben, auf deren Oberfläche einzelne Geschlechts-Organe in sehr verschiedener Anordnung sich aufgestellt finden, wie unter den Araceen bei den Gattungen *Arum*, *Calla*, *Richardia* u. a. Die Blüthenkolben dieser Pflanzen sind an sich ungegliedert und lassen die Stempel und Staubgefässe seitlich ohne jede Vermittelung von Deckblättern aus ihrem plastischen Zellgewebe sich herausbilden, so dass eine Abgrenzung von Einzelblüthen hier nicht erfolgt. Man könnte hier ebensowohl das einzelne Organ wie den ganzen Kolben als eine Einzelblüthe ansprechen, wenn man sich nicht durch Analogien mit verwandten, deutlicher differenzirten Blüthenformen leiten lassen will. — Unterbleibt auf solche Weise nicht allein die Sonderung von Blüthen, sondern auch die Ausgestaltung von Sprossen überhaupt, und bleibt vielmehr Alles zu fast völlig ungetheilter Masse verschmolzen, so kann man schliesslich weder von Blüthen noch von Inflorescenzen reden und hat diese Bildungen vielmehr als unentschiedene Mitteldinge, die keines von Allem sind, zu taxiren.

Ausser den cylindrisch-kolbigen Formen dieser Art, wie sie bei Araceen und Piperaceen auftreten, kommen massige Köpfe bei den Artocarpeen vor, z. B. kleinere bei *Morus*, grössere bei *Artocarpus*. Dann aber bilden sich hier, ganz entgegengesetzt den bisher genannten, auf der Oberfläche mit Blüthenorganen besetzten Kolben oder Köpfen, bisweilen sonderbare Krug-Gestalten aus, deren innere Fläche den Befruchtungs-Apparat in Form einer nicht differenzirten Menge von Stempeln und Staubgefässen ausbildet, wie dies z. B. bei der Feige der Fall ist. Endlich breitet sich die Blüthenstandsspitze auch wohl ganz einfach zu einer teller- oder kuchenförmigen Gestalt aus, deren Oberfläche die zahlreichen Staub- und Frucht-Organe erzeugt. Die krugförmigen Gestalten nennt man dann füglich Blüthenbecher (urceolus), die kuchen- oder tellerförmigen Blüthenteller (patella). Letztere finden sich in verschiedenen Formen bei der Artocarpeen-Gattung *Dorstenia*.

Aus dem Vorstehenden ergiebt sich in Verbindung mit dem, was über die Einzelblüthe theils oben gesagt, theils unten noch anzuführen ist, eine doppelte Gestaltungsreihe, in welche man die Blüthengestalten ordnen kann. Von dem Auftreten einzelner nackter Sexual-Organe gelangt man einerseits zur einfachen Zusammenstellung beider Geschlechter (*Lemna*), dann zur Heranziehung eines einzigen Blattkreises (*Cannabis* ♂, *Chenopodium, Ulmus*), dann zu den beiden normalen Blattkreisformationen u. s. w. Und diese schrittweis vervollständigten Blüthen-Individuen gehen dann in oben entwickelter Weise zur Bildung von Blüthenständen immer complicirterer Art über. Andererseits reihen sich an die Anfangsform der Blüthe, wie sie in Gestalt einzelner Organe auftritt, allmählich Vereinigungen solcher Geschlechtsorgane, bald einerlei, bald beiderlei Art, an (wie z. B. bei Pinus ♂ und in den oben geschilderten Anthodien der Araceen und Artocarpeen). Dann mischen sich die Geschlechter (*Calla*) oder stellen sich in einer bestimmten Ordnung zu einander (*Euphorbia*). Dabei sind sie zunächst nur von einem einzelnen allgemeinen Hüllblatt oder einem Kreis von Hüllblättern umgeben. Weiterhin aber treten Formen hervor, die sich mehr und mehr zu einzelnen Blüthchen parzelliren (Piperaceen, *Typha*, *Morus*, *Ficus*), endlich vollständig sondern (*Acorus*) und zuletzt zu deutlichen Verzweigungs-Systemen auseinanderrücken, um so wiederum die Ausbildung einer vollkommenen Inflorescenz, aber in umgekehrter Methode des Fortschrittes, zu erreichen.

Den Höhepunkt aller dieser Bildungen stellen dann stets diejenigen Blüthenstände dar, welche nicht aus Einzelblüthen aufgebaut sind, sondern aus Anthodien, die ihrerseits aus wohl gesonderten und vollständig ausgerüsteten Einzelblüthen sich zusammensetzen. Und auch innerhalb dieser schreitet die Vervollkommnung noch von den in sich gleichblüthigen Anthodien zu solchen Inflorescenzen fort, deren einzelne Anthodien aus Blümchen, die der Verrichtung nach verschieden sind, sich aufbauen, wie solche z. B. manchen Compositen-Sippschaften eigen sind. Unter den stattlichen Corymben mancher Asteroideen und Senecioideen finden sich dazu die elegantesten Beispiele. —

4. Blattstellung (Phyllotaxis).

§. 8. Im Eingang dieses Kapitels ist darauf hingewiesen worden, dass dem einheitlichen Bauplan der Phanerogamen sich zweierlei Erscheinungs-Reihen unterordnen. Erstlich haben die morphologisch äquivalenten Sprossglieder bei allen Pflanzen eine ähnliche Umwandlungsreihe durchzumachen, um alle ihnen obliegenden Aufgaben zu erfüllen. Sodann macht die Anordnung derselben schon bei ihrem Entstehen ein gewisses rhythmisches Ebenmass erforderlich. Wir kommen nach Besprechung jenes ersteren Verhältnisses nunmehr zu diesem zweiten.

Genau genommen giebt es zwei Veranlassungen für eine regelmässige Anordnung der Phyllome an dem tragenden Stengel, deren eine in äusseren, die andere in inneren Umständen zu suchen ist. Jene ist die Nothwendigkeit einer freien Stellung gegen Licht und Luft, welche eine gleichmässige Vertheilung aller Blattspreiten eines Stockes erforderlich macht; diese dagegen ergiebt sich durch die Nothwendigkeit einer sparsamen Verwerthung des in der Vegetations-Werkstatt disponiblen plastischen Materiales und des vorhandenen Oberflächen-Raumes.

Die erste dieser beiden Veranlassungen tritt nicht überall gleichmässig als zwingende Nothwendigkeit auf. Sprosse mit nur je einem oder zwei Laubblättern bedürfen für diese keiner künstlichen Anordnung. Sprosse, deren Längsrichtung die Einfallsrichtung der Lichtstrahlen kreuzt, erreichen die erforderliche Stellung durch Flachlegung sämmtlicher Blattspreiten. Auch für sehr kleine Blätter tritt das Bedürfniss zurück. Es liegt ja auf der Hand, dass dasselbe proportional der zunehmenden Grösse der Einzelblätter und zugleich umgekehrt proportional der Entfernung derselben von einander, die durch Verlängerung der Stengelglieder hergestellt wird, wächst. Je gedrängter aber und je zahlreicher die Blätter am Sprosse auftreten, je grösser ihre Spreiten und je kürzer ihre Blattstiele sind, desto künstlicher müssen sie um den Stengel herum vertheilt und angeordnet sein. Anderenfalls würde nicht jedes Blatt zu seinem Rechte kommen, nicht in seiner ganzen Flächenausdehnung arbeitsfähig werden. Vielmehr würde jedes durch Ueberragen der benachbarten Blätter theilweise nutzlos sein und dadurch eine überflüssige Vergeudung von Substanz und Kraft für den Muttersspross bewirken.

Zu diesem Grunde tritt dann das Bedürfniss nach erspriesslicher Einrichtung der Vegetations-Werkstatt, mittelst deren der Spross sich fortbildet, hinzu. Wie beiden Folge gegeben wird, ist nun näher zu zeigen.

Ebenmass und Gleichgewicht in der Anordnung und Raumbeherrschung der Ausgliederungen des Pflanzenkörpers haben sich schon lange sowohl künstlerischen wie wissenschaftlichen Beobachtern als Thatsachen aufgedrängt. Genauerer Prüfung aber zeigt sich dieses Verhältniss noch viel feiner, als beim ersten Anblick. Frei emporstehende Laubsprosse strecken fast ausnahmslos ihre Blattglieder rings um die Achse so symmetrisch aus, dass sich nicht allein ein Gleichgewicht im Allgemeinen, sondern ein bestimmt wiederkehrendes Maass in den Abständen der aufeinanderfolgenden Nachbar-Glieder erkennen lässt.

Es sind zunächst zwei Typen zu unterscheiden. Nach dem einen werden jedesmal zwei oder mehrere Blätter gleichzeitig unter dem Scheitel des Vegetationshügels angelegt. Dann pflegen dieselben nachher an der Stengelfläche paarweis einander gegenüber zu stehen oder, wenn es sich um mehr als zwei handelt, in Kreisen in gleichen Abständen um den Stengel sich zu vertheilen. Für die Aufeinanderfolge der Paare und Quirle aber gilt dann die Regel, dass die Glieder jedes folgenden in ihrem Ursprung am Stengel um die Hälfte des peripherischen Abstandes je zweier seitlich benachbarter Glieder gegen die des vorhergehenden Paares oder Quirles verschoben sind. Projicirt man daher die Blatt-Ansätze je zweier aufeinanderfolgender Quirle auf die Ebene des einen von beiden, so fallen die Glieder beider Quirle genau zwischen einander. Daraus folgt dann, dass die Mitglieder jedes dritten Quirls in der gleichen Längslinie der Stengeloberfläche gerade übereinander zu stehen kommen, und weiter, dass sämmtliche Blätter des ganzen Sprosses in doppelt so viel Längsreihen, als jeder Wirtel Glieder zählt, am Stengel vertheilt erscheinen. Der häufigste Fall dieser Art ist das Auftreten paarweise angelegter, sog. gegenständiger Blätter (folia opposita), welche in gekreuzten, mit einander abwechselnden Paaren über einander aufgestellt sind und vier Längslinien am Stengel bilden. Im Vergleich hierzu sind Wirtelstellungen von drei (*Juniperus* u. a.), vier (manche *Lysimachia*-Arten etc.), fünf und mehr Blättern nur selten. Alle diese Stellungen werden gemeinschaftlich decussirte (fol. decussata), die mehrzähligen darunter noch besonders quirl- oder wirtelständige (fol. verticillata) genannt.

§. 9. Weitaus die Mehrzahl der Phanerogamen und Gefäss-Kryptogamen befolgt dagegen eine andere Vertheilungsregel. Ihre Blattorgane stehen einzeln. Jedes Blatt für sich schliesst ein Stengelglied nach oben hin ab. Dabei findet zwischen den aufeinanderfolgenden Blatt-Individuen kein einfaches Gegenübertreten oder Kreuzen mit schnell wiederholter Ueberordnung auf derselben Linie statt. Vielmehr treten die Blätter einander schief gegenüber, und jedes einzelne Nachbarpaar erscheint unsymmetrisch gestellt. Aber dies geschieht nicht beliebig oder regellos, sondern so, dass, wenn man alle Ansatzstellen der Blatt-Individuen, die in der Längsrichtung des Sprosses aufeinander folgen, durch eine Linie auf der Stengeloberfläche verbindet, diese Linie eine Schraubenlinie (Wendellinie) von nahezu gleichmässig wiederholten Umgängen darstellt. Auf dieser werden durch die aufeinanderfolgenden Blattsockel immer nahezu gleiche Bogenstücke der Stengeloberfläche abgegrenzt. In stets gleichen Schritten steigt man so, die Stengeloberfläche umkreisend, wie auf einer Wendeltreppe von Blattursprung zu Blattursprung hinauf. Projicirt man wiederum sämmtliche Blattinsertionen auf einen Horizontal-Querschnitt des Stengels, so zeigt sich noch deutlicher, dass, während die Blätter äusserlich in ganz verschiedenen Richtungen von der Sprossachse auszulaufen scheinen, in Wirklichkeit doch stets je zwei aufeinanderfolgende Blätter in ihren Richtungen gleich stark von einander divergiren, resp. dass ihre Medianlinien, bis zur Achse verlängert, gleiche (nahezu gleiche) Centri-Winkel einschliessen. Derartige Blätter nennt man im allgemeinen spiralständige (besser schrauben- oder wendelständige) Blätter. Bei solchen Blättern kann es zutreffen, dass selbst eine sehr grosse Anzahl derselben, die einem einzigen Sprosse zugehören, sämmtlich in verschiedenen Richtungen von der Achse ausgehen, kein einziges Blatt also in der Projektion irgend ein vorhergehendes deckt. Vielfach aber geschieht es, dass von Zeit zu Zeit die höher stehenden Blätter mehr oder weniger genau wieder über die tiefer entsprungenen zu stehen kommen, die Richtungen der einzelnen Blätter also später wiederkehren. Dies findet alsdann in regelmässigem Rhytmus, stets wieder nach der gleichen Anzahl von Schritten oder Stufen auf der aufsteigenden Wendellinie, statt.

Die Beobachtung lehrt nun, dass hierbei keineswegs alle möglichen Winkelabstände, sondern vielmehr zumeist nur solche, die wenig von einander abweichen, obwalten. So kommt es z. B. nicht selten vor, dass an einem Spross je sechs Blätter auf einer Wendellinie in gleichen Winkelabständen so vertheilt sind, dass nach zweimaliger Umkreisung des Stengels nun das sechste Blatt gerade oberhalb des ersten entspringt, also den zweiten Wendelumlauf genau abschliesst. Dann beträgt der seitliche Abstand zwischen je zwei Nachbarblättern $^2/_5$ des Umfangs desjenigen Kreises, auf dem man sich die Horizontal-Projektion beider Umgänge der Wendellinie dargestellt denkt. Auf diesem Kreise stellen sich ferner das vierte und fünfte Blatt der ganzen Folge gerade in die Mitte der Abstände zwischen dem ersten, zweiten und dritten, so dass dadurch der Kreis in fünf gleiche Theile getheilt erscheint. Mit dem sechsten Blatt beginnt dann eine zweite Folge von Blättern, in der sich, wie das sechste Blatt über das erste, so auch jedes folgende Blatt über seine Vorgänger aus der ersten Folge stellt, so dass 7 über 2, 8 über 3, 9 über 4, 10 über 5, 11 wiederum über 6 und 1 u. s. w. zu stehen kommt. Schreitet diese Schraubenstellung der Blätter weiterhin zu noch zahlreicheren Umgängen fort, so werden durch die senkrecht übereinandergestellten Blätter 1, 6, 11, 16, 21, 26; 2, 7, 12, 17, 22, 27; 3, 8, 13, 18, 23, 28; 4, 9, 14, 19, 24, 29; 5, 10, 15, 20, 25, 30 u. s. w. fünf gerade aufsteigende, man darf sagen, senkrechte Linien an der Stengeloberfläche gezeichnet, die den Umfang in 5 gleiche Längsstücke theilen.

Bei einer anderen, nicht minder häufigen Anordnung der Blätter findet sich ein etwas geringerer Winkelabstand der Nachbarn; die Schritte auf der Wendelstiege werden kürzer. Dann erreicht das sechste Blatt der Reihe noch nicht wieder den Kreuzungspunkt der Wendellinie mit der vom ersten Blatte senkrecht aufsteigenden geraden Linie. Nimmt man indessen den nächsten Wendel-Umgang hinzu, so trifft man wohl nach dem siebenten und achten Blatte ein neuntes, welches nun seinerseits die Stellung über dem ersten eingenommen hat. Der dreifache Umgang der Wendellinie vom ersten Blatte bis zu demjenigen, welches über ihm steht, und die Achtzahl der Schritte, die vom ersten bis zu diesem neunten hinführen, bedingt, dass, sollen diese Schritte gleich sein, jeder einzelne $^3/_8$-Kreisumfang der Horizontal-Projektion betragen muss. Es folgt daraus ferner, dass sämmtliche so projicirten Blattanfänge den Umkreis des Stengels in 8 gleiche Theile theilen, und dass auf dem Projektions-Kreis die Blätter sich in der Reihenfolge 1 4 7 2 5 8 3 6 nebeneinander ordnen müssen. Es folgt daraus endlich, dass alle folgenden Blätter wieder in derselben Folge über den acht ersten Blättern zu stehen kommen, also acht aufsteigende Linien entstehen, in welchen die Blattziffern, die die Reihenfolge derselben in der Schraubenrichtung angeben, in Differenzen von 8 aufeinanderfolgen.

Bei jener ersteren Anordnungsweise der Blätter bildeten also je fünf Blätter einen abgeschlossenen Turnus, zu dem zwei Umgänge der Wendellinie, auf der die Blätter aufgereiht sind, gehören. Die Blätter selbst bilden Abstände von $^2/_5$-Kreisumfang. Mehrfache Wiederholung des Turnus lässt aufrechte Längsreihen von Blättern in Zahl von fünf entstehen, da das sechste Blatt sich über das erste stellt. In dem zweiten Beispiele dagegen besteht der Turnus aus 8 Gliedern, deren acht Schritte 3 Umgänge ausmachen, erst das neunte Blatt trifft wieder auf das erste, der Abstand in der Horizontal-Projektion beträgt $^3/_8$, und der Vermehrung der Umläufe entsprechen 8 grade Längslinien. Die Brüche $^2/_5$ und $^3/_8$ geben mithin den wesentlichen Charakter beider Anordnungsweisen erschöpfend an. Denn sie stellen nicht nur die Winkelabstände je zweier benachbarter Blätter dar, sondern es ist ohne Weiteres in ihrem Zähler die Zahl der Umgänge eines Turnus, in ihrem Nenner die Anzahl der Blatt-Individuen oder Wendelschritte, die den Turnus bilden, ausgedrückt. Und gleichzeitig ist auch durch den Nenner die Anzahl der geraden Linien angegeben, die durch zahlreichere Blätter, welche den Turnus mehrfach wiederholen, eingehalten werden. Die Angabe dieses Bruches genügt mithin durchaus, die Blattstellungs-Weise genau zu kennzeichnen, wenn man die fundamentale Bedeutung des Bruches kennt. Der Werth desselben, d. h. der seitliche Abstand je zweier aufeinanderfolgender Blätter in der Horizontal-Projektion des Stengel-Querschnitts, wird nun einfach Divergenz der Blattstellung oder Blattstellungsexponent genannt; diejenige Schraubenlinie, welche alle Blattsockel verbindet, heisst Grundspirale (Grundwendel) der Blattstellung, die aufsteigenden Linien aber Geradzeilen oder Orthostichen. Endlich nennt man den seitlichen Abstand dieser letzteren in dem Umfang der Horizontal-Projektion (also $^1/_5$, $^1/_8$ Kreis) schlechthin ihr Intervall.

Während nun das Maassgebende für jede Blattstellung der geometrische Divergenz-Werth ist, so verräth sich die Blattanordnung dem Beschauer, der ja jene nicht ohne technische Hülfsmittel sofort messen kann, am einfachsten durch die Abzählung desjenigen Blattes, das gerade oberhalb des Ausgangsblattes angeheftet ist. Von irgend einem Blatte aus, das als erstes angenommen wird, zählt man in der Richtung der Grundspirale die Blatt-Individuen, bis man ein Blatt (n) trifft, das leidlich genau über dem Ausgangs-Blatt entspringt. Die Differenz beider Blattziffern (n—1) giebt den Nenner, die Zahl der zurückgelegten Wendel-Umgänge (m) den Zähler des gesuchten Blattstellungs-Exponenten oder der Divergenz, diese als Kreisbruch betrachtet $\left(\frac{m}{n-1}\right)$. Alles übrige versteht sich dann nach dem Obigen von selbst.

§. 10. Wir haben zunächst zweier Formen des Spiral-Typus gedacht, die häufig vorkommen. Es treten uns jedoch im Gebiete der höheren Pflanzen noch eine ganze Reihe ähnlicher ebenso oft entgegen. So kann man statt zwei oder drei Umgängen deren fünf nöthig haben, um dann nicht mit dem sechsten oder neunten, sondern erst mit dem vierzehnten Blatt wieder die Stellung des ersten zu treffen. Das wäre dann eine $^5/_{13}$-Stellung. Andere Stellungsweisen sind durch die Brüche $^8/_{21}$, $^{13}/_{34}$, $^{21}/_{55}$, $^{34}/_{89}$, $^{55}/_{144}$ ausdrückbar, d. h. es ist erst bei 8, 13, 21 u. s. w. Wendelumgängen das 22. 35. 56. u. s. w. Blatt als dasjenige zu erkennen, welches wieder über dem ersten steht und einen neuen Turnus der Blattspirale von je 21, 34, 55 u. s. w. Blattgliedern beginnt. Betrachtet man die arithmetische Beziehung der ganzen Reihe der bisher angeführten Divergenz-Brüche, so kann man darin eine Kettenbruchfolge erblicken, deren einzelne Posten, ihrem Werthe nach hin- und herschwankend, zwei convergirende Reihen von Annäherungswerthen vorstellen, welche nach einem in der Unendlichkeit liegenden Mittelwerth als gemeinsamem Ziel hinstreben. Anschaulicher wird das Verhältniss durch die geometrische Darstellung, wenn man die Querschnitt-Projektionen dieser Stellungen auf concentrische Kreise aufträgt. Man sieht alsdann, wenn man die Ausgangspunkte (1) stets auf demselben Radius wählt, dass die gleichnamigen Blattglieder der aufeinander folgenden Stellungen (z. B. das zweite, dritte Blatt u. s. w.) von einer Stellung zur anderen in erst grösseren, dann immer kleineren Oscillationen ihren Platz ändern. Mit anderen Worten, man sieht, dass der Abstand zwischen Blatt 1 und 2 oder zwischen je zwei anderen Nachbarblättern in den successiven Blattstellungen abwechselnd grösser und kleiner wird, und dass zugleich der Unterschied je zweier successiven Werthe dieses Abstandes immer geringer wird, je höher die Ziffern sind, die den Divergenz-Bruch bilden. In Graden ausgedrückt beträgt der Divergenz-Bruch für die $^2/_5$-Stellung 144°, für $^3/_8$ 135°, für $^5/_{13}$ $138^6/_{13}$° u. s. w.

Denkt man sich nun den Divergenz-Radius des zweiten Blattes wie einen Uhrzeiger allmählich aus der Richtung, die ihm in der $^3/_8$-Stellung zukommt, bis zu der Richtung der $^2/_5$ Stellung fortbewegt, so erhellt zweierlei. Erstlich wird die Mehrzahl der Stellungen, die er auf diese Weise durchläuft, entweder genau mit einer der angegebenen Divergenzen zusammenfallen oder doch einer solchen so nahe kommen, dass diese Stellung annähernd durch jene Divergenz ausdrückbar ist, mit Ausnahme der Punkte, die etwa gerade zwischen zwei Nachbar-Stellungen die Mitte halten. Zweitens wird auch jede seiner Richtungen, die in das Gebiet zwischen den höchst bezifferten der bisher besprochenen Divergenzen fallen, ebenso annähernd durch ein leicht aufzufindendes, noch höheres Glied der Reihe von Annäherungswerthen ausgedrückt werden können.

In der Natur nun findet man die weitaus grösste Anzahl der spiralständigen Blätter nach einer dieser Divergenzen, welche zwischen $^2/_5$ und $^3/_8$ liegen, am Spross vertheilt. Und zwar findet sich dies ganze Oscillationsgebiet durch so zahlreiche Fälle in allen möglichen Uebergangsgrössen ausgefüllt, dass dagegen die Zahl derjenigen Sprosse, die eine der angegebenen Divergenzgrössen ganz genau in ihrer Blattordnung innehalten, nur ganz klein ist. Diese Werthe bezeichnen daher, wie alle Zahlengrössen, nicht etwa Verhältnisse, die ausschliesslich sich verwirklicht finden, sondern sie stellen nur subjektiv festgehaltene Stationen im Fluss der zunehmenden und abnehmenden Bewegung der objektiven Grössen dar. Somit bilden dieselben thatsächlich, ebenso wie theoretisch, eine zusammenhängende Reihe von Erscheinungen. Weil aber die Mehrzahl aller Pflanzen aus dieser Reihe die Divergenz für ihre Blattspirale wählt, so wird dieselbe mit Recht Hauptreihe der Blattstellungen oder, als Sammelbegriff gefasst, die normale Stellung wendelständiger Blätter genannt.

Theoretisch kann man mit der Bruchreihe nach rückwärts von $^3/_8$ und $^2/_5$ auf $^1/_3$, $^1/_2$, $^1/_1$ gelangen. Davon kommt $^1/_3$ noch ziemlich häufig vor. Bei der Stellung nach $^1/_2$ kommt schon jedes 3., 5., 7. u. s. w. Blatt über das erste, alle geradziffrigen Blätter über das zweite Blatt zu stehen, d. h. alle Blätter wechseln in ihrer Stellung auf nur zwei Geradzeilen mit einander ab.

Für die meisten einzelnen Pflanzenarten ist nun die Blattstellung aller Laubsprosse ziemlich dieselbe, kehrt genau nach derselben Regel wieder oder schwankt doch nur innerhalb beschränkter Grenzen. Bei einigen freilich kann sich auch eine längere Folge von Uebergängen abspielen. Doch lässt sich dabei noch aus der Mehrzahl der Thatsachen die allgemeine Regel erkennen, dass die Blattstellungsziffer als eine um so höhere erscheint, je grösser die Anzahl der Blattorgane ist, welche hintereinander an einem und demselben Spross entwickelt werden. Wenigblättrige Sprosse lassen häufig ihre Blattordnung ziemlich genau durch $^2/_5$ oder $^3/_8$ ausdrücken, während reich beblätterte bis zu den höchsten Ziffern hinauf greifen. Ja es ist gerade bei solchen Sprossen, welche sehr viele Blätter an ganz kurzen Stengelgliedern dicht hintereinander entwickeln (z. B. bei solchen, die unmittelbar über der Erde die Form einer sogenannten Blattrosette bilden) der Fall der häufigste, dass kein einziges Blatt, auch das höchste und letzte nicht, wieder genau die Stellung des ersten einnimmt.

§. 11. Es ist nun klar, dass, wenn die Divergenzschwankung zwischen $^2/_5$ und $^3/_8$ das Gebiet einer Kette von Stellungs-Verhältnissen ausmacht, die man bis ins Unendliche verlängert denken kann, dasselbe auch wohl mit andern Werthen, die jenen mehr oder weniger nahe kommen, geschehen könnte. Zwischen $^2/_5$ und $^1/_2$, zwischen $^3/_8$ und $^1/_3$ lassen sich ähnliche Reihen von Stellungsmöglichkeiten erdenken. Daneben aber ist es, wie gesagt, Thatsache, dass die Stellungen der sogenannten Hauptreihe zwischen $^2/_5$ und $^3/_8$ die häufigsten sind. Somit liegt die Frage nahe, ob dafür thatsächliche Gründe zu finden sind.

Jede Blattanordnung wird um so vortheilhafter sein, je mehr sie bewirkt, dass jedes Blatt seine g a n z e Spreite dem Licht aussetzen und günstig mit der Luft in Verkehr bringen kann. Und dazu gehört, dass 1) die unmittelbaren Nachbarn am Stengel einander so fern als möglich bleiben, 2) eine beliebig hohe Summe von Blattindividuen in gänzlich verschiedenen Richtungen vom Stengel ausgehe, und 3) diese Summe nach Bedürfniss ohne irgend welche Beschränkung erhöht werden kann. Leistet die sog. normale Blattstellung diesen Bedingungen besser Genüge als alle übrigen, so lässt sich begreifen, warum sie die häufigste ist.

Es empfiehlt sich, für die verschiedenen Möglichkeiten der Blattanzahl die Verhältnisse kurz zu überblicken.

Käme es nur darauf an, einen Spross einzurichten, der überhaupt nur zwei Blätter hätte, so hätten dieselben einfach an entgegengesetzten Seiten des Sprosses sich anzuheften, gleichviel ob auf gleicher Höhe oder mit eingeschaltetem Stengelglied. — Auch für drei Blätter ist keine andere Wahl übrig gelassen, als dass sie sich mit Divergenz von $^1/_3$-Kreis in den Umfang des Stengels theilen, gleichviel, ob dies auf derselben Stengelhöhe in Form eines Wirtels, oder in ansteigender Wendellinie geschieht. Im letzten Falle würde ein hinzutretendes viertes Blatt sich dem ersten überordnen. — Für gleichmässige Vertheilung von 4 Blättern böte sich zunächst wiederum die einfache Quirlstellung dar. Allein die hier auf $^1/_4$ des Kreises reducirte Divergenz würde seitliche Beeinträchtigung der Nachbarn in allzu unvollkommener Weise vermeiden. Besser ist daher das Auseinandertreten des Quirls zu 2 gekreuzten Paaren. — Für mehr als 4 Blätter wird die Wirtelstellung durch allzu enge Nachbarschaft immer ungünstiger. Für 6 ist allenfalls die Anordnung in zwei dreigliedrige Wirtel mit alternirenden Richtungen brauchbar, wenn sie am Stengel nicht in zu kurzen Abständen einander folgen.

Für alle höheren Ziffern können also obige Bedingungen nur durch Einzelstellung der Blätter erfüllt werden. Zu fragen bliebe dabei zunächst, ob diese Einzelstellung nicht durch völlige Regellosigkeit (folia sparsa) der Blattansätze das Nöthige erreichen würde. Doch wiederlegt sich diese Annahme schon genügend dadurch, dass dann dem Zufall ein Nützlichkeitsverhältniss anheimfiele, was doch ebenso leicht planmässig sicher gestellt werden könnte. Dementsprechend ist eine ordnungslose Stellung äusserst selten und, wo sie vorkommt, meist nur später veranlasst, also nur scheinbar regellos.

Was aber die geregelten Spiralstellungen betrifft, so ist an sich ihre Divergenz-Grösse ganz unbeschränkt. Man könnte sich, wie schon gesagt, Blätter in allen Verhältnissen vertheilt denken. Jeder Bruch, dessen Zähler und Nenner relative Primzahlen sind, kann eine Blattstellungs-Divergenz vorstellen, nach der eine Anzahl Blätter nach verschiedenen Richtungen entsprechend dem Nenner dieses Bruches in einer Zahl von Spiralumgängen, die seinem Zähler gleich ist, vertheilt werden. Wir haben indessen bereits erwähnt, dass bei Divergenzen von etwa $^1/_4$-Kreis das zweite Blatt dem ersten zu nahe kommt. Andrerseits hat jede Divergenzgrösse, die allzu nahe an $^1/_2$ gelegen ist, die

Folge, dass schon das dritte Blatt nahe über dem ersten Platz nehmen muss. Die vergleichende Betrachtung der concentrischen Projektionen verschiedener Differenz-Folgen lehrt dagegen, dass, wenn das Blatt 1 seitlich von den Blättern 3 und 4 flankirt wird, eine Vertheilung herauskommt, die weder in der Spiralfolge noch im seitlichen Abstande zu grosse Annäherungen herbeiführt. Und wenn dabei Blatt 3, das seiner Erzeugung nach dem ersten noch näher steht als das vierte, von jenem ersten dafür seitlich noch etwas ferner bleibt als das letztgenannte, so ist das nachbarliche Gleichgewicht dadurch noch besser hergestellt. Diese Bedingungen aber werden auf das vollkommenste durch diejenigen Blattdivergenzen erfüllt, welche in das Gebiet zwischen $^2/_5$ und $^3/_8$, resp. zwischen $^3/_8$ und $^5/_{13}$ fallen.

Für alle Blattordnungen dieser Divergenzen können nämlich niemals zwei Nachbarn in der Spirale einander näher kommen, als $^3/_8$-Kreisumfang. Die Divergenz jedes zweiten von dem gegebenen ersten Blatte beträgt mindestens diesen Werth. Jedes dritte Blatt aber kann sich dem relativ ersten bis auf höchstens $^1/_4$-Kreis nähern. Erst das vierte Blatt tritt dem ersten bis auf höchstens $^1/_8$-Kreis nahe. Das sechste kann von $^1/_8$ bis auf $^1/_{13}$, und erst das neunte von $^1/_{13}$ bis auf $^1/_{21}$-Kreisumfang dem Anfangsblatt nahe kommen. Und wie die Stellung der höheren Blätter zum ersten Blatte, so würde sich die der noch höheren zu den folgenden ebenso günstig erweisen. Es würden mithin die späteren Blätter den vorhergehenden stets um so ferner bleiben, je mehr sie ihnen in der Spirale genähert sind. Dagegen stellt sich für alle Divergenzen, deren Werth kleiner als $^3/_8$ oder sogar $^1/_3$ ist, ein immer nachtheiligeres Gedränge in der Grundspirale heraus, für alle diejenigen aber, die grösser als $^2/_5$ sind, ein zu nahes Herandrängen des dritten Blattes an das erste: die Stellungen der Werthe zwischen $^2/_5$ und $^3/_8$ also gewährleisten in der Mitte zwischen beiden Extremen das beste Ebenmaass.

§. 12. Nähme man nun einmal an, es gäbe ein Gesetz, dass für jede gegebene Anzahl von Blättern, die in einer Entwicklungsperiode an einem Sprosse ausgebildet werden, der Stengelumfang stets in gleiche Intervalle für die Ansatzpunkte der Blätter getheilt werden müsste, und erwäge man dazu die geometrische Thatsache, dass zwischen den genannten Grenzwerthen $^2/_5$ und $^3/_8$ nur die Brüche $^5/_{13}$, $^8/_{21}$ etc. als Werthe, die dem Kreis commensurabel sind, sich einfügen, so würde einem jeden einzelnen Blattstellungsfall eins dieser Verhältnisse genau entsprechen müssen. Ein solches Gesetz aber kann aus keiner der zur Zeit bekannten organoplastischen Thatsachen abgeleitet werden. Und so stellen diese Brüche, die für die Blattstellungen bequem als Annäherungswerthe verwendbar sind, nur theoretische Handhaben dar. Die Betrachtung derselben in ihrem geometrischen Verhältniss hat unzweifelhaft einen nicht geringen Werth, das Wesen der Blattstellungsregel klar zu verstehen. In der That aber kommen ausser diesen Grenz- und Annäherungswerthen alle denkbaren Uebergänge ebenfalls vor.

Da aber doch die überwiegende Mehrzahl der vorhandenen Blattstellungen mit hohen Zahlenverhältnissen deutlich eine Divergenz zeigt, die innerhalb des erwähnten Oscillationsraumes jener Doppelreihe von Annäherungswerthen zu finden ist, so liegt andererseits der Gedanke nahe, dass der irrationale Mittelwerth aller dieser Werthe das von allen Stellungen angestrebte letzte Ziel sei, d. h. dass eigentlich alle normalen Stellungen dieselbe Divergenz besitzen, die im Grunde jenem Werthe gleich sei, denselben jedoch verschieden deutlich erkennen lasse. Ob aber auch diese Hypothese die Fülle der Thatsachen ebenso einfach erklärt, wie die Annahme einer ganzen Skala diskreter Divergenz-Grössen für die Blattstellungsformen, so ist doch auch sie nur von theoretischem Werthe. Denn in der Wirklichkeit sind einerseits die Abweichungen von diesem Ideal doch nicht gering genug, um sie vernachlässigen zu können, andererseits aber lässt sich wiederum nicht einsehen, wie die Technik des Vegetations-Scheitels von einer imaginären geometrischen Grösse faktisch beherrscht werden sollte.

Dagegen wird es gelingen, die Ursächlichkeit dieser Erscheinungsreihe aus der Betrachtung des Verfahrens, das bei der Blattentwicklung in der Vegetations-Werkstatt angewendet wird, zu noch näherem Verständniss zu bringen.

Knüpfen wir unsere Besprechung zunächst an den Zustand des Dikotylen-Keimes an, den derselbe mit der ersten Sonderung der Keimblätter erreicht hat. In der Mehrzahl der Fälle entwickeln sich die Keimblätter zu Assimilations-Blättern und nehmen also den Rang der ersten Laubblätter ein. Die Unmöglichkeit indessen, mittelst dieser Keimblätter allein bei längerem Wachsthum dem Substanz-Bedürfniss zu genügen, veranlasst den Keim der meisten Pflanzen sofort, auf Vermehrung des Laub-Apparates hinzuarbeiten. Zwischen den Keimblättern differenzirt sich das Meristem für die Stammknospe heraus. Kaum aber vermehrt sich dasselbe und gewinnt die Form eines kleinen Hügels, so schreitet es auch bereits zu neuer Differenzirung. Dieselbe pflegt von vorn herein einem der beiden entgegengesetzten Blattstellungs-Typen, dem decussirten oder dem spiraligen, sich anzuschliessen. Ob aber dieser oder jener Typus befolgt wird, das lässt sich nach heutiger Kenntniss noch nicht weiter als auf die Hypothese des Art-Idiomorphismus zurückführen.

Infolge symmetrischer Entwicklung pflegt der Vegetations-Scheitel des Keims von oben betrachtet zwischen den beiden Keimblatt-Basen ungefähr die Figur einer Ellipse oder eines sphärischen Zweiecks zu erlangen. Dass eine solche Figur eine Differenzirung von Laubblättern an einer restirenden Fortbildungskuppe nicht einfacher vollziehen kann, als durch Abtrennung zweier Segmente an den beiden Polen des elliptischen Raumes, liegt auf der Hand. Entstehen aus diesen Segmenten neue Ausgliederungen, so kreuzen sie sich in ihrer Stellung mit den Keimblättern und können zwischen den Spreiten derselben die ihrigen ebenmässig entfalten. Dabei können die beiden, für dieses Blattpaar erforderlichen Scheitel-Segmente bequem mittelst je einer flachen Kurve so von dem Mittelfeld abgeschnitten werden, dass dies wiederum in elliptischer Form übrig bleibt. Dann wird die Längsachse dieser Ellipse mit der Längsachse der ersteren etwa rechtwinklig sich schneiden, und der dem ersteren ähnliche Grundriss wird nun wiederum die Wiederholung desselben Abgliederungs-Verfahrens als eines vortheilhaften veranlassen. Dasselbe kann sich ohne Aenderung immerfort gleichmässig wiederholen, immer wieder schneiden zwei seitliche Kurven die kurzen Seiten des elliptischen Grundrisses ab, um immer wieder eine neue ähnliche Ellipse zwischen sich entstehen zu lassen. In steter Verjüngung und Vergrösserung entstehen so in gleichem Rhythmus immer neue gekreuzte Blattpaare. Dabei bleibt kein Theil der Scheitelfläche unbenutzt, das vollkommenste Ebenmaass des Ausbaues wird mit vollkommenster Ausnutzung des Bauplatzes verbunden. Mit Sparsamkeit, Einfachheit und Constanz wird nach diesem Bauplan jede beliebige Blattzahl zugleich mit jeder Stammverlängerung erreichbar.

§. 13. In Bezug auf den Bildungsheerd, der den Spross fortbauen und Blätter erzeugen soll, ist ein passenderer Arbeitsgang als der zuletzt beschriebene nicht denkbar. Dennoch folgen bei den meisten Dikotylen auf die fast ausnahmlos gegenständigen Keimblätter wendelständige Laubblätter.

Es ist indessen leicht nachzuweisen, dass, auch wenn diese Aenderung der Blattstellung nur auf ein geringes Mass beschränkt bleibt, also mit einem geringen Kräfte-Aufwand ins Werk gesetzt wird, sie dennoch im Ganzen Vollkommeneres hervorruft. Wir stellen uns den elliptischen Raum zwischen den Keimblatt-Basen, in welchem sich der junge Hügel des Sprossgipfels erhebt, — man könnte diesen Raum füglich auch wegen der geschlossenen Umwandung, die jene Keimblätter um denselben herstellen, das Vegetations-Becken nennen — ein Wenig ins Unsymmetrische verzogen vor. Es sei die Seite, die das eine Keimblatt a (Fig. 1) begrenzt, von flacherer, die des anderen b von stärkerer Umfangskrümmung. Nun mögen die beiden Meristem-Segmente, die im oben geschilderten Falle an den Enden der Längsachse des Beckens einander symmetrisch gegenüber stehen, beide gegen die flachere Seite der Figur zusammengerückt sein, gegen die stärker gekrümmte Seite aber etwas divergiren, so dass das mittlere Scheitelstück etwas gegen die gekrümmtere Seite hin verschoben und an dieser breiter erscheint. Wir denken uns ferner von den beiden Segmenten eines (c) gegen das andere (d) in seiner Entwicklung gefördert, so dass es bald einen breiteren Raum des Vegetationsbeckens erfüllt und dasselbe sogar auf seiner Seite stärker erbreitert, als dies auf der Seite des schwächeren Blattes geschieht. Dann erscheint das Mittelstück einem ungleichseitigen sphärischen Dreieck ähnlich, dessen grösste Seite dem grösseren (c), die mittlere dem kleineren Blatte (d), die kleinste der stärker gekrümmten Keimblatt-Basis anliegt.

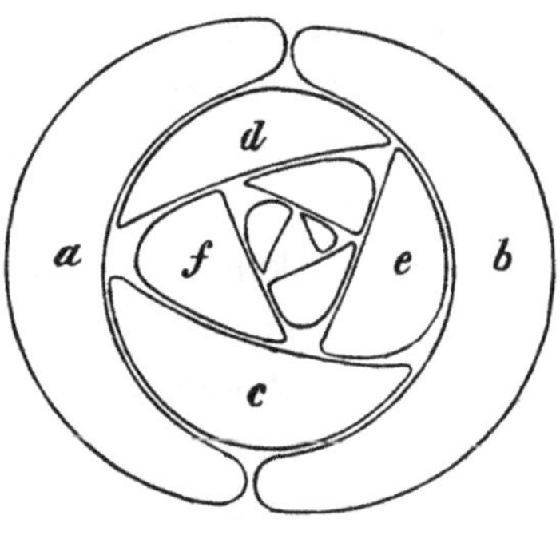

Fig. 1.

Das Ergebniss dieser geringen Verschiebung der betreffenden Theile liegt nun alsbald offen. Die kleinere freie Dreiecksseite bietet jetzt den bequemsten Platz für ein drittes Blatt, und damit ist dann eine neue stetig sich fortbildende Symmetrie angebahnt. Wie das erste Blatt sich in den einen durch die Keimblätter gebildeten Winkel, das andere in den andern hineinschmiegt, so wird ein drittes Blatt eben so bequem den Winkel ausfüllen, der nun zwischen dem convexeren Keimblatt b und dem ersten Blatte c entstanden ist, und seine Anlage wird eine ähnliche Form erhalten wie die beiden älteren Blattanlagen. Zugleich wird durch die innere, dem Scheitel zugewendete Kante dieser neuen Blattanlage der Scheitel selbst von neuem zu einer kleineren sphärisch-dreieckigen Figur abgegrenzt. Das neue Dreieck ist dem ersten ähnlich, nur in seiner Lage gegen dasselbe herumgedreht. Folglich wird wiederum die entsprechende Ecke desselben einer neuen, vierten Blattanlage Raum bieten. Denkt man sich gleichzeitig durch Wachsen aller Theile einer solchen Keimpflanze den Scheitel nach der Anlage jedes Blattes immer wieder von Neuem vergrössert und emporgehoben, so kann dies Abtrennungs-Verfahren beliebig oft fortgesetzt werden. Jedes zwischen den älteren Blättern vom dreieckigen Scheitelraum zur Emportreibung eines Blattes abgegrenzte Feld lässt immer wieder ein ähnliches Dreieck, in gleicher Weise gegen das vorhergehende herumgedreht, übrig. Kein Theil des Scheitelgewebes bleibt unbenutzt, und die Arbeit kann sich in durchaus regelmässigem Rhythmus vollziehen.

Verbindet man nun den fortwachsenden Scheitelpunkt des Vegetations-Kegels mit allen nach dieser Methode abgeschiedenen Blattanlagen durch Radien, so werden dieselben zwischen den aufeinanderfolgenden Blättern eben so gleiche Winkel bilden, wie die Dreiecke einander ähnlich gewesen sind: die Blätter selbst erscheinen nach bestimmter Divergenz in eine Spirallinie gestellt, die sich in wiederholten Umgängen um die Mitte der Figur herumschwingt. Denkt man sich dagegen die bisher betrachtete Scheitelansicht des Wachsthumsheerdes körperlich aufgefasst und zum Stengel verlängert, so wird zwischen je zwei Blättern ein Glied dieses Stengels senkrecht sich emporrecken. Dadurch schieben sich die Blattansätze auseinander, die Spirale aber wird zu der oben besprochenen Schraubenlinie.

Die zuvor erwähnten Blätter, die opponirt zwischen den Keimblattbasen angelegt werden und sich dann in gekreuzten Paaren immer wiederholen, stehen symmetrisch an den Enden der Längsachse einer Scheitel-Ellipse und haben also, so zu sagen, eine Divergenz von $^1/_2$ des Kreisumfangs (180°). Bei dem letztbesprochenen Verfahren indessen tritt das zweite Blatt dem ersten nicht g e r a d e, sondern s c h i e f gegenüber, indem es demselben genähert, also seine Divergenz verringert ist. Ebenso tritt das dritte dem zweiten und jedes folgende seinem Vorgänger schief unter gleichem Winkelabstand gegenüber. Nehmen wir nun an, dass die Verschiebung der zwei ersten Blätter dieser Stellung aus der symmetrisch opponirten mindestens $^1/_{10}$ und höchstens $^1/_8$-Kreis betrage, so käme auf solche Weise ohne Weiteres lediglich durch diese geringe Aenderung die Wendelstellung, die oben als die normale bezeichnet wurde, zu Stande. Auch ist leicht einzusehen, welch eine geringe Veränderung in der ersten Anlage der Blätter hinreicht, um jeden beliebigen Mittelwerth zwischen den Divergenzen $^2/_5$ und $^3/_8$ herzustellen.

Die Form des sphärischen Dreiecks, welches zwischen den drei letzten Blättern einer solchen Folge um den Scheitelpunkt frei bleibt, hängt von dem Grade der Divergenz ab. Wir haben oben bei den Wirtelstellungen des Falles erwähnt, dass drei Blätter sich regelmässig mit $^1/_3$ - Divergenz in den Kreisumfang theilen. Dann muss zwischen ihnen ein gleichseitig-dreieckiger Raum freibleiben. Von diesem Werthe ausgehend werden die Dreiecke um so ungleichseitiger und also um so spitzer, je mehr die Divergenz zunimmt. Endlich nähert sich die Divergenz der $^1/_2$-Stellung immer mehr, die Figur geht aus dem Dreieck in das sphärische Zweieck oder (was hierbei auf dasselbe herauskommt) in die Ellipse über. Wir können die Gestalt des Dreiecks daher in jedem einzelnen Falle als ein typisches Kennzeichen der Blattstellung ansehen.

Es ist nun schon oben gesagt, dass diejenige räumliche Anordnung der jungen Blattanlagen, die sich am einfachsten der Keimblattstellung einfügt, die opponirte ist und diese daher dem Gesetz der Kräfteersparniss besser entspricht, als die schraubenartige. Ebenso aber liegt auf der Hand, dass, wenn einmal mit der Stellung der ersten Blattanlagen, die auf die Keimblätter folgen, eine Aenderung in der Methode eingeführt wird, es dann gleichgültig bleibt, ob diese Verschiebung eine etwas grössere oder etwas geringere ist. Denn es kann für die plastische Arbeit des Scheitel-Meristems gleichgültig sein, ob die Blatthügelchen, die in neu zu begründender Ordnung angelegt werden sollen, unter diesem oder jenem Winkel divergiren. Also kann jede Art der schraubenständigen Blattfolge gleich leicht aus dem Bildungsheerd hervorgehen. Ist eine solche aber einmal in stetiger Fortbildung begriffen, so wird alsdann für jede Divergenz-Aenderung zu der in regelmässig rhythmischer Wirkungsweise begriffenen gestaltenden Kraft des Pflänzchens noch ein solcher Zuschuss von Kraft erforderlich werden, als eben nöthig ist, um die Zell-Genossenschaften des Vegetations-Scheitels, die der Reihe nach an die Blattanlegung heranzutreten haben, plötzlich nach abgeändertem Grundriss arbeiten zu lassen.

Die Ausbildung der opponirten Blattstellung hat also den Vortheil, bei der Anlage der Blätter im Stammscheitel von den Keimblättern an den jedesmaligen Bauplatz in stets gleichbleibender und einfacher Weise auszunutzen. Sie hat aber den Nachtheil, eine nur unvollkommene Blattvertheilung zu erreichen. Es bedarf dann zum Ausgleich dieses Mangels längerer Stengelglieder, also eines Aufwandes von Baumaterial und Gestaltungskraft nach der Anlage.

Die Anlage zur Schraubenstellung dagegen beginnt mit einem geringen Mehraufwand an Gestaltungskraft, bedarf aber weiter keines Material-Ueberflusses, da die Stengelglieder zur Blattvertheilung nichts beizutragen brauchen, und gewährt den Vortheil einer Blattanordnung von jeder beliebigen Vollkommenheit für jede beliebige Blattanzahl. —

Wenn nun schon oben aus dem fertigen Zustand der am Spross vertheilten Belaubung erweisbar war, dass die normale Spiralfolge jede andere an Vortheilhaftigkeit übertrifft, so lassen sich aus der Betrachtung des Anlageplanes auch hierfür noch weitere Belege entnehmen. Die Stellung aller fertigen Blätter zu Luft und Licht erweist sich am vollkommensten, wenn 1) kein später entwickeltes Blatt genau die Richtung eines früheren einnimmt, 2) die seitliche Divergenz der unmittelbar aufeinanderfolgenden Blätter möglichst gross ist, also möglichst nahe an $1/2$ herankommt, 3) die Blätter des 2., 3., 4. u. s. w. Spiral-Umganges zwischen diejenigen Blätter der vorhergehenden Umgänge, welche in senkrechter Richtung möglichst weit unter ihnen stehen, zu stehen kommen. Die Betrachtung einer Scheitelskizze nun lehrt, dass, wenn von je 4 Blättern das dritte und vierte, von 6 das sechste und vierte, von 9 das neunte und sechste, von 14 das vierzehnte und neunte u. s. w. zunächst neben das erste treten, sämmtliche Mitglieder der Spiralstellung sich so aneinander fügen, dass der Raum sich am bequemsten vertheilt. Stets treten relativ jüngere, kleinere Blätter zwischen relativ erheblich ältere, grössere. Je drei Blätter, die zusammen einen Umgang ausmachen, reihen sich in gleichen Grössen-Verhältnissen den drei vorhergehenden an. Wenn sich dagegen eine Stellung über die $2/5$-

Divergenz hinaus der opponirten Stellung näherte, so würde je das dritte Blatt überall zu nahe vor das erste hingerückt und dieses durch dasselbe beeinträchtigt werden. Verringerte sich die Divergenz gegen $^1/_4$ des Kreisumfangs hin, so kämen die Nachbarn der Spiralfolge zugleich als Nachbarn in der Knospe einander zu nahe. Auch hier also leistet die Normal-Divergenz das Vollkommenste.

Erwägt man endlich, dass schon die Werthe von $^3/_8 = 135^0$ und $^5/_{13} = 138^6/_{13}{}^0$ nur noch um $3^6/_{13}{}^0$ von einander abweichen, so erkennt man, dass bei Vermehrung der Anzahl der Blätter, die auf der Oberfläche eines Stengels vertheilt werden sollen, eine nur sehr geringe Aenderung der einzelnen Divergenzschritte erforderlich ist, um auf demselben Raume immer neuen und grösseren Summen von Blattorganen die vollkommenste Anordnung zu gewährleisten, eine Anordnung, in der auch bei unendlich vielen Blättern jedes einzelne seine besondere, von allen anderen verschiedene Richtung erhält.

§. 14. Angesichts der thatsächlich weiten Verbreitung der sogenannten normalen Spiralstellung der Blätter musste die Vermuthung nahe liegen, dass ein Grund in der Zelltheilung des Scheitel-Meristems oder sonst ein anderer Umstand die letzte Veranlassung dazu biete. Und geht man auf die ersten Anfänge regelmässig spiraliger Ordnung von Blättern oder anderen Epiblastemen zurück, so scheint sich diese Vermuthung zu bestätigen. Die Moose z. B. wachsen mittelst einer tetraedrischen Scheitelzelle, welche die Segmente in spiralig umlaufendem Rhythmus abgliedert. Das dritte Segment berührt wieder das erste und schliesst den ersten Umlauf ab, die späteren Segmente stellen sich mehr oder weniger genau nach der Regel der Normalspirale. Jedes einzelne Segment erzeugt eine Nachkommenschaft von Zellen, aus der sich ausser einem Stück Stengel ein Blatt entwickelt. Die Blätter entstehen an entsprechender Stelle der übereinstimmend angelegten und gleichartig ausgebildeten Segmente und müssen somit selbstverständlich in dieselbe Spiralordnung eintreten, in der jene angelegt worden sind. So könnte hier die allererste Zelltheilung schon als zwingender Grund für diese Stellung aufgefasst werden. — Auch bei den Farnen finden sich noch Beispiele, die dafür sprechen, und es ist in der That der Versuch gemacht worden, in den Winkeln, unter denen die Segmentirungs-Wände der Scheitelzelle sich ansetzen, die mathematisch genauen Complemente zu den Divergenz-Winkeln wieder zu erkennen.

Die geometrischen Verhältnisse der Blattstellung hätten dann ebenso ihre ein für alle mal gesicherte Feststellung, wie die Flächen eines Krystallsystems den Achsen entsprechen müssen. Von der Segment-Scheidewand an müssten sich durch alle Zellgenerationen hindurch alle ferneren Theilungswände unter lauter prädestinirten Winkeln ansetzen, bis endlich die Urzelle der Blatt-Anlage und damit auch diese selbst richtig zu stehen käme. Man hatte aber vergessen, dass bei der nothwendigen Quellbarkeit der organischen Zellleiber und ihrer Wandungen die Festhaltung und Uebertragung constanter Winkel oder anderer constanter Grössenverhältnisse unter mathematischer Genauigkeit ein für alle mal ausgeschlossen ist.

Allein es giebt auch bei den Farnen schon widersprechende Thatsachen. Die Scheitelzelle von *Salvinia* theilt sich diklinisch; allein es entstehen an gewissen Stellen der zweireihig angelegten Segmente die Epiblasteme nach der $^2/_5$-Ordnung. Hier beherrscht also die Scheitelzelle die Blattordnung nicht, wenn man ihr nicht etwa zumuthen will, ihren Tochtersegmenten das Geheimniss mitzutheilen, wie sie an differenten Orten differente Theile so erzeugen können, dass dieselben eine andere Ordnung befolgen als diejenige, in der sie selbst entstanden sind.

In anderen Fällen wieder, bei Marsiliaceen und Polypodiaceen entwickeln durchaus nicht alle Segmente Blätter. Oder es entstehen sofort so reichliche Zellmassen aus denselben, und diese fliessen so vollständig seitlich zusammen, dass von einer Winkel-Uebertragung von der Mutterzelle her schon dem Augenschein nach nicht mehr die Rede sein kann.

Geht man aber zu den Phanerogamen über, so hört hier das Scheitelzellwachsthum überhaupt auf. Und auch sonst lässt hier selbst die schärfste Beobachtung vor der Anlegung eines Epiblastems keinerlei Erscheinung wahrnehmen, die auf spiralige Zelltheilungs-Folge hindeutete: Weder theilt sich die Initialgruppe in regelmässigem Umgang, noch sind rings um dieselbe Spuren einer genau planmässig ausgebildeten Generation von Zellen zu verfolgen. Die Periblem-Zellen, welche grade da gelegen sind, wo ein Blatt zu entstehen hat, um die richtige Divergenz zu gewinnen, treten ohne Weiteres in die Ausbildung dieses Blattes ein.

Man hat dann geglaubt, für die Stellung jedes zukünftigen Blattes in der Form des Vegetationsbeckens selbst einen direkten Zwang zu geometrisch bestimmter Stellung zu finden. Und dies scheint in der That nicht so unrichtig, wenn man die Gestalt des typischen sphärischen Dreiecks zwischen den Blättern als gegeben annimmt. Hier erscheint ja stets das neue Blatt in dem spitzesten Winkel und orientirt sich so, dass seine innere Grenzfläche ein neues ähnliches sphärisches Dreieck abgrenzt. So lange sich dieser Vorgang gleichmässig wiederholt, kann die Täuschung entstehen, dass hier in der That ein mechanischer Zwang herrsche, dass zwischen den älteren Blättern wie zwischen aufstrebenden festen Wänden den jüngeren Blättern der Entstehungsort unzweifelhaft vorgezeichnet sei. Nur bliebe dabei zweierlei ganz unerklärt: erstlich, wodurch zwischen den zweiseitig symmetrisch gestellten Keimblättern die erste Verschiebung der Ellipse zum sphärischen Dreieck bewirkt wird. Man müsste hierfür nach einer besonderen Einwirkung suchen, welche die innere Begrenzung des einen Keimblattes flacher ausbildet, die andere sich stärker und dabei noch schief krümmen lässt. Und woher dürfte diese angesichts des vollkommen symmetrischen Gewebes der ersten Keimanlage, aus der die Keimblätter ausgesondert wurden, zu finden sein? Es erscheint deshalb einfacher, anzunehmen, dass diese unsymmetrische Krümmung Folge des ungleichen Druckes sein möchte, den die drei unsymmetrisch erhobenen Epiblasteme selbst auf die Keimblätter ausüben. Zweitens aber wäre zu fragen, wie denn eine solche Stellung jemals wieder in eine andere übergehen könnte, was ja doch öfters geschieht, besonders beim Uebergang zur Blüthenbildung. Man bedürfte dann mindestens wiederum einer Hülfskraft, welche die Blätter zwänge, eine Zeit lang immer gleiche Grundrisse anzunehmen, zur rechten Zeit aber dieselben zu ändern, um alsdann auch das typische Dreieck selbst zu ändern. Lässt man also gelten, dass, während eine Blattstellung in gleichmässigem Entwicklungsgang begriffen ist, bei den Phanerogamen die stets regelmässig verjüngte Form des immer wieder ähnlichen Raumes um den Vegetationsscheitel, bei den Kryptogamen die schon planmässig entsprechende Segmentirung der Scheitelzelle das Zustandekommen der bestimmten Stellung erleichtern, so ist das Alles, was sich behaupten lässt. Der letzte Grund für die Blattstellung liegt nicht in dem Zellaufbau des Sprosses, auch nicht in anderen mechanischen Gründen innerer oder äusserer Art, sondern es kann derselbe lediglich nur auf Rechnung des Gestaltungstriebes, der die Gesammtentwicklung des Sprosses im Interesse des ganzen

Pflanzenstockes regelt, gesetzt werden. Nur um des zu erreichenden Zieles willen stellen sich die Blätter am häufigsten in die Ordnung der Normalspirale. Nur um dieses Zieles willen formt sich die plastische Masse des Vegetationsscheitels so aus, dass die Normalspirale zu Stande kommt, und fügen sich die älteren Blätter dem, was da werden soll. Nicht aber sind sie es, die mittelst der einmal erworbenen Gestaltung auf die jüngeren Theile Zwang ausüben.

§. 15. Wie aber in allen anderen morphologischen Verhältnissen, so sind auch hier neben der überwiegenden Anzahl der Fälle, welche die vollkommenste Gestaltungsregel befolgen, nicht wenige Fälle zu finden, die sich derselben nur annähern oder selbst entschiedene Ausnahmen darstellen. Auch an Uebergangs-Erscheinungen fehlt es nicht und ebensowenig an Beispielen, in denen der Mangel der Anlage durch spätere Verbesserungen zum Theil ausgeglichen wird.

Schon die opponirte Blattstellung sucht ja gewöhnlich den Mangel ausreichender Abstände für ältere Blätter, wie schon erwähnt, durch längere Dehnung der Stengelglieder gut zu machen. Aehnliches thun auch unvollkommenere Wendel-Stellungen mit zu kleinen oder zu grossen Divergenzen. Unter den Monokotylen giebt es viele Arten mit alternirenden Blättern, die nur zwei Blattzeilen ausbilden: diese Blätter sind dann vielfach an sehr langen Stengeln aufgestellt. In anderen Fällen sind die Blätter selbst sehr lang und schmal und dabei hoch aufragend gestellt, so dass ihre Anordnung am Stengel von geringerer Wichtigkeit ist, z. B. bei vielen Gräsern, den *Iris*-Arten etc. etc. Die Musaceen besitzen lange, in sehr verschiedenen Winkeln gegen den Horizont geneigte Blätter. Die zweizeiligen Blätter der Buchen und anderer Waldbäume stehen steil aufrecht oder gehen von seitlich flach ausgereckten Stengeln aus. Für kriechende oder niederliegende Stengel endlich sind zweizeilig gestellte Blätter gradezu die passendsten, da sie am bequemsten längs der beiden Seiten der Stengel flach auf dem Boden ausgebreitet werden können, wie beim Epheu u. a. Zuweilen auch erlangen die Blätter selbst eine individuell höhere Gliederung, nehmen Spross-Physiognomie an und ragen ihrerseits selbständig neben dem mütterlichen Stengel in die Luft empor, wie die sehr grossen Blätter von *Pteris aquilina* u. a.

Eine ganz ähnliche Reihe von Abweichungen weisen auch die dreizähligen Blattstellungen auf. . . . .

Es giebt sogar eine Pflanze, deren Blätter sämmtlich in einer einzigen Geradzeile (also nach $^1/_1$ oder $^0/_1$ Divergenz) stehen, nämlich *Costus*. Demgemäss bleibt dem Stengel dieser Pflanze nur übrig, sich um seine eigene Achse zu drehen, um dadurch den Gliedern der Blattreihe unterschiedliche Richtungen gewähren zu können.

Bei manchen Pflanzen gehen ferner die Divergenzen über $^2/_5$ hinaus und bilden dadurch Stellungen, die unvollkommener Opposition ähnlich sehen. Solche Blätter sehen aus, als ob sie opponirt ständen, aber jedes Paar gegen das andere ein wenig herumgedreht wäre. Dadurch wird die schädliche Deckung der einzelnen Blätter allerdings theilweise vermieden, allein nur ungenügend, da die Blätter in schiefen Zeilen übereinander stehen (Arten von *Aloe* u. a. m.). . . . .

Aehnliche Unvollkommenheiten entstehen durch diejenigen Stellungen, die den Werth $^1/_3$ zwar übertreffen, aber doch nur um eine zu geringe Grösse. Auch in diesem Falle bleiben die Blätter deutlich in drei Zeilen gereiht, in denen sie einander theilweise decken. Solche Stellungen finden sich neben der reinen $^1/_3$-Stellung bei Monokotylen, z. B. in sehr auffallender Gestaltung bei den Pandanaceen, bei denen die Unvollkommenheit der Blattstellung durch die grosse Länge der Blattspreiten unschädlich gemacht wird.

. . . .

§. 16. Jede normale Blattstellung trägt, mögen die betreffenden Phyllome gestaltet sein, wie sie wollen, ihre Vorzüge bis zu einem gewissen Grade deutlich zur Schau. Aber mit besonderer Zierlichkeit pflegen dieselben da in die Erscheinung zu treten, wo sehr zahlreiche Blattorgane an sehr kurzer Achse so gedrängt auf einander folgen, dass sie die Achse ganz bedecken. Dergleichen kommt ausser bei den oben erwähnten Rosetten grundständiger Blätter vielfach bei Sprossen mit verhältnissmässig kleinen Blättern vor, z. B. bei den Coniferen, ferner nicht selten bei den mit dicht gedrängten, langen und schmalen Blättern versehenen Stämmen vieler lilienartiger Monokotylen, endlich aber besonders zierlich bei den Sprossen der Blüthenregion. So sind z. B. die Anthodien der Compositen meist aus zahlreichen Blüthen gebildet, denen eben so zahlreiche, dicht einander bedeckende Hochblätter vorher gehen. Aehnliches bieten die gedrängten Köpfchen der Kleearten, die kolbenständigen Blüthen mancher Araceen u. a. m.

Sehr übersichtlich und elegant zeigen die Zapfen der Coniferen diese Erscheinung. Es spiegelt sich hier das Ebenmass der Stellung nicht bloss in den stets regelmässig wiederkehrenden Abständen, sondern es entstehen auch durch die sehr enge zusammengedrängten Windungen der Schraubenstellung eine Anzahl secundärer Wendellinien, die theils rechts, theils links laufend sich kreuzen und die ganze Oberfläche des Sprosskörpers mit einem Netzwerk regelmässig geformter Maschen überdecken. Die hohe Zahl der Individuen veranlasst hier meist das Innehalten hochziffriger Divergenzen. Nehmen wir an, es wäre die Stellung eines Tannenzapfens ungefähr nach $^{13}/_{34}$ gemessen, so würde also je das 34. Blatt einen Turnus schliessen. Dabei würde indessen auch schon das 22., das 14., das 9., das 6. Blatt dem 1. nahe genug kommen, um eine Beziehung dazu erkennen zu lassen. Besonders die mit den Bezeichnungen 6 und 9 sich anreihenden Blätter werden durch schiefe Seitenberührung mit 1 und unter sich auffallende Schraubenbänder bilden, die als Secundärspiralen das ganze Stellungssystem aufsteigend umwinden. Andere ähnliche Spiralen steigen um so steiler auf (vom 1. zum 14. und 22. Blatte und den darauf in gleichem Abstand folgenden Blättern), je grösser ihre Differenz-Ziffern sind. Und so gross diese Differenzziffer ist, so viele Linien derselben Art müssen jedesmal parallel neben einander aufwärts verlaufen. Man hat nun diese Linien, welche die Mitglieder der Grundspirale, wo sie einander auf der Stengelfläche nahe kommen, seitlich verbinden, Schiefzeilen oder Parastichen genannt, zum Gegensatz gegen die oben erwähnten Orthostichen, welche eben nur diejenigen Mitglieder der Spiralstellung untereinander verbinden, welche genau in der Achsenrichtung selbst übereinander stehen. — Diese Parastichen haben für den Beobachter den besonderen Werth, dass sie durch ihre Anzahl und Neigung das Auffinden der Divergenz der Grundspirale erleichtern und die Orthostichen, wo solche überhaupt vorhanden sind, besser hervortreten lassen. Denn grade bei gedrängten Blattorganen ist die Grundspirale oft gar nicht leicht herauszufinden. Wo aber, wie dies in den meisten Fällen zutrifft, kein einzelnes oberes Blatt jemals wieder genau über einem unteren steht, oder dies doch nicht deutlich nachweisbar ist, da giebt wenigstens die steilste der auffindbaren Parastichen, als eine Annäherung an die Orthostiche aufgefasst, einen nächsten Annäherungswerth der Divergenz für das direkt nicht messbare Verhältniss an. —

Von Interesse ist bei der Betrachtung der Blattstellungen ferner der Umstand, in welcher Richtung vom gegebenen Ausgangsblatte aus die Spiralfolge der Blätter den Stengel umkreist. Dabei ist zunächst zu bemerken, dass, wenn Blätter nach $^1/_2$-Divergenz geordnet sind, es gleichgültig ist, ob man vom Blatt 1 aus links oder rechts herum nach Blatt 2 gelange. Der Abstand wäre beiderseits $^1/_2$ des Kreisumfangs. Ist die Divergenz aber eine andere, z. B. $^2/_5$ oder $^3/_8$, so giebt es zwei verschiedene Wege von 1 nach 2, je nachdem man rechts herum ansteigt oder links herum. Beide ergänzen sich selbstverständlich zum ganzen Kreise, und somit ist es eigentlich gleichgültig, ob man z. B. für die $^2/_5$-Divergenz diesen Bruch selbst oder $^3/_5$ zum Exponenten wählt. Das Umkreisen des Stengels von 1 nach 2 in der Richtung der kleineren Divergenz pflegt man schlechthin den kurzen Weg, die entgegengesetzte Richtung den langen Weg der Spiralstellung zu nennen. Da nun der kurze Weg schneller eine grössere Anzahl von Blättern in Uebersicht bringt, so pflegt man gewöhnlich, wie das auch oben schon ohne Weiteres geschehen ist, die Divergenzen dieses Weges als die Blattstellungsexponenten aufzuführen.

Im Allgemeinen pflegen die verschiedenen Sprosse einer und derselben Pflanzenart nicht sämmtlich die gleiche Richtung des kurzen resp. langen Weges der Blattspirale aufzuweisen. Vielmehr pflegen beiderlei Richtungen ziemlich gleich häufig vorzukommen. Auch hängt dies Richtungsverhältniss häufig mit der Stellung der Sprosse am Pflanzenstock selbst zusammen. Man bestimmt auch diese Eigenthümlichkeit der einzelnen Sprosse nach dem kurzen Weg, indem man angiebt, ob eine gegebene Blattspirale links- oder rechtsdrehend sei. Wie alsdann im einzelnen Falle die Grundspirale des langen Weges und die Secundärspiralen der Parastichen verlaufen, bedarf keiner weiteren Auseinandersetzung. —

Für sämmtliche Blattstellungen der Normalreihe, mögen sie zahlreiche oder nur wenige, dichtgedrängte oder weit auseinander gerückte Blätter umfassen, rechts oder links gewunden sein, genau oder nur annähernd messbar sein, gilt stets das eine Merkmal als das einfachste, dass nämlich stets je drei Blätter einen Umgang der Wendellinie darstellen, das vierte Blatt bereits den zweiten Umgang beginnt. Man nennt desshalb je drei Blätter, die in dieser Weise einen Umgang der Spirale bilden, einen Dreistand und bezeichnet überhaupt sämmtliche nach dieser Regel geordnete Blattorgane als dreiständige. Die Art, wie je drei derartige Blätter in der wachsenden Knospe zusammenzuschliessen pflegen, ist hierfür besonders anschaulich. — Ueberhaupt lässt ein Querschnitt einer wachsenden Knospe die gesammten Verhältnisse einer einzelnen Blattstellung ebenso leicht überblicken, als dies der fertige Zustand erlaubt. Ja die Orthostichen, die sich in einer solchen Knospe als radiale Reihen darstellen, sind sogar meist noch deutlicher zu erkennen als am entwickelten Sprosse, während die Parastichen als wirkliche Spirallinien (nicht als Schraubenlinien) auftreten. Der letzte Dreistand umschliesst das typische Dreieck des Vegetationsbeckens und verjüngt sich mit jedem neuen Blatt, da man ja selbstverständlich mit jedem beliebigen Blatt beginnen kann, den Dreistand abzuzählen.

§. 17. Während der gleichmässigen Entwicklung von Stengel- und Blattgliedern pflegen die meisten Sprosse die einmal begonnene Blattordnung, so viel man sehen kann, fest zu halten. Bei Wachsthumsänderungen indessen kann auch diese der Abwandlung unterliegen. Und zwar giebt es leicht Anlass dazu erstlich beim Beginn einer neuen Sprossentwicklung, zweitens beim Uebergang von der Laub- in die Blüthenregion und von einer Blüthenblattformation in die andere, und endlich bei einer nachträglich eintretenden Vermehrung der Blattorgane an einem und demselben Sprosse.

Zunächst kommt es bei dem Einsetzen der Laubspirale zwischen den Keimblättern vor, dass nicht sofort die angestrebte Divergenz erreicht wird. Vielmehr weicht die Stellung der ersten zwei Laubblätter zumeist nur um einen geringeren Winkel von der regelmässig opponirten Stellung ab. Dann sind oft mehrere Blätter erforderlich, um durch schrittweise verringerte Divergenz bis auf $^2/_5$ oder, wenn es nöthig ist, zur mittleren Normal-Divergenz herabzugelangen. Es sind demnach die auf die Keimblätter folgenden Laubblätter fast wie ein auseinandergeschobenes Blattpaar, das mit dem Keimblattpaare sich kreuzt, gestellt. Erst das dritte, vierte Blatt u. s. w. leiten zur richtigen Spirale über. So geschieht es z. B. bei *Cannabis sativa* u. a.

Wenn in solchen Fällen nicht bloss theoretisch, sondern thatsächlich eine Stellung in eine andere verwandte abgeändert wird, so fragt sich, wie weit sich das fortsetzen kann. Viele Sprosse vermögen ihr Wachsthum unter günstigen Bedingungen stark zu verlängern. Man könnte sich vorstellen, dass ein solcher Spross sich, so zu sagen, erst auf eine niedrigere Blattzahl eingerichtet hätte, später jedoch zur Ausbildung einer viel grösseren Anzahl von Blättern gelangte. Es würde dann bei gekräftigtem Entwicklungsverfahren eine grössere Menge von Blättern hintereinander angelegt werden müssen und eine complicirtere Stellungszahl erforderlich sein, als für die ursprüngliche geringere Anzahl vorausgesehen war, vorausgesetzt, dass alle Blätter verschiedene Richtungen erhalten sollen. Nehmen wir indessen an, dass alle Blätter der Normalstellung angehören, also nicht unter $^3/_8$- (135°) und nicht über $^5/_{13}$- ($138^6/_{13}$°) Divergenz besitzen, so ist leicht einzusehen, dass man die verschiedenen Divergenzen innerhalb eines so ausnehmend geringen Variationsgebietes nicht mehr sicher abschätzen kann, wenn die Blätter nicht sehr gedrängt stehen. Nur wenn die Divergenz eine rationale ist, der Art dass der Turnus sich in nicht allzugrossem Abstand abspielt, wird das Beurtheilen der Abstände noch ziemlich leicht gelingen, bei irrationalen Divergenzen aber schwerlich. Eine sichere Entscheidung der vorliegenden Frage ist somit nicht möglich, und bleibt deshalb nur übrig, die Vermuthung aufzustellen, dass steigende Stellungsverhältnisse in der Laubregion eines solchen Sprosses aufeinanderfolgen und dadurch immer ausgiebigere Richtungsmöglichkeiten für immer neue Blattmengen schaffen können.

Ganz ähnlich wie bei der ersten Entwicklung der Keimpflanze kommen auch beim Auswachsen von Achselknospen Uebergangsstellungen der Blattorgane vor. Wie dort die elliptische Kluft zwischen den Keimblättern, so ist es hier die Form des Achselspaltes zwischen Blattscheide und Stengel, welche die ganz freie Ausgestaltung der Bildungsgewebe des jungen Vegetationskegels mit hemmenden Schranken umgiebt. Dieser Spalt wird um so mehr die Form einer tiefen Tasche von etwa halbmondförmigem Querschnitt annehmen, je stärker der Scheidentheil des Blattes ausgebildet ist, während bei freieren, auf schmalem Sockel erhobenen Blättern auch der Ort, auf dem die Achselknospe sich erhebt, freier sich herauszuheben vermag. Die bequemste Anordnung, welche die ersten Blätter des neuen Sprosses in einer Achseltasche von gekrümmter Form finden können, besteht nun einfach darin, dass zunächst zwei Blätter die Winkel jener Achseltasche einnehmen und der Stengeloberfläche sich anlegen, das dritte Blatt alsdann mehr auf die Seite des Tragblattes, etwas seitlich zu demselben, gestellt wird. Dadurch treten die beiden ersten Anfangsblätter des Tochtersprosses mit ihrem dem mütterlichen Spross angehörigen Tragblatt in ein Dreistandsverhältniss, bleiben dem Tragblatte somit so fern, als es mit der einzuleitenden Wendelstellung verträglich erscheint. Diese selbst tritt dann mit dem erwähnten dritten Blatte in die Erscheinung, indem dieses sich nun mit jenen beiden Anfangsblättern anstatt mit dem Tragblatte zum ersten Dreistand der Blätter des Achselsprosses vereinigt. Dabei wird es nun darauf ankommen, wie die Grössenverhältnisse der Theile des Tochtersprosses zu denen des Muttersprosses sich verhalten. Anscheinend wird es das Bequemste sein, wenn das dritte Blatt auf diejenige Seite des Tragblattes hinübertritt, auf welcher auch das erste Platz genommen hat, um nicht mit dem zweiten ins Gedränge zu kommen. In diesem Falle müssen allerdings die ersten Divergenzschritte verschieden gross ausfallen. Die Divergenz vom Tragblatt zum Anfangsblatt des neuen Sprosses wird dadurch etwas geringer ausfallen, während die Divergenzen von Blatt 1 zu 2 und von 2 zu 3 näher an den Werth von $1/2$ heranreichen werden, und erst zwischen 3 und 4, 4 und 5 u. s. w. können sich dann die Divergenzschritte ohne Unbequemlichkeit für die Anlage im disponiblen Achselraum auf das Normalmass vermindern. Ist der Raum verhältnissmässig weiter, so kann wohl schon Blatt 3 mit Blatt 2 auf einer Seite des Tragblattes auftreten, Blatt 4 sich dann auf der gegenüberliegenden Seite aufstellen, und damit die richtige Divergenz früher erreicht werden. Dann erschiene das fünfte Blatt wieder an der Stengelseite, das sechste neben dem Tragblatt u. s. w. Die Zweckmässigkeit dieser Raumausnutzung liegt bei der Scheitelansicht solcher Zusammenstellungen so klar auf der Hand, dass es keiner näheren Begründung bedarf. Auch sieht man dabei leicht ein, dass diese Stellung nicht infolge bestimmter geometrischer Winkelverhältnisse zu Stande kommt, sondern als Resultat der anzustrebenden richtigsten Benutzungsweise des gegebenen Raumes. Denn die ersten Divergenzen schwanken ganz so, wie es das Bedürfniss erfordert, indem sie einer gleichmässigen Vertheilung zustreben, dabei aber den Hindernissen ausweichen, die einmal vorhanden sind. Je freier weiterhin die Knospe sich aus dem Achselraum heraushebt, desto ungebundener nehmen nun die Blätter diejenige Form der normalen Spiralstellung an, die ihrer Anzahl am meisten entspricht.

§. 18. Es bleibt endlich übrig, zu erwähnen, dass es auch Fälle giebt, in denen eine durchaus normal und bestimmt eingeleitete Blattstellung durch secundäre Vorkommnisse bald ohne sichtlichen Grund verbildet, bald aber aus Anpassungsgründen wieder in ihrer Ausbildung gehindert wird.

Das erstere findet hin und wieder bei schmalspurigen Blättern statt, die in grosser Anzahl an schnellwüchsigen Sprossen angelegt werden. Hier kommt es vor, dass die Abschnitte des Stengels, die unterhalb der einzelnen Blattsockel stehen, sich ungleich entwickeln und dadurch Verschiebungen veranlassen. Es ist dabei zu erwägen, dass zwar zu jedem Blatt wesentlich der Theil des Stengels in näherer genetischer Beziehung steht, der unmittelbar von seiner Insertionsstelle bis zum nächst vorhergehenden Blatte reicht, dass aber doch bei spiralständigen Blättern gewöhnlich ein Theil der Stengelgewebe als unmittelbare Fortsetzung des Blattsockels oft mehrere Stengelglieder weit nach abwärts unterscheidbar bleibt. Man kann dementsprechend die Stengel auch der Länge nach in Cylindersektoren theilen, die den einzelnen Blättern anzugehören scheinen. Diese Längsstücke des Stengels sind nun seitlich um so inniger mit einander verbunden, je mehr die einzelnen Theile der Blattspuren zwischen einander greifen und sich miteinander verschränken. Bei schmalen Spuren aber bleiben sie weniger fest verbunden und unabhängiger von einander. Und diese grössere Selbständigkeit wird zur Veranlassung, dass sich öfter benachbarte Stengelsektoren ungleich in die Länge strecken. Damit heben sie dann die auf ihnen ruhenden Blattsockel ebenfalls ungleich empor. Und wenn daher auch die Blätter aus der Knospenanlage in regelmässig ansteigender Schraubenfolge hervorgehen, so können sie doch später durch ein derartiges ungleiches Wachsthum der verschiedenen Seiten des Stengels an einander vorbeirücken und somit aus ihrer primär richtigen Ordnung secundär verschoben und in Unordnung gebracht werden. Dann entstehen gleichsam durch fehlerhafte Entwicklung in der That zerstreute Blätter, welche die Natur sonst nur äusserst selten gestattet. — Man hat bis jetzt von dieser Umformung noch keinen bestimmten Nutzen aufgefunden, auch tritt dieselbe nirgendwo in bestimmter Weise als Regel auf. Mithin kann sie einstweilen nur als Missbildung oder als unvollkommene Ausführung eines an sich regelrechten Planes betrachtet werden. Wohl aber hat diese Erscheinung für das Zustandekommen der Blattfolge an sich ein gewisses Interesse. Die Ergebnisse dieser Form der Blattvertheilung werden als Metatopien in der Phyllotaxis verzeichnet.

Von grösserer Bedeutung ist es, wenn eine planmässig fertig gestellte Blattordnung ebenso planmässig wieder ausser Wirkung gesetzt wird. Pflanzen, die einmal die Spiralstellung in ihrem Aufbauverfahren eingeführt haben, springen in der gleichen Blattformation nicht leicht in das entgegengesetzte Extrem um, was ja der Regel der technischen Constanz entspricht. Es treten aber leicht Aufgaben an ihren Selbsterhaltungstrieb heran, die sie zur zeitweisen Aenderung des bisherigen Wirthschaftsplanes nöthigen. Es kann z. B. nützlich werden, anstatt aufrechter Sprosse seitlich flach ausgestreckte zu entwickeln. Pflanzen, die stets oder fast stets derartige horizontal ausgestreckte Sprosse entwickeln, pflegen dieselben mit zweizeiligen Blättern auszustatten. Solche Pflanzen aber, die sonst der spiralständigen Blätter bedürfen, pflegen in diesem Falle durch Drehung der Blattstiele die rings um den Stengel entspringenden Blätter so zu wenden, dass ihre Spreiten in die richtige Beleuchtung versetzt werden. Am auffallendsten thun dies solche Gewächse, die zeitweise kriechende Sprosse aussenden, wie manche Arten von *Hieracium* u. a. m. Aber auch an den meisten starkbelaubten Baumkronen zeigen die unteren Zweige, die in horizontaler Streckung das Licht mühsam suchen, diese Umänderung der spiraligen Blattstellung in eine scheinbar zweizeilige deutlich genug. — Dasselbe kann sich übrigens in gleicher Weise bei jeder anderen Blattordnung ebenso vollziehen, z. B. auch bei der decussirten, deren Blattpaare alsdann wechselweise oft recht erhebliche Drehungen zum Lichte hin auszuführen haben.

. . . .

5. Anordnung der Blüthentheile (Anthotaxis).

§. 19. Es ist oben bereits erwähnt worden, dass die Ausbildung der Blüthentheile aus Blattorganen und nicht aus beliebigen anderen Epiblastemen erfolgt. Setzen sich also diese Apparate aus Theilen zusammen, die von Geburt und Begabung Phyllome sind, so fragt es sich, ob diese auch in ihrer Anordnung der von den vorausgehenden Phyllomen befolgten Regel treu bleiben. Es giebt Blüthenformen, die, für sich allein betrachtet, diese Frage einfach bejahend beantworten. Bei *Paeonia* und *Nymphaea* z. B. setzen die Blüthen-Phyllome die normale Blattspirale, die ihre Laubblätter befolgen, ohne Aenderung fort. Dennoch scheint in der grossen Mehrzahl der Fälle der erste Anblick der Blüthen nicht dafür zu sprechen, dass ihre Theile ebenso angeordnet seien wie die vegetativen Blätter. Einerseits sind die verschiedenen Blüthen unter sich nach sehr verschiedenen Plänen erbaut; andererseits aber sind ihre Blätter zumeist in mannigfaltigen Zahlenverhältnissen in Kreisen zusammengestellt. Ja es gewinnt den Anschein, als ob wesentlich nur Wirtelstellungen und auch diese in vielfach abweichender Weise den Blüthenbau ausmachen.

Auch scheinen die Verrichtungen dieser Theile keineswegs dieselbe Anordnung, die bei den Laubblättern Regel ist, zu erheischen. Der auffallendste Theil der Blüthen, der Schauapparat oder die Blumenkrone, besteht meist aus einer Anzahl von 3, 4, 5 und selbst noch mehr Blattorganen, die einen geschlossenen Kreis bilden, sogar oft zu einem solchen unter einander fest zusammengewachsen sind. Zuweilen nehmen sie vollkommen das Ansehen einer einheitlichen Kranzfläche an. Ihre Verrichtung besteht darin, durch auffällige Merkmale in die Ferne sich bemerkbar zu machen. Dazu genügt durchschnittlich ein Blattkranz von mässiger Grösse. Solcher Flächenausdehnungen, wie sie den Laubblättern nöthig sind, bedarf es dazu nicht im Entferntesten. Mithin liegt für die Blumenkronenblätter ein genügender Grund zu künstlicher Aufeinanderfolge, wie für das Laub, nicht vor, und ihr einfaches Auftreten ist erklärlich. Die Staubblätter ihrerseits haben das Pollen zu erzeugen und auszustäuben. Meist sind sie dazu mit langen Stielen versehen, welche die Kölbchen beliebig hoch hervorzurecken, nach jeder Richtung zu neigen und dadurch in jedwede nützliche Lage zu bringen im Stande sind. Es kann also auf die bestimmte Ordnung ihrer Ursprungsörter nicht so genau ankommen. Was die Fruchtblätter betrifft, so ist es bei ihnen auf Herstellung eines geschlossenen Gehäuses abgesehen, während Flächenausbreitung und künstliche Vertheilung gar nicht in Betracht kommen. Mithin bedürfen alle diese Blüthentheile der Spiralanordnung zu ihrer Verrichtung nicht.

Etwas anders liegt es mit den Kelchblättern, insofern dieselben zu Gunsten der Blüthenbildung nicht nur Anfangs als Schutzdecken fungiren, sondern später auch noch etwas assimiliren helfen. Letztere

Verrichtung aber macht eine gute Vertheilung wünschenswerth. Allein auch eine Umhüllung wird besser sein, wenn die Blätter sich in passender Reihenfolge um einander schlagen, als wenn sie bloss in einfachem Kreise angeordnet sind. Mithin kann es für die Kelchblätter nur vortheilhaft sein, wenn sie eine bestimmte Reihenfolge der Entwicklung, ähnlich derjenigen der Laubblätter, befolgen. Und tritt nun dazu das Moment der Stetigkeit der Entwicklung als ein zweiter Faktor hinzu, so erhellt, dass trotz des entgegengesetzten ersten Anscheines eine Beeinflussung der Anordnung der Blüthentheile durch die Stellung der Laubblätter wohl erwartet werden darf.

Als erstes Merkzeichen einer solchen tritt nun der Umstand hervor, dass unter allen Zahlen, die in den Kreisstellungen der Blüthentheile vorkommen, die Zahlen 3 und 5 die häufigsten sind. Die nahe Beziehung dieser Zahlen zur häufigsten aller Blattstellungen, der Normalspirale, ist durchsichtig genug. Je drei aufeinanderfolgende Blätter bilden einen Umgang dieser Normalspirale, je drei halten für sich allein zu einer bestimmten Entwicklungszeit den Vegetationspunkt eingeschlossen. Nichts ist somit bequemer und einfacher, als dass gerade in solchen frühesten Entwicklungsstadien drei derartige Blätter zu einer gemeinsamen besonderen Ausbildung sich vereinigen. In anderen Fällen indessen kann eine etwas grössere Zahl als 3 nützlicher sein. Erwägt man nun, dass den zweiten Umgang der Normal-Spirale das vierte und fünfte Blatt ausmachen und diese sich bequem zwischen das erste und zweite, resp. das zweite und dritte Blatt einfügen, so ist leicht einzusehen, warum gerade 5 Blätter, also die Summe zweier Umgänge, ein $^2/_5$ Turnus, sich ebenso leicht wie 3 zum Kreise vereinigen. Ständen ferner diese fünf Blätter genau oder fast genau in einer $^2/_5$ Stellung infolge der Stellung der vorhergehenden Blätter desselben Sprosses, so brauchte nur die Stengelentwicklung zwischen ihnen zu unterbleiben, damit sie in gleichen Abständen zum fünfstrahligen Sterne zusammengeschoben würden. Aber auch bei etwas anderer Divergenz der Normalspirale werden sie nur geringer seitlicher Verschiebung zu solcher Vereinigung bedürfen. Dagegen würden z. B. vier Blätter eine grössere seitliche Stellungscorrektion erforderlich machen, um zu einer gleichmässigen Vertheilung im Kreise zu gelangen. So ist klar, dass gerade drei Blätter als ein einfacher, fünf als ein doppelter Umgang einer der gewöhnlichsten Blatt-Spiralordnungen sich am bequemsten zur Absonderung und Individualisirung von Kreisstellungen eignen, und das häufige Vorkommen solcher Bildungen ist schon hieraus verständlich.

Diese Erscheinung weist uns den Weg, auf welchem der Uebergang der Laubblattordnung in die Anordnung der Blüthentheile zu suchen ist. Nicht durchaus nothwendig des erstrebten Zieles halber giebt doch die normale Schraubenstellung der Blattorgane ganz allgemein die bequemste Gelegenheit, soviel Kreise zu formiren, als die Blüthe bedarf. Die Vegetationsarbeit kann in derselben Weise, in der sie bisher lange Reihen von Laubblättern erzeugt hat, fortgesetzt werden, um wiederholt eine passende Anzahl der gewohnten Erzeugnisse lediglich in etwas veränderter Weise zu einer gesonderten Genossenschaft auszuprägen. Ein Dreistand von Phyllomen oder ein Fünfstand (wie wir die Glieder des doppelten Umgangs zusammenfassend nennen können) ist alsbald fertig und zur Differenzirung bereit.

§. 20. Immerhin ist die Reihe der hierher gehörigen Erscheinungsformen so bunt, dass, bevor sich allgemeinere Gestaltungsregeln sicher herleiten lassen, es wünschenswerth wird, die Thatsachen einigermassen in Uebersicht zu bringen. Es giebt also zunächst, wie schon Eingangs bemerkt, Blüthen, die in ihrem Aufbau die Blattspirale der Laubsprosse einfach fortsetzen. Dahin gehören vor allem die Arten von *Paeonia* und andere Ranunculaceen. Doch sind solche Blüthen nicht zahlreich. Die Differenzirung der Fortpflanzungsaufgabe erfordert gesonderte Organe, und diese werden am besten auch in abgesonderten Blattgruppen ausgestaltet. Daher ist ein Abschluss einzelner differenter Kreisstellungen das nützlichere, und in der That auch das häufigere Verfahren. Solche Blüthen, deren sämmtliche Sonderapparate auch als Sonderkreise ausgebildet sind, nennt man alsdann cyclisch gebaute Blüthen, jene aber, welche die Spiralstellung der Lauborgane beibehalten, acyclische. Wie aber auch sonst jede Vervollkommnung sich schrittweise zu vollziehen pflegt, so giebt es auch hier Mittelstufen solcher Blüthenconstruktionen, deren Blattformationen nur zum Theil cyclisch, anderntheils aber spiralig geordnet sind. Man nennt diese dann hemicyclische Blüthen. Und unter den hemicyclischen und selbst unter den cyclischen Blüthen kommt es schliesslich recht häufig vor, dass gerade der Kelch, obgleich später zum Kreise geschlossen, dennoch eine spiralige Folge seiner Blätter, welche die der vorhergegangenen Blattorgane fortsetzt, erkennen lässt. Dies ist das Gewöhnliche z. B. bei den Rosaceen und den Pomaceen.

Sodann giebt es Blüthen, die ebenso ihren Laubsprossen in der wirteligen oder paarigen Blattordnung folgen, wie die besprochenen Blüthen in der spiraligen. Die *Clematis*-Arten mit einzelner Gipfelblüthe stellen ihre Blumenhüllblätter ebenso übers Kreuz wie ihre Laubblätter. Die schönsten Beispiele hierfür aber bieten die Monokotylen-Gattungen *Paris* und *Trillium*, die ihre Laubblätter in einfachem Quirl von 3—6 Gliedern vertheilen und genau in Wiederholung derselben Quirlstellung auch ihre sämmtlichen Blüthenglieder quirlig anordnen.

Für beide Haupttypen der Blattstellungen giebt es somit die entsprechende Blüthenform, in der am gleichen Spross auch die gleiche Ordnung festgehalten wird. Wir fassen beide als mitständige (syntaktische) Blüthenconstruktionen zusammen.

Nun giebt es ebenso auf beiden Seiten Abweichungen.

Die zunächst sich anschliessenden Gestalten sind nur insofern verschieden, als sie die Stellung der Laubblätter nicht unmittelbar, sondern nur im Princip fortsetzen. Sie mögen zum Unterschied von den vorigen isotaktisch gebaute Blüthen heissen. So stehen die Blüthen vieler Gewächse, deren Laubblätter paarweise opponirt sind, in Quirlen, die aus mehr als zwei, oft gerade aus zweimal zwei Blättern zusammengesetzt sind. Bei den Oleaceen (z. B. bei den Fliederblüthen) bestehen Kelch und Krone aus vierblättrigen Kreisen, während die Laubblätter paarig opponirt sind. Das Gleiche findet bei *Philadelphus*, *Cornus*, bei vielen Ericaceen, bei *Fuchsia* und *Epilobium* statt. In anderen Fällen treten in den Achseln von Laub- oder Hochblättern, die in gekreuzten Paaren stehen, Blüthen auf, die aus correct fünfzähligen Quirlen aufgebaut sind, so besonders bei vielen Corollifloren, z. B. den Asclepiadaceen, Apocynaceen, Rubiaceen u. s. w.

Viel häufiger ist andererseits das Erscheinen solcher Blüthen, die mit einem $^2/_5$ Turnus der Kelchblätter beginnen, ohne dass die folgenden Blüthenkreise die Fortsetzung der Spirale noch sämmtlich sicher erkennen lassen. Dergleichen Blüthen finden sich meist als Achselsprosse von Muttersprossen mit anderer Blattanordnung und können eben deshalb den unmittelbaren Anschluss an die Blattstellungsweise des Muttersprosses nicht zur Schau tragen. Dieser Fall ist besonders häufig in den Ordnungen der Rosifloren, Leguminosen,

Myrtifloren, Tubifloren, Labiatifloren, Columniferen, Pentacarpier, Parietalen u. s. w. Ja es dürfte die Mehrzahl der Dikotylen hierhergehören. Fast überall folgt dann zugleich auf die fünf Kelchblätter eine Gleichzahl von Kronenblättern, und auch in den folgenden Formationen wird die Fünfzahl mehr oder weniger genau festgehalten, ähnlich wie auch bei den zuvor erwähnten Blüthen die Zwei- resp. Vierzahl vielfach durch die ganze Blüthe sich fortzusetzen pflegt. — Insofern sich nun meist schon im ganzen Zahlenverhältniss der Blüthe der Charakter ihres Aufbauplanes verräth, belegt man dieselben mit den entsprechenden kurzen Bezeichnungen der zweigliederigen, viergliederigen, fünfgliederigen Blüthen (flores dimeri, tetrameri, pentameri) u. s. w. Davon sind die ersteren der Regel nach quirlig, die letzteren wenigstens in den äussersten Blättern meist spiralig gebaut.

Wie unter den Dikotylen die Fünfzahl besonders charakteristisch ist für das Festhalten der Spiralstellung, so sind bei den Monokotylen die meisten der deutlich dreigliedrig gebauten Blüthen ebenfalls hierauf zu deuten, obgleich die drei Blätter des äussersten Kreises hier die Spirale seltener so deutlich ins Licht treten lassen. Dieselben folgen indirekt auf Blattspiralen, die nach $^1/_3$ oder einer höheren Normaldifferenz gestellt sind, deren Dreistände aber die Blüthencyclen sehr wohl einzuleiten geeignet sind.

Endlich ist eine vollständige Verschiedenheit der Blattordnung auch häufig genug. Nicht wenige Pflanzen ordnen ihre Blüthentheile an besonderen Sprossen nach demjenigen Stellungstypus, welcher dem der Laubblätter gerade entgegengesetzt ist. Und zwar vollzieht sich dies oft plötzlich und unvermittelt. Hiervon sind die Cruciferen ein bemerkenswerthes Beispiel. Ihre Laubblätter stehen meist in besonders eleganter Ordnung nach der Normalreihe. Den Achseln derselben entspringen Blüthen, deren Erstblätter in gekreuzten Paaren, deren Zweitblätter in einem viergliedrigen Quirl stehen, und deren Letztblätter wieder zu opponirten Paaren übergehen. Ebenso geschieht es bei den Fumariaceen, *Oenothera* u. s. w. Bei den Papaveraceen tritt dasselbe noch auffälliger hervor, da die Blüthen hier schon an der Spitze des Hauptsprosses völlig einachsiger Pflanzen erscheinen, also ein und derselbe Spross sein Aufbauverfahren plötzlich ändert und ins Gegentheil umsetzt; ein Vorgang, der den schärfsten Contrast mit den so ebenmässig gebauten Paeonien und zugleich eine der schwieriger erklärbaren morphologischen Abweichungen darstellt.

Der Umsatz der opponirten Blattstellung in eine Blüthenstruktur, die mit einem $^2/_5$ Turnus anhebt, ist noch viel häufiger, so bei allen Labiaten, vielen Scrophulariaceen und anderen Labiatifloren, vielen Myrtaceen u. s. w. Bei allen diesen sind die Blüthen Achselsprosse opponirter Deckblätter oder Laubblätter. Die Fälle dagegen, in denen ein mit gekreuzten Blättern besetzter Laubspross sich an seiner Spitze in eine spiralig anhebende Blüthe verwandelt, sind nur selten, aber doch z. B. durch *Calycanthus* vertreten. Gegenüber den homo- und isotactischen Blüthen seien diese letzteren als heterotaktische Blüthen unterschieden.

So kann man also acht Modifikationen des Anschlusses der Blüthe an die Blattstellung des Laubsprosses unterscheiden. Die Blüthen befolgen denselben oder den entgegengesetzten Stellungstypus, den die Laubblätter innehalten. Im ersteren Falle bilden sie entweder unmittelbare Fortsetzungen der Laubblattstellung oder halten als Achselsprosse dieselbe nur im Princip fest und sind dabei bald von spiraliger, bald von decussirter Stellung. Im zweiten Falle dagegen sind sie ebenfalls entweder besondere Sprosse oder entgegengesetzt ausgebildete Theile desselben Sprosses, und auch hier kann ihre Stellung wieder entweder erst spiralig und dann decussirt sein oder umgekehrt.

§. 21. Es sind mithin die Ordnungen der Blüthenblätter schon hinsichtlich der Art des Anschlusses an die Ordnung der vorhergehenden Blattorgane mannigfaltig genug. Noch bunterer Wechsel zeigt sich in der Aufeinanderfolge der verschiedenen Blattarten innerhalb der Blüthe selbst. Freilich sind Kelch und Krone meist von derselben Gliederzahl. Aber schon die Staubblätter sind häufig in viel grösserer Anzahl vorhanden als jene. Ist diese Zahl der Staubblätter nicht allzu gross, so ist sie oft der Anlage nach ein Vielfaches der Anzahl der Kelch- oder Kronenblätter; anderenfalls ist sie oft unbestimmt. Die Zahl der Fruchtblätter dagegen pflegt meist geringer als die der Erst- und Zweitblätter zu sein, nur selten grösser als diese. Sind Leitblätter vorhanden, so verhalten sie sich ebenfalls verschieden. Trotz alledem aber ist in der Mehrzahl der Blüthen nicht allein ein einzelnes Zahlenverhältniss ersichtlich, das die Mehrzahl aller Theile derselben beherrscht, sondern es überwiegen sogar gewisse Zahlen in der grössten

Anzahl der Typen ganzer Pflanzenklassen. Bei den Dikotylen ist die Mehrzahl der Blüthen fünfgliedrig angelegt, bei den Monokotylen dagegen besitzt eine verhältnissmässig noch grössere Menge dreigliedrige Blüthen. Alle anderen Zahlen zusammen bilden dagegen kleine Minoritäten.

Im Hinblick auf diese Majoritäten sei nun zunächst die genauere Ableitung allgemeinerer Regeln über den Blüthenaufbau ausgeführt.

Dass sich der letzte Drei- oder Fünfstand einer in Entwicklung befindlichen Wendelstellung von Blättern ohne Weiteres als Kelch constituiren kann, ist nicht schwer einzusehen. Allein es giebt noch eine Erscheinung, die bei der grösseren Menge aller Blüthen in solcher Constanz auftritt, dass sie sorgfältige Beachtung verdient. Und zwar erscheint dieselbe besonders deshalb bemerkenswerth, weil sie auf den ersten Anblick der Ableitung der Blüthenblattordnung aus der Stellung der übrigen Blätter Schwierigkeiten zu machen scheint. Das ist die Eigenthümlichkeit, dass die aufeinanderfolgenden Blattkreise derselben Blüthe in ihrer Stellung, ebenso wie die Wirtel oder Paare der Laubblätter, untereinander um den Betrag einer halben Divergenz abwechseln: es stehen die Glieder jedes höheren Kreises über den Zwischenräumen der Glieder des nächst niederen Kreises.

Hält man die Vorstellung fest, dass z. B. diejenigen fünfzähligen Kelche, welche deutlich eine Spiralfolge ihrer Theile erkennen lassen, genau nach $^2/_5$-Divergenz angelegt sein müssen, und sucht man nun in der darauf folgenden Kreisstellung von fünf Kronenblättern einen zweiten $^2/_5$-Turnus zu erkennen, so passen nach dieser Alternations-Regel beide nicht als Theile einer Spirale an einander. Denn in der $^2/_5$-Stellung steht das sechste Blatt gerade in der Richtung des ersten, ebenso das siebente bis zehnte in der des zweiten bis fünften; die einzelnen Blumenblätter aber fallen in die Zwischenräume zwischen die Kelchblätter. Daher hatte die Theorie, welche alle Stellungen auf constante Winkelabstände innerhalb einer Spirale zurückzuführen suchte, auch hier ein festes Maass zur Erklärung aufzustellen gesucht. Man nahm an, dass nach Ablauf eines ersten $^2/_5$-Turnus, der hier den Kelch vorstellte, der Abstand des letzten, also fünften Blattes von dem ersten des folgenden Turnus, also im Ganzen dem sechsten Blatte, um $^1/_2$-Intervall ($^1/_{10}$-Kreis) verändert werde. Dadurch gelangte dies Blatt zunächst in die Mitte des letzten Intervalles und somit auch alle folgenden Blätter in die Mitte der übrigen Zwischenräume. Die geometrisch abgemessene Spiralfolge also, welche nach dieser Auffassung allein die Anlage und Ordnung der Blätter principiell beherrscht, ändert sich zu Gunsten einer besseren Ineinanderpassung zweier aufeinanderfolgender Kreise ab. Es wird dadurch einerseits wiederum an geometrisch genauen Winkel-Verhältnissen fest gehalten, andrerseits aber neben der regelmässigen Einwirkung derselben auf die Plastik des Vegetationspunktes noch ein Zuschlag von Einwirkung zu Hülfe genommen, der jene zur rechten Zeit abändert. Diese Zuthat zur Divergenz-Grösse wurde mit der Benennung Prosenthese belegt, und dieselbe ward je nach den näheren Umständen bald positiv bald negativ gedacht, d. h. bald von der letzten Divergenz abgezogen, bald derselbne zugefügt. — Derselbe Vorgang wiederholt sich dann zwischen allen folgenden Umläufen der $^2/_5$-Stellung, indem jeder spätere wieder mit seinen Gliedern zwischen die Glieder des vorhergehenden sich einordnet. So wird immer wieder ein neuer Kräfte-Zuschlag als Mehraufwand erforderlich.

Hiermit aber geräth diese Annahme in Widerspruch einerseits mit dem Gesetz der Kräfte-Ersparniss, andrerseits mit der Unübertragbarkeit geometrischer Grössen auf organische Plastik. Dagegen bietet grade das Princip der Sparsamkeit bei der Verwendung von Kraft und Raum die einfachste Erklärung der Erscheinung dar.

Schon oben ist derjenigen Blüthen Erwähnung gethan worden, bei denen noch gar keine Kreisgenossenschaften von Blättern zum Abschluss und zur Absonderung von einander gelangen, sondern sämmtliche Glieder des ganzen Baues in einer einzigen Spirale angeordnet sind. Es ist dies gewöhnlich die normale Spirale. Eben so wenig aber wie die Orte sind in solchen Blüthen die Gestalten der einzelnen Theile scharf von einander gesondert. Die äussersten Blätter nehmen mit der Verrichtung des Schutzes zugleich Kelchbildung an und wandeln sich dann allmählich in die Gestalt der Blumenkronblätter um. Diese gehen wiederum allmählich zur Staubentwicklung über, und die letzten Blattgebilde schicken sich dann zur Ausführung von Fruchtbehältnissen an. Dabei binden sich die einzelnen Formationen wenig an bestimmte Zahlen. In solcher Weise sind z. B. die Blüthen von *Nymphaea* gebaut.

Vergleicht man hiermit die Blüthen von *Paeonia,* so findet man, dass in diesen zwar die Spiralstellung noch beibehalten wird, zu derselben aber eine bestimmtere Formdifferenzirung hinzutritt. Der äusserste Fünfstand nimmt Schutzblattbildung an und constituirt sich lediglich durch Hervorkehren physiognomischer Aehnlichkeit zur Genossenschaft der Erstblätter. Der zweite Fünfstand tritt zur gemeinsamen Bildung des Schauapparates zusammen und bildet sich dadurch zum Zweitblätter-Kreis aus. Diesem folgt dann eine grössere Anzahl von Organen, die übereinstimmend Form und Verrichtung der Staubblätter übernehmen; und gewöhnlich ist es zuletzt nur noch ein Dreistand von Blättern, der zum Fruchtaufbau schreitet. Hier liegt nun das Verfahren bei der Anordnung der Blüthentheile hell am Tage. Die Blätter, die hier in so grosser Anzahl ausgebildet werden, ordnen sich nicht nach wiederholter $^2/_5$-Stellung, sondern, wie oben erwähnt, nach der Spirale ohne Ende oder doch in einer derselben nahe kommenden Weise. Darnach stellt sich ganz von selbst das sechste bis zehnte Blatt der ganzen Folge in die Zwischenräume der Blätter 1 bis 5 ein, so dass sie regelmässig mit denselben abwechseln. Ohne jede Zuschlagsgrösse zu einer theoretisch beschränkten Divergenz lässt also die faktische Spirale ohne Weiteres die beiden Fünfstände der Kelch- und Kronenblätter zu der bequemsten Zusammenfügung ihrer Theile gelangen und wird damit zugleich zu der praktischsten Weise der Blattvertheilung.

Ein Blick auf die Horizontal-Projektion einer Stellung, die nach einem etwas höher bezifferten Annäherungs-Werthe der Normal-Spirale, etwa der $^{13}/_{34}$-Divergenz, bemessen ist, lehrt aber alsbald noch viel mehr. Man sieht, dass auch die folgenden Fünfstände von Spiralgliedern sich in derselben Weise von selbst alternirend anordnen, so dass jeder folgende seine fünf Glieder zwischen die fünf des vorhergehenden stellt. Theilen sich also, wie dies häufig der Fall ist, 4 oder 5 Kreisgenossenschaften von je 5 Gliedern zu Sonderbildungen ab, so stehen diese alsbald in Alternation. Freilich kommen die Phyllome, die in solcher Weise ursprünglich nach der Normalspirale geordnet waren, nunmehr, wenn sie nach Fünfständen kreisweise sich zwischen einander schieben, nicht unter ganz gleiche Intervalle zu stehen. In der beistehenden Figur 2 sind beispielsweise fünf derartige Gruppen von Phyllomen der Normalspirale eingetragen und durch concentrische Kreislinien in fünf Genossenschaften abgetheilt. Da fallen dann die Glieder jeder folgenden nicht immer genau in die Mitte der Zwischenräume der vorhergehenden, aber sie fallen doch jedesmal nothwendig zwischen

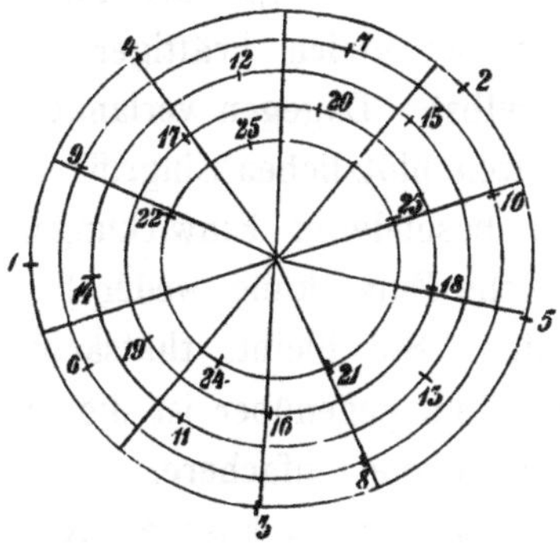

Fig. 2.

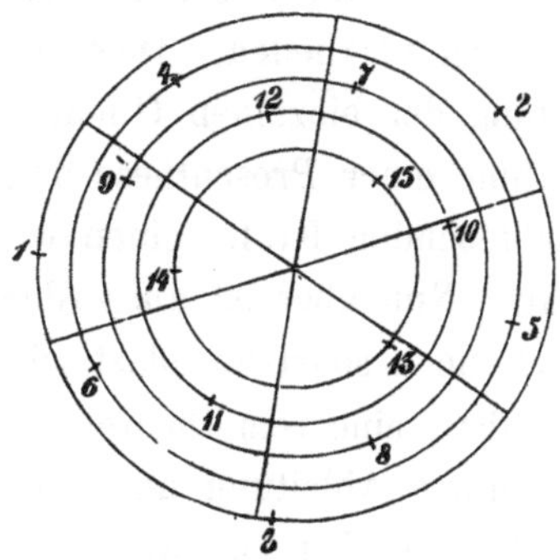

Fig. 3.

dieselben. Und es ist mithin nur eine sehr geringe Correktion, eine kleine seitliche Verschiebung erforderlich, um die Zwischenordnung durchaus ins Gleichgewicht zu setzen. Denkt man sich dann die sämmtlichen Fünfstände in dieser Weise ein wenig zurecht gerückt, so stellen sich die Blätter des ersten, dritten und fünften Kreises einerseits, die des zweiten und vierten Kreises andrerseits auf je 5, zusammen also auf 10 gemeinschaftliche radiale Richtungslinien. Die Figur ist durch Radien in 10 Sektoren getheilt, deren jeder die Blätter enthält, welche sich je in einer gemeinsamen Richtungslinie zu ordnen haben, während die Kreislinien die zu einer Formation gehörigen Blätter umfassen. Denkt man sich die Blätter innerhalb jedes einzelnen Kreisausschnitts auf einen mittleren Radius zusammengeschoben, so resultirt das Schema einer regelmässig fünfgliedrigen Blüthe.

Dasselbe gilt für dreigliedrig gebaute Blüthen. Aufeinanderfolgende Dreistände von Blättern der Normalspirale ordnen sich zu derselben Alternation wie bei den Fünfständen, da ja schon das vierte Blatt zwischen das erste und zweite zu stehen kommt etc. etc. Die Figur 3 veranschaulicht dies aufs deutlichste und zeigt einfach, wie aus der Normal-Spirale auch die nöthige Anzahl alternirender dreigliedriger Wirtel hervorgehen kann.

Man mache also die Annahme, dass derartige Blüthen in allen Theilen noch unter der Fortdauer des einmal üblichen Spiral-Verfahrens, also nach der Beharrlichkeits-Regel, angelegt werden. Dann hat nach Vorstehendem zur Herstellung regelmässiger alternirender

Kreise keine Aenderung weiter einzutreten, als dass sich die Mitglieder eines jeden Kreises einander gleichstellen, d. h. dass sie den zu ihrer Anlage disponiblen Gürtel des Vegetationshügels zu gleichen Theilen unter sich vertheilen. Dies vollzieht sich bei gleich kräftiger Entwicklung der einzelnen Glieder fast von selbst. Dagegen verlangt die Annahme einer Prosenthese den wiederholten plötzlichen Eingriff einer verschiebenden Kraft, einen wiederholten besonderen Einwirkungszuschlag. Nun aber ist ausserdem eine solche Einwirkung weder histologisch noch sonstwie plastisch aufzufinden. Sie bleibt, thatsächlich ungreifbar, eine rein theoretische Grösse. Dem gegenüber ist die eben ausgeführte Ableitung unter allen Umständen die einfachere.

Ferner aber ist dazu noch zu bemerken, dass die äusseren Kreise vieler Blüthen sich thatsächlich keineswegs ganz gleichmässig zurechtrücken, ihre Glieder vielmehr vielfach grade so stehen bleiben, wie sie nach der Normalspirale zu stehen kommen. Dann unterliegt ihre Ordnung natürlich weiter gar keinem Zweifel. Und so ist es eben bei der erwähnten *Paeonia* u. a. der Fall.

§. 22. Die Mehrzahl der Blüthen dagegen lässt überhaupt ihre inneren Kreise in noch viel einfacherer Weise in Ordnung treten, so dass man dafür nicht einmal mehr auf eine einheitliche Grundspirale zurückzugreifen genöthigt oder auch nur berechtigt ist. Zu ihrem Verständniss hat man sich nur einzelne Thatsachen zu vergegenwärtigen. Es ist oben entwickelt, dass beim Ausbau der Laubmasse eines Sprosses der Regel nach die jüngsten drei Blattindividuen die Vegetationsfläche einschliessen und ungefähr als ein ungleichseitiges sphärisches Dreieck erscheinen lassen. Mit der Aufgabe, den complicirten Blüthen-Apparat herzustellen, tritt nun die Nothwendigkeit hervor, eine grössere Anzahl von Phyllomen ohne zwischengeschobene Stengelglieder in unmittelbarer Nähe bei einander auszubilden. Dies erheischt eine relative Erweiterung des Bauplatzes selbst. Die Meristem-Masse kommt dieser Aufgabe meistentheils durch allmähliche Erbreiterung der Scheitelfläche nach, und so bildet sich die meist keulenförmige Gestalt der jungen Blüthenanlagen heraus. Dadurch wird der Umfang des Anlagegebietes grösser, statt dreier Blätter, welche sonst das Entwicklungsfeld einschliessen, wird nunmehr unter Auseinanderrücken dieser drei auch noch das viert- und fünftletzte Blatt in unmittelbarer Berührung mit der Vegetationsfläche erhalten. Und indem so ein ganzer

Fünfstand zusammentritt, um das Vegetationsbecken zu umgrenzen, wird aus dem typischen Dreieck ein Fünfeck. Je schneller nun die fünf Erstblätter einer Blüthenanlage in ihrer Ausbildung einander folgen, desto rascher werden sie einander an Grösse gleich, und desto eher wird das Fünfeck zu einem gleichseitigen. Damit bietet sich dann sofort die Gelegenheit, alle fünf Blätter des zweiten Kreises gleichzeitig oder doch nahezu gleichzeitig in den fünf Ecken jenes Fünfeckes anzulegen und auszugestalten. Und indem so der Vortheil spiraliger Entwicklungsfolge weg fällt, eine andere dagegen sich als einfacher erweist, wird diese thatsächlich eingeführt und jene verlassen.

Werden nun auf diese Weise die Zweitblätter in Gestalt eines regelmässigen oder doch fast regelmässigen Kreises angelegt, so ist dadurch das Vegetationsfeld in eine nahezu regelmässige Figur verwandelt. Für die Anlage der nachfolgenden Blätter wird es somit bequemer, dieselben immer wieder, sobald sie gleichen und gleichzeitig auszuübenden Verrichtungen dienen sollen, auch gleichzeitig als Kreis anzulegen. Dass dabei jeder folgende Kreis vortheilhafter in den Ecken des vom letzten Kreise umschlossenen Fünfeckes als vor dessen Seiten aufzuführen ist, liegt auf der Hand. Zur Wiederaufnahme der Spirale aber fehlt jeder zwingende Grund. Und so entstehen denn auch in der That in den meisten Blüthen gleichgliedrige alternirende Kreise von Blüthenphyllomen.

Fasst man Vorstehendes kurz zusammen, so ergiebt sich, dass die einfachste Blüthen-Construktion durch Beibehaltung der Spiralanordnung und durch allmählichen Wechsel der Gestaltung und Verrichtung der Blüthenblätter zu Stande kommt. Je schärfer sich alsdann die Differenzirung der Funktionen und Gestalten ausprägt, desto mehr schliessen sie sich zu gesonderten Kreisen zusammen, und desto früher wird die Spiralmethode verlassen und die Anlage nach Kreisen eingeführt. Nur der Kelch bleibt in der Mehrzahl der Fälle der Spiral-Anordnung noch treu und vermittelt dann gewöhnlich den Uebergang zur Kreisstellung. Wo aber diese letztere thatsächlich bei der ersten Anlage der Theile eintritt, da ist auch theoretisch der Regel nach kein Grund, diese Anordnung auf eine Spirale zurückzuführen. Die Stellung der Blüthen-Blätter wird also in jedem einzelnen Falle als Produkt zweier Hauptfaktoren zu betrachten sein, einerseits des Differenzirungs-Bestrebens und andrerseits der organoplastischen Constanz.

§. 23. Nur die (principiell berechtigte) Neigung, ein einheitliches Gesetz als Grundlage aller, auch noch so verschiedenen Blattstellungs-Verhältnisse aufzufinden, konnte also auch die exakten Kreise als Spiral-Umläufe auffassen lassen, die, nach $^2/_5$ oder sonst irgend einer Divergenz geordnet, ihre gegenseitige Alternation einem Divergenz-Zuschlag verdanken sollten. Dasselbe Gesetz fand dann auch auf die opponirten oder wirtelständigen Laubblätter seine Anwendung. Successive gekreuzte Paare von Blättern konnte man sich nach der Divergenz $^1/_2$ gestellt und mittelst der Prosenthese $\pm\, ^1/_4$ zum Kreuzen gebracht denken, so dass die Blätter in wechselnden Abständen von $^1/_2$, $^1/_4$, $^1/_2$, $^1/_4$ u. s. w. einander folgten. Aehnliches galt von drei-, viergliedrigen Quirlen u. s. w.

Auf der anderen Seite erschien es auch für manche Fälle nicht unwahrscheinlich, dass eine decussirte Blattfolge aus zwei um einander gewundenen Schraubenstellungen, welche beide von Paar zu Paar mit der Divergenz $^1/_4$ fortschritten, entstände. Dann gehörten die beiden Blätter eines jeden Paares je einer anderen Spirale an, und in jeder Spirale stände erst das fünfte Blatt wieder über dem ersten. Dies schien noch in der auffallenden, oft wiederkehrenden Erscheinung eine Bestätigung zu finden, dass von den zwei Blättern eines jeden Paares einer solchen Stellung jedesmal nur eins eine Achselknospe entwickelt, das andere nicht, und dass die fruchtbaren Blätter der Paare in Richtung einer derartigen Schraubenlinie angeordnet sind. In einem solchen Falle wäre dann die eine Spirale fruchtbar, die andere nicht. Und in der That ist diese letztere Hypothese wegen der Entbehrlichkeit der Prosenthese noch eine ziemlich einfache.

Trotzdem giebt es keine beweisenden Gründe dafür. Schon oben ist vielmehr die gewöhnliche Kreuz-Stellung als Resultat einfachster Raumbenutzung im Vegetations-Punkt abgeleitet worden, ebenso liess sich auch die quirlige mit alternirenden Kreisen genügend verstehen. Liegt aber in jedem Stockwerk des Sprosses nur das Bedürfniss zu einem einzigen Achselspross vor, und nimmt man an, dass an irgend einer gegebenen Stelle im Vegetationsbecken eine Achselknospe vor einem Blatt eines Paares angelegt sei und für das nächste Paar ebenfalls, so treten beide in jedem Falle um $^1/_4$ Kreis neben einander. Dadurch ist die eine Hälfte des Bauplatzes zeitweise stärker bebaut als die andere, und wegen der Herstellung des Gleichgewichtes werden nun zunächst die beiden anderen Blätter zur Knospenerzeugung an die Reihe kommen müssen. Dann aber ist die scheinbar spiralige Anordnung der Seitensprosse nur die Resultante der beim Aufbau des Pflanzensprosses allgemein geltenden Nützlichkeitsregeln der Raumausnutzung, nicht aber der Ausdruck einer im Zellaufbau wirksamen spiraligen Entwicklungsfolge.

§. 24. Im Vorstehenden sind aus Drei- oder Fünfständen wendelständiger Blattfolge Kreise von entsprechender Gliederzahl abgeleitet worden. Es fragt sich nun, wie das entgegengesetzte Stellungsverhältniss zwischen Blüthe und Laubspross zu erklären sei. Oben ist zahlreicher Blüthen gedacht worden, die mit fünf spiralig gestellten Kelchblättern beginnend aus den Achseln opponirter Blätter hervorgehen. Warum wird hier die opponirte Stellung erst verlassen, da sie doch meist später wieder aufgenommen wird? Diese Frage ist schon oben beantwortet worden durch den Nachweis, dass für die Funktion des Kelches an sich die Spiralstellung vorzuziehen sei, weil zu Schutz- und Assimilations-Leistung möglichst grosse Breite der Blätter und gute Vertheilung derselben gegen die Umgebung erwünscht sind. Spiralige Kelche folgen somit auf opponirte Laubblätter, weil hier die Rücksicht auf eine vortheilhaftere Funktion der neuzubildenden Phyllome überwiegt über die Rücksicht auf eine bequemere Weise der Ausbildung derselben. — Dasselbe gilt für die gepaarten Kelche, die in anderen Fällen nach wendelständiger Belaubung wirtelständige Blüthen einleiten. Denn nächst der wirtelständigen ist die opponirt decussirte Stellung für die Funktion der Kelchblätter die vortheilhafteste, weil sie 2 bis 4 Blättern eine gute Vertheilung sichert. Dies genüge, um auch diese Abweichungen als relativ vortheilhafte verstehen zu lassen.

Folgen dagegen auf eine Minderzahl, etwa zwei, Erstblätter mehrgliedrige Blattwirtel, so erklärt sich dies in den Einzelfällen meist leicht aus der geringeren relativen Breite, deren die letzten bei ihrer Anlage bedürfen. Deshalb hat eine grössere Anzahl von Gliedern im Kreise Platz, und diese fügen sich dem letztentstandenen Polygon der Vegetationsfläche in entsprechender Symmetrie leicht ein. Demgemäss ist es auch die Anzahl und Anordnung der schmalen Staubgefässe, welche die meiste Veränderlichkeit zeigt. Oft bedeckt sich eine grosse Fläche, ein breiter Gürtel am Abhang des Vegetationshügels mit Anlagen von Staubgefässen. Je gleichzeitiger eine grössere Anzahl derselben entsteht, desto mannigfaltiger kann ihre Anordnung ausfallen. Zuweilen aber treten selbst in der Reihenfolge der Anlage weitergreifende Aenderungen ein. Wir kennen z. B. Fälle, in denen zuerst die eine Seite des Scheitelkegels sich mit Anlagen von Staubgefässen bedeckt und darnach erst die übrigen Seiten; in anderen Fällen entstehen sogar die ersten Staubblätter dem Gipfel am nächsten, während die anderen abwärts folgen. Ja, nicht selten werden getrennte Gruppen von Staubgefässen auf gesonderten Feldern der Meristem-Oberfläche angelegt. Ferner steht oft eine Gruppe von Staubgefässen an der Stelle, die in einfacher construirten Blüthen ein einzelnes derartiges Organ einnimmt, sodass jene als morphologisches Aequivalent dieses letzteren erscheinen kann.

Das geringe Bedürfniss nach seitlicher Ausbildung erklärt es somit, dass viele Staubgefässe gleichzeitig neben einander ausgetrieben werden können. Grade das Umgekehrte gilt dagegen von den Fruchtblättern. Für diese kommt es auf Raumgewinn an; denn sie sollen innerhalb einer schützenden Umfriedigung die Samen bis zur Reife umschliessen. Bei aller Veränderlichkeit herrscht daher in dieser Formation eine Neigung zur Verminderung der typischen Zahl der Blattglieder. Bei den Monokotylen freilich, wo die Kreise an sich nur dreigliedrig zu sein pflegen, ist es auch unbedenklich, einen ganzen Dreistand zur Fruchtanlage in Verwendung zu bringen. Dagegen wird bei den Dikotylen so selten eine Fünfzahl von Fruchtblättern zum Fruchtgehäuse benutzt, dass man sogar die Fälle, in denen es stattfindet, besonders hervorzuheben sich veranlasst sieht (vgl. die Ordnungen der *Pentacarpicae* und *Isocyclicae*).

Im Uebrigen schliessen sich die Fruchtblätter in ihrer Stellung den übrigen Phyllomen der Blüthe meist an, treten aber oft auch in solchen Blüthen zum geschlossenen Kreise zusammen, deren äussere Kreise aphanocyklisch oder sogar acyklisch sind, wie z. B. bei *Nigella*, *Nuphar* etc. etc. Vollkommen spiralig gestellte Fruchtblätter sind aus dem Grunde nicht recht praktisch, weil dieselben nicht so bequem zu einer Individualität verschmelzen können, als eine Kreisstellung. Der Zusammenschluss in Gehäuseform aber ist grade für die Verrichtung der Frucht besonders wichtig. Deshalb sind spiralig gestellte Carpidien, die gleichzeitig zu Einzelfrüchten gestaltet sind, ziemlich selten. Sie finden sich bei der Mehrzahl der Rosifloren, der Ranunculaceen und

Magnoliaceen (bei letzteren zuweilen zum Theil zusammengewachsen), auch bei Alismaceen. Dagegen kommt ein einziges Fruchtblatt sehr häufig vor, zum Theil in den vornehmsten Familien, z. B. denen der Leguminosen. Nächstdem finden sich am häufigsten zwei Fruchtblätter (bei der Mehrzahl der Corollifloren, den Cruciferen, Schizocarpiern, vielen Sapindaceen etc. etc.) oder drei (bei fast allen Parietalen, Guttiferen, Euphorbiaceen, Sapindaceen etc. etc.), seltener sind vier Fruchtblätter (z. B. als Isomerien bei Philadelphaceen, Cornaceen etc. etc., als Minderzahlen bei *Parnassia* etc. etc.). Noch mehr Fruchtblätter in Kreisstellung kommen nur bei *Papaver*, den Nymphaeaceen, einigen Euphorbiaceen, vielen Malvaceen, den Phytolaccaceen, manchen Primulaceen, Guttiferen, Aurantiaceen etc. etc. vor.

Was endlich die Scheidewand-, Placentar- und Samenblätter betrifft, so finden sie sich fast ausnahmslos in Gleichzahl mit den Fruchtblättern und in regelmässig abwechselnder Stellung mit denselben vor. —

III.

Erste Anlage der Blüthentheile am Vegetationspunkt und morphologische Werthigkeit derselben.

§. 1. Die erste Anlage und der Aufbau der Blüthentheile aus dem Vegetationsgipfel unterscheidet sich in nichts von den entsprechenden Vorgängen bei der Bildung der Laubblätter und der Seitensprosse. Dies ist um so erklärlicher, als ja Sprosse und Blüthen überhaupt im ersten Jugendzustand einander gleich sind und erst später ihre verschiedene Ausbildung erlangen. Wenn man daher die Mitglieder der Blüthenkreise schlechthin als Phyllome ansieht, so hat dies eine gute Bedeutung, aber doch nur eine beschränkte. Sie pflegen in derselben Weise und in ähnlicher Folge und Anordnung wie die Laubblätter aus dem Knospenzustand des Sprosses zu erwachsen. Sie pflegen sich zu einer bestimmten, dem Sprosssystem obliegenden Verrichtung nach Gestalt und Gefüge auszubilden und deshalb von beschränkter Entwicklungsfähigkeit zu sein. Sie pflegen ferner an allen wesentlichen histologischen Differenzen des Muttersprosses Antheil zu nehmen, jedoch ausschliesslich aus den periblematischen Zelllagen hervorzuspriessen. Dies alles passt durchaus auf den Begriff des Blattes. Im Uebrigen können sie sich zu jeder beliebigen Form entwickeln, meist so, dass sie der Belaubung nicht im Geringsten ähnlich sehen. Da indessen auch Thallom-Anlagen später zuweilen in ihrer Entwicklung stocken, so kann über die Blattnatur mancher Blüthentheile dann ein Zweifel entstehen, wenn der Ursprung derselben von der üblichen rhytmischen Entstehungsfolge, die den Phyllomen eigen zu sein pflegt, abweicht. Erinnert man sich dann noch daran, dass ja der Unterschied von Thallom und Phyllom an sich nur ein secundärer und relativer ist, so wird man folgern müssen, dass die Deutung der Blüthentheile an sich nur von subjektivem Werthe ist. Ob jemand einen derselben lieber als Thallom oder im Gegentheil als Theil eines Phylloms ansehen will, hängt lediglich von der subjektiven Begrenzung dieser Begriffe ab. In der That giebt es kein Gesetz, dass der Vegetationsscheitel hier nur dies und dort nur jenes erzeugen könne, sonst aber nichts. Die Plasticität des Gipfel-Meristems ist unbegrenzt und vermag jederlei Bildung zu jederlei Verrichtung in jeder beliebigen Art auszutreiben, nur dass sie dabei so lange lieber in der hergebrachten Gewohnheit verharrt, bis genügende Veranlassungen zur Aenderung des technischen Verfahrens herantreten. So bildet sie also fast überall zunächst Blasteme, die ohne Zweifel dem Begriff der Blätter unterstellbar sind. Wie aber daraus ein Zwang folgen sollte, alle Blüthenglieder so zu deuten, ist nicht einzusehen. Zellen in jeder Zahl und Anordnung können aus der Meristemgesellschaft in Vermehrungsaktion treten, und Sprossungen jeden Grades können sich daraus bilden, folglich ebenso auch jede Zwischenstufe zwischen denselben. Und da jede Sprossung auf jeder Stufe ihrer Ausbildung als Dauergebilde stehen bleiben kann, wiederum aber auch jederlei Nebensprossung erzeugen und auch diese bis zu jedem Grade der Vollendung und Differenzirung hinführen kann, so sind eben alle Formen ihrer Anlage nach nur relativ verschieden und gewinnen ihre Bedeutung erst durch die Anpassung ihrer Gestalt an ihre Verrichtung. Hierdurch ist somit jede schablonenhafte Zwangssubordination unter die Begriffe Thallom, Phyllom, Trichom, Ganzes oder Theil von vorn herein abgewiesen.

Das Bestreben, jedes Organ der Blüthe (oder der Pflanze überhaupt) einem dieser Begriffe unterzuordnen, kann sich nur auf die irrige Voraussetzung stützen, dass die Pflanzennatur ihre Organe nur nach begrifflich trennbaren und bestimmbaren Kategorien schaffe und schaffen könne. Darnach müsste jedem Organe eine solche Theilnatur inhäriren, wenn sie auch niemals zu Tage kommen sollte. Erfahrungsmässig kann aber aus jeder Meristemzelle jede beliebige Form werden und nicht bloss Dinge, die mit den Merkmalen von Blättern, Zweigen, Blatttheilen oder Zweigtheilen übereinstimmen.

Es ist auch ferner kein ausreichender Grund zu finden, um latente und geheimnissvoll eingeborene Qualitäten der einzelnen Sprossungen anzunehmen, die ihnen eine besondere innere Natur beilegten, von der niemals etwas in die Erscheinung tritt. Soweit es thunlich ist, ein Gebilde nach Geburt und Begabung einem der obigen allgemeineren Begriffe sicher unterzuordnen, gewährt es freilich grosse Bequemlichkeit für die Darstellung, dies zu thun. Ist das betreffende Organ aber ein Mittelgebilde, das weder den Eigenschaften des einen noch denen des anderen Begriffs entspricht, sondern beide in sich vereinigt oder beide entbehrt, so bringt jede spekulative Zwangsdeutung mehr Verwirrung als Klarheit in das Verständniss. Das Mittel- oder Sondergebilde ist alsdann einfach nach Entwicklung, Gestalt und Verrichtung eigens zu charakterisiren.

Fasst man den Blüthenbildungsheerd einfach als ein Zellgewebe von unbegrenzter Bildsamkeit, so lässt sich Alles leicht unter wenige allgemeine Vorstellungsformen zusammenfassen. Für diese Annahme freiester Gestaltsamkeit des Vegetationsscheitels spricht aber am schlagendsten die Thatsache, dass die Zellen der Vegetationsspitze schichtweise gleichwerthige und gleichberechtigte Arbeitsgenossinnen darstellen, deren keine über die andere eine Hegemonie ausübt. So treten überall aus der gesammten, noch bildungsfähigen Kuppenfläche diejenigen Zellen in Neubildungsthätigkeit ein, welche für das zu erreichende Ziel am zweckmässigsten gestellt sind. Und sie thun dies in solcher Anzahl und in solcher Ausgiebigkeit, als es nützlich ist, ohne dabei durch irgend ein Schema zwischen unüberschreitbaren Schranken eingeschlossen zu sein.

Diese vorausgeschickten Sätze werden durch die Betrachtung der Thatsachen alsbald bestätigt werden.

§. 2. Denkt man sich den Bildungsheerd der Blüthe, das noch im ersten Knospenzustand befindliche Thallom, unter dem allgemeinen Bilde eines kurzen breiten Kegels mit flach abgewölbtem Scheitel, so kann man sich a priori die Figuren, Lagen, Richtungen und relativen Grössen in Uebersicht bringen, unter welchen sich Neubildungen aus dessen Oberfläche, dem Entwicklungsfelde der ganzen Blüthe, erheben können. Dieselben können zunächst zonenweise, sodann radienweise fundamentirt werden und dabei entweder eine ganze Zone oder beliebige Bogenstücke derselben, resp. einen ganzen Radius oder Stücke eines solchen umschreiben. Sie können ferner statt in der Richtung concentrischer Gürtel in der Richtung einer fortlaufenden Spirale auftreten. Sie können weiterhin Stücke des ganzen Areals einnehmen, die durch Radien und Zonen gleich wie Gartenbeete durch freibleibende Gänge begrenzt werden, sich also der Form der sphärischen Dreiecke nähern. Es kann endlich der Scheitel des Ganzen selbst zu einem begrenzten Sondergebilde ausgeformt werden. So können ohne Weiteres Zonen-, Bogen-, Radien-, Areolen- und Achsen-Blasteme von jeder beliebigen Form und Grösse entstehen, die weiter nichts als die gemeinsame Herkunft aus gleichwerthigem Urmeristem mit einander gemein haben.

Es können nun ferner alle diese, wie immer fundamentirten Produktionen sich einzeln zu eben so vielen wohl individualisirten und differenzirten Organen gestalten, deren Schlussgestalt ihre von Anbeginn nicht zu bezweifelnde Selbständigkeit bestätigt und bewahrt. Es können aber auch secundäre Vereinigungen mehrerer Organe in doppelter Weise ausgeführt werden. Einmal kann der erst einheitlich aufgetriebene Zellgewebshügel bei einiger Erhebung seinen Gipfel zu zwei oder mehreren gleichartigen Gebilden theilen, die sich nun zu selbständig umschriebener Gestalt ausbilden, während die Basis als gemeinsames Fundament fortentwickelt wird; oder es kann auch eine solche Anlage Auszweigungen anderer Form erzeugen, die ihrerseits zu jedem Grade der Eigenartigkeit gelangen können. Andererseits aber kann auch das direkte Gegentheil davon ausgeführt werden. Einzelne getrennte Bogenstücke oder Areolen des Bildungsfeldes treiben Erhebungen auf, die Anfangs getrennt sind. Allmählich aber wird die Meristemmasse, welche die Lücken zwischen denselben erfüllt, zur Mitthätigkeit veranlasst. Sie treibt ebenfalls auf, und so werden die Einzelstücke nun nachträglich auf gemeinschaftlichem Sockel emporgehoben. Es vermag sich also bald das Anfangs Einheitliche zu parzelliren, bald das Anfangs Gesonderte zu verbinden. Dies vollzieht sich aber nicht allein mit kleineren Sprossungen, sondern auch ganze Kreisgenossenschaften können solche Vereinigungen eingehen.

§. 3. Auf Grund dieser Verhältnisse also ist die morphologische Werthigkeit, die den Blüthentheilen im fertigen Zustand zukommt, zu prüfen. Oft werden beispielsweise die Mitglieder der äusseren Blüthenzone genau nach demselben Plane angelegt, nach welchem die anderen Phyllome, zumal die Laubblätter, ihres mütterlichen Sprosses aufgeführt worden sind. Dann hat es kein Bedenken, zunächst diese Blüthentheile als den Laubblättern genetisch äquivalente Phyllome zu taxiren. Zumal muss dies als das Richtigste erscheinen, wenn auch die Amplitüde ihrer bogenförmigen Anlage ähnlich ist wie bei jenen.

Nun giebt es aber Laubblätter von jeder Amplitüde, selbst Blätter von so weiter Bogenspannung, dass die Flanken ihrer Anlage um den ganzen Umkreis des Vegetationsfeldes herumgreifen und sich sogar berühren. Selbst noch weiter können sie sich spannen und ihre äussersten Seitenränder an einander vorbeischieben. Dann beträgt die Grundriss-Amplitüde derselben mehr als einen Kreisumfang, und dennoch zeugt ihre Physiognomie durchaus von ihrer e i n f a c h e n Blattindividualität. Auch tragen sie diese von Anbeginn an dadurch zur Schau, dass sie meist in Gestalt kleinerer Bogenstücke aus dem Meristemfelde auftauchen und, je mehr sich dies erhebt, desto weiter nach beiden Seiten hin an Ausdehnung zunehmen, indem in der Fortsetzung der Bogenrichtung immer neue Zellen in den Theilungsvorgang mit eintreten. Solche Vorkommnisse bieten z. B. die Monokotylen häufig dar. Noch einen Schritt weiter gelangen wir dann zu Blättern, deren Flanken der Mitte diametral gegenüber mit einander verschmelzen, sodass nun der Sockel des Blattes zum geschlossenen Kreise wird. In derartigen Fällen beweist aber doch immer noch die grössere Dicke der Mitte und die symmetrische Entwicklung des Ganzen den Werth solcher Gebilde als E i n z e l b l ä t t e r. — Somit kann also ein Blatt jede beliebige Amplitüde haben, und es scheint, dass in der g e n e t i s c h e n E i n h e i t l i c h k e i t des Anlagebogens sich die spätere Einheitsform des fertigen Blattes schon sicher abspiegelt.

Allein es fällt hierauf von anderer Seite her noch ein anderes Licht. Muss in vorstehendem Falle eine Zellerhebung, welche das Vegetationsfeld ringsum umfasst, dennoch als ein einzelnes Phyllom geschätzt werden, so fragt sich doch, was zu geschehen habe, wenn ein solcher Zirkelwall allmählich auch ringsum g l e i c h e Stärke und Entwicklungsintensität gewinnt. Schon jene c y k l i s c h e n oder sogar h y p e r c y k l i s c h e n Laubblattanlagen zeigen oft nur sehr geringe Stärkeunterschiede zwischen ihrer Mitte und ihren Flanken. Noch gleichmässiger entwickelte Bildungen finden sich unter den Niederblättern. Endlich giebt es nicht wenige Blüthen, deren Bildungsheerd einen vollständigen Gürtel in gleichmässiger Stärke anlegt. Sollen nun diese Gestalten nicht ebenso gut wie jene Bildungen den Anspruch haben, als einfache Blasteme angesehen zu werden, da sich zwischen ihnen und dem Einzelblatte mit schmaler Anlage doch alle Uebergänge finden?

Eine solche Auffassung hat aber ihre Schwierigkeiten. Wie oben erwähnt ist, stehen die Blüthenglieder ebenso oft in genauer Kreisstellung, als in spiraliger Anordnung. In einer solchen Kreisstellung können sie nun scharf getrennt aufwachsen oder seitlich verschmelzen. Die Verschmelzung kann jeden beliebigen Grad erreichen. Bald sind deutlich erkennbare Einzelglieder durch schwache Zwischenstücke aneinander geheftet; bald erfahren die Zwischenstücke eine immer beträchtlichere Ausbildung, der Dickenunterschied der Phyllomanlagen und ihrer Verbindungsstreifen schwindet. Dann stellen dieselben wieder einen ringsum gleich starken Gürtel dar, der nur noch durch die Anzahl und Stellung seiner Spurstränge theilbar erscheint. Zuletzt mehrt sich auch die Anzahl der letzteren und hört damit auf, die Ziffer der constituirenden Glieder zu verrathen. Und dann liegt hier ein Gebilde ganz derselben Art vor wie jenes, das soeben als Endglied der Reihe einfacher Phyllome besprochen worden ist.

Nun ergeben sich also zwei Reihen: das Einzelblatt von beschränkter Bogenamplitüde erweitert sich, bis sich seine Ränder an der entgegengesetzten Seite berühren und verschmelzen, und so die zuerst einseitig entwickelte Gestalt zum ringsum gleichen C y k l o m wird. Im zweiten Falle verschmilzt ein Kranz einzelner Blätter mit den Rändern immer mehr und immer höher hinauf, bis dass die Individualitäten verwischt werden und das einheitliche Gürtelgebilde gewonnen ist. Hiernach ist das fertige Cyklom einmal das Aequivalent eines Einzelblattes, das andere Mal gleich einer Summe von Einzelblättern; das fertige Einzelblatt aber ist bald gleichwerthig dem ganzen Cyklom, bald gleich einem Theile desselben. Und damit ist man bei der mathematischen Absurdität angekommen, dass der Theil dem Ganzen gleich sein müsste. Rücksichtlich der organoplastischen Verhältnisse indessen geht eben aus der Analyse dieses Beispiels hervor, dass physiognomisch einfache Blüthenglieder sowohl ganze und abgeschlossene Blasteme, als Blastemsummen oder Blastemtheile, als auch Mittelstufen verschiedenster Art zwischen diesen Extremen darstellen können.

(Und was an diesem Beispiele für Abgrenzung der Begriffe Einzel-Phyllom oder Phyllom-Summe oder -Theil erläutert worden ist, das gilt ebenso für die Begrenzung der Begriffe Phyllom, Thallom und Trichom.)

Ist nun die genetisch-morphologische Werthigkeit eines Blüthentheiles so durchaus schwankend und oft völlig unbestimmbar, so ist sie auch für den physiognomischen Werth der Blüthentheile in keiner Weise massgebend. Dieser ist vielmehr nur aus dem fertigen Zustand zu entnehmen.

§. 4. Demnach lassen wir unsererseits den Versuch fallen, alle Blüthentheile schematisch auf genetisch gleichwerthige Formelemente zurückzuführen. Wir sondern sie in erster Instanz nach ihrem physiognomisch-biologischen Werthe. Es sei jeder zu eigenartiger und gesonderter Gestaltung und Verrichtung gelangte Blüthentheil, woher er immer stammen mag, schlechthin als Blastem anerkannt. Entspringt eine solche Neubildung dem höchsten Gipfel des Blüthensprosses, so ist es eben eine Scheitel-Sprossung (Akroblastem) und kann als letzte plastische Leistung des Scheitel-Meristems selbst betrachtet werden. Insofern kann sie wohl als eine neue Sprossung angesehen werden, muss dies aber keineswegs in allen Fällen. Dagegen ist jedes unterhalb des Sprossgipfels herauswachsende seitliche Gebilde schlechthin ein Epiblastem des Blüthen-Thalloms.

Zur bequemeren Unterscheidung mögen Epiblasteme, die in genauer Kreisstellung auftreten, Kreis-Sprossungen (Cykloblasteme) heissen. Theilt sich ein Akroblastem oder Epiblastem, nachdem es sich einheitlich dem Meristemfelde enthoben, an seinem Scheitel, während dieser seine Fortbildungsfähigkeit noch unvermindert bewahrt, und wächst dann getheilt weiter, so entstehen Schwestersprossungen (Parablasteme). Dieselben können wieder untereinander alle Grade der Gleichheit und Verschiedenheit (Isonomie und Heteronomie) aufweisen. Entstehen dagegen zuerst differente Sprossungen auf dem Entwickelungsgrunde, die, ob sie gleich Anfangs völlig getrennt sind, doch durch allmähliches Nachrücken einer ganzen Areole des Meristems mit einem gemeinschaftlichen Fundament versehen und dadurch zu einer organisch verbundenen Genossenschaft ausgebildet werden, so ergeben sich Sprossvereine (Symblasteme). Beide Fälle werden im fertigen Zustande oft schwer unterscheidbar sein. Das gemeinsame Fussgestell solcher Vereinigungen ist dann ein

Sprossungssockel (Blastopodium). Bildet sich ein solcher Verein aus Cykloblastemen, so gestaltet sich unter ihm ein Ringsockel (Cyklopodium). Tritt dagegen ein ganzer Zellgewebswall in geschlossenem Zirkel einheitlich aus dem Meristemgrunde hervor und sendet nach seiner Erhebung einzelne Parablasteme in Kreis- oder Spiralstellung aus, so verdient diese eigene Form mit besonderer Benennung als Kranzsprossung (Periblastema) bezeichnet zu werden.

Zur Para- oder Symblastembildung wird gewöhnlich ein grösseres Feld des Entwicklungsgrundes in Anspruch genommen als für einzelne Sonderblasteme, die von vorn herein ihre Individualität erhalten und bewahren. Es empfiehlt sich daher, diese noch nicht individualisirt auftreibenden Meristem-Areolen als Hypoblasteme zu kennzeichnen.

Endlich kann der Wachsthumsrand eines Periblastems die Bildung von Parablastemen unterlassen und einheitlich fortwachsen. Oder es kann andererseits bei einem Kranze von Cykloblastemen das Einzelwachsthum früh erlöschen, dagegen der Ringsockel sich zu hohem Gürtelwall aufbauen. Dann entsteht auf beiderlei Weise ein zusammenhängendes, die Spindel umgebendes Rundblatt (Cykloma), wie solches auch bei der Laubregion vorkommt. Die doppelte Entstehungsweise eines solchen Gebildes weist darauf hin, dass auch die oben unterschiedenen Gegensätze der Sym- und Parablasteme Uebergänge finden können. Eine periblastematisch thätige Meristemzone erhebt sich z. B. nicht merklich, streckt aber ihre Sprossungen um so früher und höher empor und tritt erst später in geschlossenem Gürtel in die Erscheinung. Dann ist dieselbe schwer als Eins oder das Andere zu taxiren. Daraus erhellt, dass eben alle diese hier aufgestellten Begriffe nur der Bequemlichkeit halber festzuhalten sind und nichts weniger als tief einschneidende Gegensätze darstellen.

§. 5. Mit Hülfe dieses begrifflichen Apparates sind nun die wesentlichsten Erscheinungen des Blüthenaufbaues leicht in Uebersicht zu bringen.

Die junge Blüthenknospe ist meist ein flacher Hügel und erhebt sich nicht selten rasch zur Keulengestalt, indem die unterste Meristemschicht sich durch Reihentheilung zu strecken und einen Stiel herzustellen beginnt. Nun treten, zuerst im Umkreise, die Anthoblasteme nach und nach aus der Hügelfläche, ihrem gemeinschaftlichen Mutterboden, hervor, bis allmählich die ganze Fläche durch Neubildungsthätigkeit in Anspruch genommen und, so zu sagen, zu Sondersprossungen verbraucht ist. Die Erhebung dieser Sprossungen erfolgt genau in derselben Weise, wie dieser Vorgang schon bei Betrachtung des Laubsystems geschildert worden ist, nur dass, je mehr der ganze Prozess der Schlusskatastrophe, d. h. der Ausformung des Centrums selbst, sich nähert, die zur Aktion kommenden Zellgenossenschaften immer einheitlicher erscheinen. So verwischt sich zuletzt oft der Unterschied zwischen Periblem und Plerom vollständig. Immerhin aber ist es doch fast in allen Fällen deutlich das Periblem, das zu den Blastemen die ersten Neubildungen eintreten lässt: die Zellen zunächst unterhalb des Dermatogens theilen sich und treiben dieses in die Höhe.

Wie beim Wachsthum der Laubsprosse Blätter und Stengelglieder in rhythmischer Aufeinanderfolge entstehen, so thun dies auch die Blattkreise der Blüthe, nur dass hier in der Mehrzahl der Fälle zwischen den Kelch- und Fruchtblättern die Stengelglieder unentwickelt bleiben. Infolge dessen treten die jungen Blätter mit ihren Basaltheilen nicht über die älteren hervor, sondern bleiben von denselben umschlossen, und alle scheinen selbst noch im erwachsenen Zustande auf gemeinschaftlichem Boden (dem Blüthenboden oder Thalamus) zu stehen. Was man daher am Laubspross als obere und untere Blätter oder Glieder bezeichnet, erscheint hier als innere und äussere Blasteme, oder was dort nach Paaren oder in der Spiralfolge auseinandergerückt wird, bleibt hier zu Kreisen zusammengeschoben.

Wenn ferner auch die Blüthenglieder im Allgemeinen in der wiederholt genannten Reihenfolge zur Anlage gelangen, d. h. die äussersten zuerst und die innersten zuletzt, so ist doch dies keine ausnahmslos geltende Regel. Es kommt vor, dass einzelne äussere Kreise hinter inneren in der Anlage zurückgesetzt werden. Noch häufiger aber werden die in normaler Folge angelegten Kreise in anderer Reihenfolge zur Ausbildung gebracht. In der Mehrzahl der Fälle aber kann man in der Blüthenentwicklung füglich drei Perioden unterscheiden, die meist deutlich gegen einander sich absetzen. Dies ist erstlich die Periode der Kelchbildung, zweitens die Entwicklung von Blumen- und Staubblättern und zuletzt die Anlage des Fruchtapparates nebst Eichen und Ausbildung von Griffel und Narbe. Hieran schliesst sich dann nach Vollendung der Blüharbeit, d. h. des Befruchtungsgeschäftes, als vierte Bildungsperiode die Zeitigung von Frucht und

Samen nebst Ausbildung des Keimes. Diese Entwicklungszonen sind mithin den physiognomischen Zonen der fertigen Blüthe nicht ganz congruent, da die Blumenblätter in letzterer Hinsicht sich mehr den Kelchblättern, in ersterer mehr den Staubblättern zugesellen.

§. 6. Was nun zunächst die erste Periode betrifft, so hat das Blüthenknöspchen in derselben die Aufgabe, zuerst eine Schutzmauer aufzuführen, innerhalb deren sich ein breiterer Baugrund für den eigentlichen künstlichen Befruchtungsapparat ausweiten und benutzen lässt. Dazu pflegen die Kelchblätter an der äusseren Peripherie des zur Blüthengestaltung bestimmten Sprösschens (oder Sprossgipfels), aus dem Perithalamium, hervorzutreten. Vor ihrer Anlage sind bald mehr, bald weniger Vorblätter erschienen, bald sind sie selbst die Erstlingsblätter des ganzen Thalloms. Dass dies Auftreten sowohl der Vorblätter, als auch der Kelchblätter in verschiedener Anordnung geschehen kann, am häufigsten jedoch in spiraliger Folge geschieht, ist schon oben gesagt. Dann folgen sich die Kelchblattanlagen, beispielsweise als $^2/_5$- oder $^1/_3$-Turnus, und umfassen einander genau in der Richtung der Spirale mit ihren Rändern. Man sieht z. B. ein erstes und zweites Blatt einander schief gegenüber erscheinen und beide mit ihren Flanken frei bleiben. Ein drittes Blatt schiebt schon die eine Seite über den Rand des ersten Blattes, ein viertes und fünftes liegen mit ihren beiden Rändern innerhalb jener drei. So bleibt die Altersfolge dieser fünf Kelchblätter noch lange erkennbar. In derselben folgen sie sich meist langsam genug, um in allen Stadien, erst als vorspringende Ecken ihres Bildungsfeldes, dann nach und nach als meniskenartige Bogenstücke einzeln deutlich erkennbar zu werden. Das knopfförmige Blüthenknöspchen wird dabei erst unregelmässig fünfeckig abgeflacht oder beckenförmig vertieft, dann von den Kelchblättchen mauerartig umgeben, dann oben von den zusammenneigenden Spitzen derselben überwölbt.

Kelche indessen, die genau cyklisch entstehen und ihre Blättchen durch ein Cyklopodium vereinigen, treten nicht nach und nach, sondern gleichzeitig in allen Theilen auf und gestalten das Knöspchen zu regelmässigem Fünfeck, resp. Drei-, Vier- oder Sechseck.

Während des Aufbaues dieser Umschanzung hat sich dann das Entwicklungsfeld entsprechend ausgedehnt und ist zur Anlage weiterer Bildungen hergerichtet. Dann beginnt die zweite Periode mit der Bildung der Petala aus der Zone der Andronitis. Dass dabei entweder die Reihenfolge der Kelchblätter fortgesetzt oder abgeändert werden kann, ist schon früher dargelegt worden. Folgen nun auf spiralig gestellte Kelchblätter alle weiteren Blasteme in derselben Ordnung, so tritt immer das älteste Bogenstück des Meristemfeldes in Aktion und treibt die Oberfläche zum Hügel auf. Während sich so Glied an Glied reiht und Kreis um Kreis um die Peripherie dieses Feldes beschrieben wird, fährt derselbe selbst fort, sich auszudehnen und seine Mitte allmählich zu erheben. Endlich steigen die neuangelegten Glieder zu seinem obersten Wipfel hinauf, bis die letzten ihn selbst occupiren. So findet hier in einfachster Weise die Parcellirung und Ausnutzung der Vegetationsfläche statt. — Die acyklischen, pseudocyklischen und manche hemicyklischen Blüthen befolgen dieses Verfahren.

Es kommt indessen für die Ausgestaltung von Krone und Andröceum häufiger auf exakte Kreise an. Dann tritt die regelmässigste Theilungsweise in der Form ein, dass die Mitglieder eines jeden Kreises je die äusserste disponible Meristem-Zone unter sich theilen, und zwar so, dass die dickeren Mitten der bogenförmigen Anlagen die Zwischenräume, die zwischen den Blastemen des vorigen Kreises geblieben sind, einnehmen. Es ergiebt sich dadurch die Alternation der Kreise einfach als ein Nützlichkeits-Verfahren bei der Anlage der Blüthentheile. Das centrale Rest-Polygon aber wird zuletzt zum Fruchtapparat verbraucht, und es bleibt so kein Raum unbenutzt liegen. — In solcher Weise bauen sich die meisten der exakt-cyklischen Blüthen auf.

Hieraus folgen dann ohne Weiteres nach der Zahl der Kreise und ihrer Mitglieder verschiedene, sehr mannigfache Blüthen-Typen, die, wie verschieden sie immer im fertigen Zustande aussehen mögen, doch auf eine der beiden genannten Schablonen leicht zurückführbar sind. Diese letzteren seien dabei kurz als Plan der constanten Spirale und Plan der alternirenden isomeren Cyklen bezeichnet.

§. 7. Allein es giebt noch weit mannigfaltigere Abwandlungen, unter denen die Ausgestaltungen dieser zweiten Periode sich vollziehen. Schon von dem Spiral-Verfahren zu demjenigen mit alternirenden Cykloblastemen liegt ein Fortschritt in der Richtung von Einzelleistung zur Vereinsthätigkeit. In dieser Richtung wird in anderen Fällen noch viel weiter fortgefahren. Die Zonen des Vegetationsfeldes treten zusammenhängend in gemeinsamer Thätigkeit hervor und theilen sich erst später zu besonderen Kreisen und Gliedern. Durch solche Vorgänge sondern sich wieder besondere Typen der verschiedenen Blüthen-Physiognomien schon bei der ersten Anlage der Gestalten ab.

Statt dass also die Kreise der Kelch-, Blumen- und Staubblätter als drei wohl differenzirte Gürtel auftreten, lassen zunächst die letzten beiden Organe sehr häufig eine Combination erkennen. Blumen- und Staubblätter, beide einzeln in einfachen Kreisen und alternirend angelegt, werden durch ein bald hervortretendes Cyklopodium zu Symblastemen vereinigt. Als solche bilden sie z. B. das Siphonium der Corollifloren.

In anderen Fällen bleiben die Blumenblätter für sich gesondert, zur Bildung der Staubgefässe aber tritt die intermediäre Zone des Blüthenfeldes in länger andauernde Thätigkeit. Allein es werden dadurch hier nicht etwa fortlaufende Spiral-Umgänge oder alternirende Kreise ausgebildet, vielmehr beginnt diese Zone ihre Thätigkeit zunächst nur mit Anlage eines einfachen Staubblattkreises, der mit der Blumenkrone auch eine ebenso einfache Stellungs-Symmetrie beobachtet. Während aber alsdann die Glieder desselben heranwachsen, und gleichzeitig sich der Blüthen-Scheitel hebt und verjüngt, erweitert und dehnt sich die Bildungszone sowohl in peripherischer, als auch in radialer Richtung. Dadurch werden die bereits angelegten Staubblatthügel von einander und gleichzeitig auch von der Krone entfernt, da auch das diesen Zwischenraum erfüllende Meristem sich mehrt und den Abhang des Vegetationsfeldes nach der Blumenkrone zu steiler und höher emporsteigen lässt. Dann wird zu neuen Anlagen geschritten, theils zwischen den schon geförderten Staubblättern, theils ausserhalb ihres Kreises auf jenem Abhange des Vegetationsfeldes. Solche Neubildungen können sich nun immer zahlreicher anschliessen und dabei durch sehr verschiedene Anordnung ebenso verschiedene Zahlen und Entwicklungs-Typen zu Stande bringen. Je höher dabei der centrale Hügel selbst sich erhebt, desto tiefer hinab rückt an seinem Abhange die Neubildung von Blastemen aus der immer weiter abwärts sich verjüngenden Meristem-Zone.

Der einfachste der hierher gehörigen Fälle besteht darin, dass zwischen 5 (oder 4) zuerst in Alternation mit den Blumenblättern angelegten Staubgefässen nach genügender Weitung des Meristem-Gürtels in den 5 Zwischenräumen dieses Kreises wieder 5 Staub-Blasteme ausgetrieben werden, und die Sache damit ihr Bewenden hat.

Daraus ergiebt sich dann der zehnmännige Blüthen-Typus, wie er z. B. manchen Rutaceen eigen ist. Zwischen diesem und dem Sileneen-Typus, bei welchem alle Kreise succedan in regelmässiger Alternation auftreten, müssen alle Uebergangsformen in die Erscheinung treten, sobald der jüngere Zwischenkreis nicht mehr völlig genau die Zwischenräume des älteren einnimmt, sondern mehr und mehr gegen die Mitte der Blüthe vorrückt. Dann wird ja aus dem Zwischenkreis ein concentrischer innerer Kreis. Beispiele dafür bieten *Sedum* . . . . .

An die einfachen zehn Staubgefässe, die in einen Kranz gestellt, aber ungleichen Alters sind, reihen sich indessen auch ähnliche Fälle an, in denen die 5 jüngeren Staubgefässe nach der Blumenkronenseite hin, also auswärts, rücken. Dies findet z. B. bei . . . . . statt, und zwar treten hier die älteren Staub-Blasteme nicht zwischen, sondern vor den Blumenblättern auf. Weitet sich nun das Meristemfeld, um einem neuen Kreis zwischen dem Blumen- und Staubkreis Platz zu schaffen, so werden zugleich auch wiederum neue Plätzchen zwischen den einzelnen Staub- und Kronenblättern durch deren Auseinanderrücken gewonnen. Und auf diesen entstehen dann leicht die Glieder eines dritten Andröceal-Cyklus, die bald zu neuen Staubgefässen, bald zu Nectarien heranwachsen. Hiefür finden sich wieder Beispiele bei den *Diosmeen* . . . .

Aber auch noch in anderer Weise kann die hierdurch gewonnene Dreimalfünf-Zahl zu Stande kommen, wenn beim Einwärtsrücken des ersten Fünferkreises hinter jedem Gliede, d. h. auf der Blumenkronen-Seite desselben, je zwei neue kleinere Blasteme angelegt werden. Der erweiterte Meristem-Gürtel hat dann hier für die zehn in einer Reihe Platz, wenn auch im ersten Kreise nur 5 Staubblätter angelegt werden. Dieser Fall wird durch . . . . erläutert. . .

Sodann wird das so begonnene Verfahren zu noch reicheren Produktionen beibehalten. Weitere Erhebung des ganzen Scheitelkegels giebt weiteren Spielraum, und hinter der zweiten Reihe kommt eine dritte, vierte u. s. w. in derselben Weise zu Stande. Und zwar kann dies in verschiedenster Ordnung geschehen. Die späteren Kreise können ihre Glieder, Blastem für Blastem, hinter einander in radial den Abhang hinab laufenden Kolonnen aufrücken lassen, oder es können dieselben mit einander in Verband treten. Nach beiderlei Aufstellung wird der gesammte Raum des Meristemabhanges zum Verbrauch kommen, derselbe also vollkommen mit Blastemen bedeckt werden.

Etwas anders ist der Erfolg, wenn hinter je einem Gliede des ersten Fünferkreises beiderseits etwas schief nach aussen je ein jüngeres auftritt und an diese Paare sich dann je eine solche radial herablaufende Reihe anlehnt. Dadurch entstehen hufeisenförmige Gruppen von Staubgefässen in der Zahl der Glieder des ersten Ringes. Dieselben lassen indessen einen Theil des Wachsthumsareals zwischen ihren Schenkeln frei, und so ist diese Anordnung eine weniger sparsame, wenn auch eine in ihrem Ergebniss zierlichere. Dies Verfahren ist indessen fast immer von Blastopodienentwicklung begleitet. Gewöhnlich treten dabei die 5 ersten Blasteme des Andröcealgürtels nicht isolirt hervor, sondern es geht ihnen eine Auftreibung von 5 grösseren Areolen des Scheitelabhanges voran, welche häufig vor den Kronenblättern, dem Centrum der Blüthe zugewandt, angelegt werden, als ob sie sich zu diesen Kronenblättern wie Achselsprosse zu ihren Tragblättern verhielten. (Wer an solcher theoretischen Deutung Befriedigung findet, ist berechtigt, sie hier vorzunehmen.) Die so zu massigen Sprossungen aufgetriebenen Feldchen fangen dann an, in der beschriebenen bestimmten Ordnung Parablasteme zu produciren, die sich nun zu einander wie ungleichalterige, aber gleichwerthige Schwesterbildungen verhalten. Das Hypoblastem solcher Sprossfamilien entwickelt sich dann entweder selbst mit zum Blastopodium fort, und wir erhalten die sogenannten polyadelphischen Staubgefässe der Malvaceen, Hypericaceen, ... , oder dasselbe schwindet bald für die Beobachtung, und die Staubgefässe bilden dann dem Anscheine nach einfache Polyandrien, wie bei den Cactaceen . . . .

Einen Uebergang dieses Typus zu dem vorigen einkreisigen Zweimalfünfertypus bilden die *Citrus*-Blüthen, deren Staubgefässe in den Zwischenräumen eines ersten, einfach fünfzähligen Staubblattkreises in mehrfacher, etwas ungleicher Anzahl angelegt werden. Umgekehrt führt dagegen in anderen Fällen die Parablastie noch einen Schritt weiter. In allen vorerwähnten Fällen nämlich erscheint der Blumenblattkreis vor Beginn der Thätigkeit auf dem Andröcealgürtel als deutlich gesonderter Kreis angelegt. Nun kommt es aber auch vor, dass die geschilderten Hypoblasteme sofort nach den Kelchblättern sich erheben und zunächst aus ihrem unteren, dem Kelch zugekehrten Rande ein

Segment abgliedern und zum Blumenblatt ausbilden. Erst dann schreitet die übrige Meristemmasse zur Ausprägung der Staubgefässe. Dieser Fall stellt sich dann in lehrreicher Weise als eine Parablastie in zwei Instanzen dar. Zuerst differenzirt sich das Hypoblastem in zwei heteromere Schwestersprosse, das Blumenblatt und ein Hypoblastem zweiten Grades, welches seinerseits nun die Staubgefäss-Parablasteme producirt. — Hieraus ist vorzugsweise ersichtlich, wie ungleichwerthig in genetischer Beziehung physiognomisch gleichwerthige Organe sein können. Denn wenn die Staubgefässe der meisten Blüthen unmittelbar Töchter des Blüthensprosses sind, so treten sie in den letzterwähnten Fällen der vorgängigen Bildung eines einfachen oder doppelten Hypoblastems als Enkel- und Urenkelgebilde jenes Sprosses auf.

Endlich tritt auch die gesammte Andröcealzone des Scheitelmeristems als einheitliches Periblastem hervor und gestaltet darauf aus sich eine kleinere oder grössere Anzahl von Staubgefässen. Oder es rückt dieselbe einem ganzen Kreise einzeln angelegter Staubgefässe als Cyklopodium nach. Beide Entwicklungsweisen ergeben als fertigen Zustand einen einzigen Ring verwachsener Staubgefässe, eine Monadelphie.

§. 8. In allen vorbesprochenen Fällen wächst der Gipfel der Blüthenspindel als höchster Punkt eines flach kegelförmigen Hügels über die Fundamente der rings um seinen Abhang sich erhebenden Blastemwälle empor, wenn auch oft nur um Weniges. Dies findet erst sein Ziel mit Anlage der Carpidien. Innerhalb der Andröcealzone beginnt die dritte Bildungsperiode, meist lange bevor die Gebilde jener Zone fertig angelegt sind, mit dem Aufbau des Fruchtgehäuses. Einzeln oder im Kreise geschlossen erheben sich die Fruchtblätter. Häufig beginnen sie als einheitliches Periblastem und trennen sich erst später oberwärts. In anderen Fällen erstehen im Gegentheil erst Einzelblasteme und verschmelzen durch Nachschub eines Cyklopodiums. Sie nehmen bei ihrer zirkelförmigen Erhebung dem Gipfel alsbald das typische Ansehen einer flach gewölbten Kuppe und verwandeln ihn in einen Krater. Der Rand dieses Kraters aber wird in allen diesen Fällen frei und selbständig im Innern der Staubgefässzone emporgehoben. Wir verschieben indessen hier die Besprechung der zahlreichen Abwandlungen im Ausbau dieser dritten Gestaltungsgruppe der Blüthe auf das nächste Kapitel, das sich speciell mit der Bildung der Frucht zu beschäftigen haben wird, und wenden hier unsere Aufmerksamkeit vielmehr einer Reihe von Formen zu, in denen das Verhältniss zwischen Centrum und Peripherie des Entwicklungsfeldes nahezu umgekehrt erscheint, insofern gegen den bisher beobachteten wesentlich akroblastischen Bauplan nunmehr der periblastische zur Bevorzugung gelangt. Dies geschieht in allen den Fällen, in denen ein Hypanthium*) zur Ausbildung kommen soll.

Von vorn herein gestaltet sich in solchem Falle das Blüthenknöspchen anders. Schon mit Anlage und Auftrieb der ersten Kelchblätter hebt sich die gesammte Peripherie des Meristemgrundes als Ringwall empor, während die Mitte in beckenartiger Vertiefung zurückbleibt. Ihr Verjüngungsverfahren geräth zeitweilig ins Stocken, um so lebhafter aber beginnt im ganzen Umfang die Bauarbeit. Und zwar wird dabei im Allgemeinen nach dem folgenden Plan verfahren. Nach Austrieb der äussersten Kelchblasteme gehen zwei Prozesse einander regelnd und corrigirend gleichzeitig vor sich, die Hebung des periblastischen Walles und die Neubildung aufeinanderfolgender Cykloblasteme oder spiralig gestellter Sprossungen. Sind die Reihen oder Umgänge derselben zahlreich, so steigen die äusseren an der Aussenseite des noch weiter emporragenden Kraterrandes allmählich empor. Darauf überholt die Sprossbildung das Höhenwachsthum des Periblastems, und ein Kranz von Sprossungen erhebt sich auf der Höhe des Randes selbst. Und dann rückt die Neubildung an dem Innenabhang des Meristembeckens abwärts. Die Verjüngung des bildsamen Gewebes schreitet dabei ebenso von aussen nach innen fort und nimmt zuletzt an der Innenfläche ebenfalls in absteigender Richtung gegen die Blüthenmitte hin zu. Während die Aussenfläche des complicirten Baues sich schon dem Ausbau der Sonderformen der äusseren Blattkreise hingiebt, entstehen aus der inneren Fläche immer neue Blastemkreise unterhalb der alten. Ist endlich alles, dessen der Schau-, Staub- und Honig-Apparat bedarf, angelegt worden, so rücken die inneren Reihen von Blastemen durch entsprechende Zellvermehrung im

*) Anm. d. Herausg. Eine Notiz am Rande des Manuskriptes erklärt diesen Ausdruck „Hypanthium“ als Vereinigung von Kelch, Blumenkrone und Staubgefässen: „Hypanthium = K + B + St“; ebenso „Thalamocarpium = K + B + St + F, Siphonium = B + St“.

mütterlichen Periblastem empor, bis sie die für den Dauerzustand erforderliche Höhenlage erreicht haben; das untere Stockwerk aber gewinnt dadurch die Dauerform eines Cyklopodiums (in diesem Falle also die Form eines Hypanthiums). Inzwischen aber hat auch bereits die Anlage der Carpidien begonnen, die aus der Tiefe des erstgebildeten grösseren Kraters nunmehr als verjüngtes Abbild desselben auftauchen, dabei jedoch durchaus selbständig bleiben.

Die Anzahl derartiger Blasteme kann nun eine sehr verschiedene sein. In dem sehr verbreiteten Typus der Rosenblüthe erscheinen oft schon die Blumenblätter als Krönung auf der Firste des im Aufbau begriffenen Periblastems, die Staubblätter steigen sämmtlich Kreis für Kreis in die Beckentiefe hinab. Die Ordnung derselben ist dabei oft eine wenig ausgeprägte, nur dass Feldchen für Feldchen der allmählich zur Weitung kommenden, geneigten Meristemfläche sorgfältig zur Benutzung gelangt. Zuweilen aber treten deutlichere Kreise, in anderen Fällen eine exakt eingehaltene Spirale hervor. In anderen verwandten Typen dagegen beschränkt sich die Zahl der Staubblätter auf zwei Kreise, sogar nur auf einen einzigen Kreis, der dann natürlich zu den Blumenblättern harmonisch gestellt ist. Nicht selten endigt die ganze Ausformung zuletzt noch mit einem weiteren Sonderkranz, insofern der innerste dieser Zone angehörige Gürtel bildsamen Meristems, der zur Ausprägung gelangt, Einzelbildungen hervorzubringen unterlässt, statt dessen aber einen einheitlichen Ring massigeren Zellgewebes aufwirft. Es endigt dann das Periblastem schliesslich wieder als geschlossenes Cyklom. Und genau genommen bildet dieser Schlusswall selbst den eigentlichen morphologischen Wachsthumsrand des Periblastems, das den Rest seines Gestaltungsvermögens noch zu dieser Eigenproduktion verbraucht. Somit verhalten sich alle seine Erzeugnisse zu dem Periblastem selbst ebenso wie die Epiblasteme zur Spindel und sind also deren richtige Aequivalente, d. h. seitliche Bildungen. Aber in der That liegt dieser letztere Ring schliesslich oft tiefer als die vorhergehenden Sprossungskreise und verengt den Befruchtungsraum des Hypanthiums, den er nicht selten fast ganz zuwölbt. Seine Zellmassen pflegen sich dabei meist zu Sekretionsorganen zu gestalten. In anderen Fällen aber bleibt das Becken weit offen, ein Ringwall wird nicht hergerichtet, doch findet dann ein Sekretionsgewebe im Grunde der Beckenfläche selbst seinen Platz. Rosen und Alchemillen geben besonders gute Beispiele für solche Nectar-Cyklome ab, während die Dryadaceen, Amygdalaceen und Spiraeaceen mehr die offene Beckenform lieben. Endlich aber steigt nicht selten die plastische Energie des Hypanthiums bis hart an den Bezirk heran, der die Frucht ausbauen soll, und ein secernirender Gewebering schmiegt sich wie ein eigenes Periblastem an den Fuss der Fruchtanlage an.

Denkt man sich nun, dass man in allen diesen Fällen das Füllgewebe, welches den periblastischen Zirkelwall ausfüllt und massig emportreibt, herausnehmen und seine Fläche herabsinken lassen könnte, so würden alle Blastemkreise in die gewohnte aufsteigende Reihe zu stehen kommen. Mithin liegt das charakteristische dieser Gestaltungsreihe lediglich in der zum Uebermaass gesteigerten Energie der Zellmehrung, die in dieser Bildungsperiode in der gesammten äusseren Zone des Meristemkörpers herrscht und nach und nach auch die mittlere Zone ergreift. Durch dieselbe wird die Scheitelgegend selbst zur Thalkessel-Depression, ob sie gleich normal die höchste Kuppe des Meristemhügels bilden und als solche voranwachsen sollte. Könnte man das Centrum der ganzen Oberfläche herausstülpen, so wäre ebenfalls die normale Kegelform hergestellt. Und so tritt der Gegensatz klar ins Licht, der diese Entwicklungsweise von der vorher geschilderten trennt, in welcher stets der Scheitel selbst im Wachsthum vorangeht.

§. 9. Immerhin aber gelangt auch in der vorstehenden Reihe von Entwicklungsformen der Scheitel der Blüthenspindel als solcher wieder in den Besitz der verlorenen Hegemonie und überwächst bei der Fruchtbildung den Boden des umgebenden Beckens. Nun aber kommen wir zu Bildungen, die in diesem anscheinenden Missverhältniss noch weiter vorschreiten. Das Ergebniss der bisher geschilderten periblastischen Entwicklung ist überall ein Hypanthium, also die Ausbildung einer geräumigen Befruchtungskammer von besonders solider Architektur. Dasselbe architektonische Verfahren zur Herstellung einer festen Umwandung des unteren Blüthenstockwerks kann aber auch dem Fruchtgehäuse selbst nützlich werden. Es bedarf nur der Vereinigung der Fruchtphyllome mit den Gliedern der vorhergehenden Kreise, so müssen diese sämmtlich zugleich auch den Zielen der Fruchtblätter selbst dienstbar werden. Also gestaltet das Periblastem, nachdem es in derselben Weise wie oben die Kelch-, Blumen- und Staubblätter nebst Zubehör ausgetrieben hat, zum Schluss auch noch die

Fruchtblätter aus sich heraus. Wenn die Anlegung der Staubgefässe am inneren Abhange des periblastischen Ringwalles beendigt ist, so steigt das Umprägungsverfahren des Meristems in Sonderblasteme noch eine Stufe an derselben Fläche tiefer hinab. Es wird ein Paar oder eine Kranzstellung von Cykloblastemen ausgetrieben, die sich alsbald über die stark vertiefte Höhlung, auf deren Grund das frühere Vegetationscentrum schlummert, einander zuneigen. Bald wölben sie diese Höhlung zu und legen sich zur Griffelbildung aneinander. So wird dann der Fruchtknoten nicht durch Einzelblätter oder deren cyklopodiale Verschmelzung, sondern durch jenes Gesammt-Periblastem hergestellt. Noch tiefer in die Höhle hinab steigen dann die zum inneren Ausbau dieser Behausung noch weiterhin erforderlichen Anlagen, die indessen erst später zu besprechen sind. Solcherlei Bildungen zeigen die Pomaceen, Myrtaceen, Bignoniaceen, Cucurbitaceen u. s. w., ferner, mit der Abweichung, dass das in dieser Weise hergerichtete Thalamocarpium sich nach oben noch in ein freies Hypanthium ausreckt, die Onagraceen und Grossulariaceen.

Zum Extremen wird das ganze Gestaltungsprinzip bei den Cactaceen hingeführt. Die periblastische Thätigkeit erzeugt hier einen gewaltigen Kelchbecher, an dessen Aussenseite die ganze Bildungsweise und Anordnung der rudimentären Blattpolster, die diese Pflanzen charakterisiren, hinaufklimmt. Oben übersteigt sie in immer gleicher Folge den Kraterrand, und immer neue Spiralumgänge zahlreicher Blasteme steigen in den Schlund hinab. Die Kelchblätter gehen allmählich in Kronenblätter über, diese plötzlicher in Staubblätter, und ebenso folgen auf diese in plötzlichem Uebergange die Griffel. Tief eingesenkt in das kellerähnliche Untergeschoss des ganzen Aufbaues bleibt der Fruchtraum verborgen. — Aehnliches zeigen übrigens auch die Blüthen der Mesembryanthemeen. Auch die Gattung *Calycanthus* besitzt eine ganz analoge Entwicklung, nur dass ihre Einzelfrüchte im Bechergrunde gesondert entstehen, und diese Höhlung nur von herabsteigenden Staubblättern erfüllt wird.

Von anderen Abweichungen sind noch folgende besonders zu verzeichnen. Eine nicht unbedeutende Menge von Blüthen begnügt sich mit dem Periblastem erster Instanz noch nicht. Auf demselben entwickeln sie vielmehr noch eine abermalige Symblastie und zwar die oben geschilderte eines einfachen Kronen- und Staubblattkreises. Dann erhebt sich auf dem Thalamocarpium resp. Hypanthium noch ein Siphonium. Dies charakterisirt die epigynischen Corollifloren in sehr bemerkenswerther Weise und stempelt sie zum extremsten Endziel periblastischer Ausgestaltung.

In anderer Weise können noch verschiedene Verstärkungsbauten mit dem Hypanthium oder Thalamocarpium in Verbindung treten. Wird die ganze Blattgenossenschaft, die Blüthe und Frucht herstellt, später durch Nachbildung einer hypoblastischen Fundamentirung, die nun als Gesammtsockel dient, unterstützt, so erhalten wir die Form des Hypogynium. Zieht sich die Zellgewebsvermehrung mehr seitlich am Fruchtgebäude in die Höhe und umfasst dasselbe mehr, als dass sie es unterstützte, so entsteht das Perigynium. Entwickelt sich der Schlussring eines Hypanthiums oder Thalamocarpiums zu sehr gewaltiger Ueberdachungsmasse des Fruchtraumes, so entsteht das Epigynium. Das erste also erwächst als nachträgliche Zellvermehrung der Basis der ganzen Blüthenknospe, das zweite durch eine ähnliche Wucherung, die jedoch mehr der mittleren Zone angehört, das dritte endlich aus dem Wachsthumsrand des Periblastems selbst. Die Bildung der Mittelstufen oder Sondersockel folgt hieraus dann ganz von selbst.

§. 10. Es lassen sich somit im Rückblick die Einzelformen der vorstehenden Reihenentfaltung um folgende Haupttypen gruppiren. Entweder dominirt die Akroblastie ungestört: in rühriger Folge eilt die Arbeit der Meristemkuppe von aussen nach innen ansteigend dem Scheitel und seiner Ausprägung zu; keine Unterbrechung und keine Sprünge treten dazwischen. Oder es tritt nach Schluss der ersten Entwicklungsperiode die Totalität der zweiten gleichzeitig in Thätigkeit. Meist zwar beginnt ihr unterster Kreis mit Auftrieb der Krone, dann aber folgt oft der oberste Kreis, und rückläufig gleitet darauf die Bildung zahlreicher Zwischenblasteme wieder den Abhang hinab. Nach einer Pause hebt sich erst wieder der Gipfel selbst empor. Oder es gestalten sich Blume und Staubgefässe zu bleibenden Symblastemen aus. Oder es treten alle äusseren Zonen zugleich in Aktion, um sich erst später zu differenziren. Oder es nimmt endlich auch der Fruchtkreis für seine Umwandung an der gemeinsamen Bildung Theil und überlässt der Thätigkeit des Centrums nur noch den Ausbau seines Innern.

Angesichts dieser Folge von Erscheinungen darf nicht unterlassen werden, noch einmal auf die überraschend ähnliche Plastik derjenigen oben besprochenen Blüthenstände zurückzublicken, welche die Physiognomie von Einzelblüthen gewinnen. Das Knospengebilde, aus dem die Anthodien der Compositen, der Moreen, der Aroideen hervorgehen, ähnelt genau den Anfangsbildungen einer Einzelblüthe. Während aber zur Herstellung des Blüthenindividuums aus dem Meristemhöcker Blasteme sich entwickeln, die zu Phyllomen werden, so erwachsen aus dem gleichen Gebilde, soll es ein Anthodium werden, ausser Phyllomen noch Blasteme, die sich zu vollständigen Einzelblüthen ausbilden. Die Gestalten sind jedoch in beiden Fällen dieselben. Am Rande einer breiten flachen Kuppe erzeugt das Compositen-Anthodium zunächst das Involucrum, dann auf der Fläche jener Kuppe in akroblastischer Entwicklungsfolge Blüthen, oft mit ihren Deckblättchen. Mit noch schärfer ausgesprochener Akroblastie thut dasselbe der Kolben der Aroideen. Ganz wie ein Periblastem aber arbeitet der krugförmige Blüthenstand der Feigen sich heraus; selbst Perigynium und Hypogynium werden hier durch den fleischigen Grund, auf dem die Einzelblüthen erwachsen, das Receptaculum, täuschend nachgebildet. Die jungen Blasteme sind in allen diesen Fällen Anfangs einander gleich, nur in ihrer Ausbildung verhalten sie sich verschieden. Nichts weist somit mehr auf die Haltlosigkeit genetischer Aequivalenzen hin: in der Anlage den Einzelblüthen durchaus ähnlich, gestalten sich die genannten Gebilde zu Blüthengenossenschaften, die nichts desto weniger auf der Höhe ihrer Ausbildung wieder einer Einzelblüthe gleichen. So kommt man also auch hier noch einmal an den Ort, wo die Grenze zwischen Blüthe und Blüthenstand sich verwischt.

Am lehrreichsten zeigt dies letztere das morphologische Räthsel der *Euphorbia*-Blüthe. Aus der Knospe entsteht ein Akroblastem, das lediglich einen Stempel liefert. Seitlich von demselben treten in derselben Weise, wie die Sträusschen (cymae) sich verzweigen, neue Epiblasteme hervor, die sich wiederum theilen und verzweigen. Alle diese Auszweigungen liefern einzelne Staubgefässe. Ein tieferstehender Blattkreis wird schon früher in periblastischer Weise zum Involucrum, das durchaus einem Perigon gleicht. Nun haben wir also eine Genossenschaft von Sonder-Blastemen, deren Entstehungsfolge der einer Cyma, deren Physiognomie und Thätigkeit aber derjenigen einer Einzelblüthe entspricht. Allein die Verzweigungen der Seiten-Sprossungen erscheinen so gedrängt, dass das Bild einer cymösen Folge sich nicht wirklich ausprägt, und ordnen sich ganz wie die Theile einer Einzelblüthe. Dennoch halten sie nicht eine so regelmässige Entwicklungsfolge ein, wie die Glieder eines einzelnen Blüthen-Individuums es thun. Auch ist das ganze Gebilde schon desshalb schwer als Einzelblüthe zu deuten, weil eine solche, wofern sie normal ist, nur aus Schwestergebilden einer einzelnen Generation zusammengesetzt ist. Dagegen kann dasselbe auch kaum einen Blüthenstand darstellen, da es vollkommen die Physiognomie der Einzelblüthe trägt und einem Sprosssysteme nicht mehr ähnlich sieht als manche völlig unangezweifelte Einzelblüthen. Wäre es gleichwohl ein Blüthenstand, so müssten auch die Blüthen des Malven-Typus Blüthenstände darstellen, da ihre Staub-Blasteme als succedane Parablasteme grösserer Hypoblasteme auftreten (in welcher Weise übrigens die Staubgefäss-Bündel der *Euphorbia*-Blüthen ebenfalls gedeutet werden können). Sollte diese Blüthe von *Euphorbia* hingegen, trotzdem dass sie aus mehrfachen Sprossgenerationen besteht, der Physiognomie wegen eine Einzelblüthe darstellen, so hätte der Kolben von *Calla* und *Arum* ebenfalls Anspruch auf diese Deutung. Und dennoch unterscheidet sich schliesslich die *Euphorbia*-Blüthe durch nichts weiter von vielen normalen Blüthen, als durch die Andeutung derjenigen Entwicklungsfolge der Blasteme, durch die sich die Cyma vom Racemus unterscheidet. Mithin scheint nur dies zur Richtschnur genommen werden zu können, dass es Uebergänge zwischen den einzelnen Theilen der *Euphorbia*-Blüthe und regelmässigen Einzelblüthen anderer Euphorbiaceen-Gattungen gibt. Allein wir müssen auch dies als ausreichenden Grund zurückweisen, da Uebergangs-Gebilde keine Beweiskraft für Zwangs-Deutungen haben können. Nach allem diesem ist die *Euphorbia*-Blüthe in der That ebenso wenig eine wirkliche Inflorescenz, als sie ein normales Blüthen-Individuum darstellt. Sie ist vielmehr ein typisches Mittelglied zwischen beiderlei Bildungen, das recht genau die Mitte einhält. Und es kann in der That keine exaktere und gelungenere Ausprägung eines solchen Gestaltungs-Ueberganges, wie er oben als Anthodium bezeichnet ist, geben, als eben die Blüthe der *Euphorbia*. Man möchte sie deshalb ein *Euanthodium* nennen.

§. 11. Allein so schwierigen Objekten gegenüber muss die Kritik sich schliesslich noch aufs Allerfeinste zuzuspitzen versuchen. Also muss sie zum letzten analytischen Hülfsmittel greifen, um die morphologischen Aequivalenzen, deren Erkundung sich anderen Kriterien immer wieder entwindet, in der Genesis selbst zu packen: Man muss die Zellfolge selbst feststellen, mittelst welcher die Elementar-Architektur der Blasteme ausgeführt wird. Nicht das Heraustreten wall- oder hügelartiger Erhebungen aus dem Vegetationsgrunde kann allein entscheiden, sondern die exakte Genealogie der Zellvermehrung ist in allerletzter Instanz zu Rathe zu ziehen, um damit die Grenze des heutigen Tages Erkennbaren zu erreichen.

Wir kommen noch einmal darauf zurück, dass die Erhebung jeder Blattanlage Sache des Periblems ist. Eine Zellgenossenschaft unterhalb des Dermatogens theilt sich. Bald entsteht Reihentheilung und schiebt die Neubildung über die Oberfläche des mütterlichen Thalloms empor. Die neugebildeten Reihen jedes einzelnen Epiblastems nun können sich in das Periblem des Mutterthalloms fortsetzen, etwa in Rückwärtsverlängerung der Richtung, in welcher dasselbe sich über das Mutterthallom erhebt, aber sie können nicht in die vorgebildeten Plerom-Zellreihen des Mutterthalloms unmittelbar übergehen. Mithin wird ein Längsschnitt, der durch die Verzweigungsebene, d. h. durch die Achsen von Thallom und Epiblastem, geführt wird, auf seiner Fläche die Abstammung des einen aus dem andern an dem Verlauf der beiderseitigen Plerom-Zellreihen verrathen.

Denkt man sich dagegen einen Thallom-Scheitel in Gabelung zu zwei völlig gleichen Parablastemen begriffen, so beginnt hier die Theilung des Gewebes in Periblem und Plerom, die bis dahin in einer Initialgruppe centrirt war und von dieser ausging, zur Divergenz zu kommen. Ganz allmählich erbreitert sich die Kuppe, und in erst kaum merklicher, dann zunehmender Richtungsverschiedenheit weicht die Initialgruppe zu zwei Gruppen aus einander und hinterlässt Plerom-Reihen, die aufwärts aus einander weichen. Bei völliger Gleichheit der Zwillings-Gebilde werden die Divergenz-Winkel gegen die frühere Wachsthums-Achse gleich sein, ebenso wie die Zellreihen, die beide constituiren. — Auch hier also legt die innere Struktur Zeugniss ab für die gegenseitige Abstammung, wie im erstgenannten Falle.

Im einheitlich fortwachsenden Spross hinterlässt die Initialgruppe symmetrisch geordnete Plerom-Reihen in der meist unveränderten Wachsthums-Richtung; bei der Gabelung sind, sofern sie gleichwerthige

Zwillinge liefert, die zwei Richtungen des Wachsens sowohl, als auch die der Zellreihen symmetrisch gegen die ehemalige Achse geneigt. Bei der Epiblastem-Bildung dagegen behält der Muttersspross seine Richtung und die in dieser Richtung verlaufenden Plerom-Reihen bei, während das Epiblastem sich aussen und innen unter irgend einem Winkel geneigt ansetzt. So unterscheiden sich Akroblasteme, Parablasteme und Epiblasteme, wo sie in einfachster Gestaltung auftreten.

Dies letztere thun sie aber nicht immer; und es giebt kein Gesetz, dass sie es stets thun müssten. Denke man sich erstlich zwei Parablasteme ungleich gegen die Mittelebene des Hauptsprosses geneigt, im Uebrigen aber einander gleich, so wird bei wachsender Ungleichheit das Verhältniss beider Sprosse in dasjenige von Muttersspross und Tochterspross übergehen. Sind dagegen beide gleich geneigt, aber durch Ungleichtheilung der Initial-Gruppe angelegt, so wird der eine mehr Plerom-Reihen entwickeln als der andere. Dann kann das Missverhältniss so zunehmen, dass die wenigen Zellenlagen des kleineren Gebildes von den zahlreichen des stärkeren Sprosses bis zum Anschein eines Verzweigungsverhältnisses zur Seite gedrängt werden. Sind endlich die Initial-Antheile und die Richtungen beider Sprosse ursprünglich gleich, aber von ungleicher Wachsthums-Intensität, so wird dieselbe Uebergangs-Reihe entstehen: die stärkere Sprossung wird die schwächere beeinträchtigen und zur Seite schieben, bis sie das Ansehen eines Zweiges einnimmt. Umgekehrt kann ein Epiblastem an Masse seinem Muttersprosse allmählich gleichkommen, ihn überwachsen, zur Seite drängen, endlich eine demselben gleiche und symmetrische Stellung einnehmen oder gar denselben überwuchern, selbst die Rolle des bevorzugten Haupt-Gebildes übernehmen und jenem die des hörigen Nebensprosses zuweisen. Dann wird im Innern solcher Bildungen auch das Aufbau-Verhältniss der Zellenlagen in gleicher Weise sich verschieben und täuschende Scheingestalten annehmen. Dabei ist hervorzuheben, dass nicht bloss nach einander in der Zeit alle diese Erscheinungen als Aenderungen Anfangs normal unterscheidbarer Anlagen aufzutreten vermögen, sondern dass auch die Anlagen selbst diese Uebergangsstufen darstellen können. Und weiter kann jede dieser Bildungen auf jeder Stufe zur Dauerform werden. Eine Initial-Gruppe kann bei eben beginnender Spaltung zu einheitlichem Blastem erstarren, ein Epiblastem, eben ausgetrieben, wiederum als zugehöriges Stück zu gemeinsamem

Aufbau mit dem Mutterspross vereinigt bleiben. Ein Mutterspross kann in seinem Vegetationspunkt zur Ruhe kommen und, von seiner jüngsten Tochter überwuchert, zuletzt als ein unbedeutendes Anhängsel der letzteren erscheinen. Gleichbürtige Parablasteme können ihre Zellen und Zellreihen nach Masse und Richtung in jederlei Weise zur Differenz bringen. — Wir können ferner im Zell-Aufbau der Blüthen- und Blüthenstands-Glieder alle Uebergänge finden vom einfachen Voranwachsen des Muttersprosses bis zur vollständigen Selbsttheilung desselben in zwei Schwestergebilde, vom ebenbürtigen Schwesterspross bis zu dem deutlich untergeordneten Tochterspross. Aber noch weiter geht diese Grenzenlosigkeit. Ehe ein selbständiges Blastem auch nur annähernd zum Beginn einer Individualisirung gelangt, kann seine Bildung bereits stocken. So kann jede noch so geringe „Prominenz" aus der Meristemfläche ebensowohl für den Anfang eines Blastems als für eine blosse Oberflächen-Unebenheit gedeutet werden. Die Plastik des Bildungs-Zellgewebes ist eben unbegrenzt und kennt keine beschränkenden Gesetze. Zweifellos giebt es zwischen einer aufrechten geraden Linie und einer horizontalen alle Uebergangs-Richtungen. Zweifellos giebt es zwischen der Gleichtheilung eines Ganzen und der Abtrennung eines unmessbar kleinen Theilchens von demselben unzählige andere Theilungsverhältnisse. Zweifellos giebt es zwischen dem kleinsten Hügel und dem grössten Berge einerseits und andererseits zwischen zwei gleichen Spitzen eines Berges und jedem noch so kleinen Seitenhügel neben der Hauptkuppe eines anderen alle denkbaren Mittelformen. Sicher kann endlich aus jeder Einzelzelle des Meristems jeder noch so grosse Zellhaufen sich herausbilden. Ebenso sicher aber ist jedes Bemühen vergeblich, nach Grössen-, Richtungs- und Abstammungs-Maassen die Blasteme des Pflanzenkörpers unter festbestimmte Schablonen klassificiren zu wollen. So lange es in der organischen Natur nur continuirlich zunehmende und keine sprungweise in diskreten Schritten wachsenden Grössen-Verhältnisse giebt, so lange wird jeder derartige Versuch resultatlos bleiben.

Um so aufrichtiger ist es aber zu beklagen, dass man noch immer so viele gute Arbeitskraft darauf vergeudet, mit einer eines Kriminalverfahrens würdigen Peinlichkeit freie und ohne Schranken erstandene Gebilde in die Kerkermauern eines logischen Zellengefängnisses zwingen und die freien Erzeugnisse organischer Gestaltsamkeit nach Gesetzen kategorisiren zu wollen, von denen — wenn auch der Verstand der Verständigen mancherlei — so doch die Natur nichts weiss, nichts wissen kann und nichts wissen will.

Gerade aber im Interesse aller der Uebergangsformen, und um dieselben vor den Zwangsmaassregeln zu schützen, die man leider anwendet, um sie in den erdachten, aber existenzlosen Schematismus hineinzupressen, erscheint es zweckmässig, die Hauptformen der Sprossverjüngung in möglichst allgemein gehaltenen Gegensätzen zusammen zu stellen. Um so klarer geht dann hervor, was zu keiner passt und nur Mittelform sein kann.

So kann man als Haupt-Typen die folgenden gelten lassen.

Die einfache Folge von Blastemen (Phyllomen), die ohne weitere Verzweigung von der Peripherie einer Blüthen-(Blüthenstands-)Knospe nach deren Mitte fortschreitet und hier mit einem Akroblastem endigt, kann schlechthin als akroblastische Entwicklungsreihe bezeichnet werden. Wächst die Blastem-Familie durch wiederholte Gleichtheilung, so nennen wir sie parablastisch. Vermehrt sich dieselbe durch Auswerfen von Epiblastemen unter dem Scheitel, nachdem dieser ausgebildet ist, und setzt sich dies Verfahren von Generation zu Generation fort, so giebt es eine epiblastische Gestaltungsfolge. Sendet ein Spross neben dem angelegten Akroblastem ein neues aus, neben dessen Scheitel wieder eines und so fort, so dass der Scheitel einer einseitig fortgesetzten Ungleichtheilung unterliegt, so heisst dies Verhältniss anablastisch. Erzeugt sich eine Reihe von Schwester-Bildungen in ähnlicher Weise, aber auf dem bereits angelegten Baugrund in rückläufiger Folge vom ältesten und obersten an, so kann dies als katablastisch bezeichnet werden. Endlich sollen die Fälle, in denen Blastem-Anlagen aus- und nebeneinander in unergründlicher Genealogie einer gemeinsamen Meristem-Unterlage entwachsen, eine Polyblastie genannt werden. Diese mit den schon oben aufgestellten Begriffen werden das weite Gebiet der Blastese zumal in der schwierigen Blüthengesellschaft aufzuklären vermögen. Erfände man auch noch tausend andere Begriffs-Abgrenzungen, so würden sie allesammt doch nicht für die immer noch zahlreicheren Mittelbildungen genügen. Helfen kann hier allein, dass man das klar Bestimmbare als festes Gebiet zu umschreiben sucht, die Uebergänge aber ehrlich als das, was sie sind, ohne Zwangspass gewähren lässt und sie als Eigenformen zu charakterisiren versucht.

IV.

Wehrvermögen und Kampf gegen die Umgebung.

1. Verhalten des Pflanzenindividuums bei Veränderung der Ernährung.

§. 1. Die alltägliche Beobachtung lehrt, dass Individuen derselben Pflanzenart auf verschiedenen Standorten verschiedene Physiognomie annehmen. Jedermann weiss, dass dieselbe Art, die auf lichter Haide nur klein und laubarm bleibt, in feuchter Thalschlucht gewaltige Grösse erreichen kann. *Sambucus nigra* treibt im feuchten Schatten alljährlich mächtige, viele Fuss lange Schosse, während es sich in sonniger Dürre mit wenigblättrigen, dürftigen Zweiglein begnügt. Die üppige *Plantago media* der Wiesen schrumpft auf dem trocknen Bergabhang zum Zwerg zusammen. Derselbe Roggen, der auf dürrem Sande keinen Meter hoch wird und mit kümmerlichem Fruchtstand auf ärmlichem Halme endigt, verbirgt auf üppigem Boden nicht selten unter seiner Aehrenmasse Ross und Reiter.

So nahe nun auch diese Beispiele den Schluss legen, dass der Standort selbst auf die Pflanzenform ändernd einwirkt, so sind sie doch durchaus kein Beweis dafür. Vielmehr könnte man sich denken, dass von den sämmtlichen durch Zufall etwas verschieden gestalteten Individuen einer Art nur diejenigen eine dauernde Stätte auf den verschiedenen Standorten finden werden, welche für dieselben passend gebildet sind. Dann würden grössere und üppigere Einzelwesen an fruchtbaren und geschützten, dürftigere an minder günstigen Orten bestehen bleiben, und zugleich würde von Generation zu Generation eine immer sorgfältigere Auswahl sich vollziehen. Der Beweis eines direkt umgestaltenden Einflusses der äusseren Umstände auf den individuellen Pflanzenkörper ist also durch die angeführten Thatsachen noch nicht erbracht. Um diesen Beweis wirklich zu führen, genügt es nicht, Schwesterpflanzen einer Art auf verschiedenen Standorten als Gegensätze zu vergleichen; dazu ist es vielmehr nothwendig, an demselben Exemplar zu beobachten, welchen Einfluss verschiedene äussere Bedingungen, die nach einander in Wirksamkeit gesetzt werden, ausüben.

Durch solche Beobachtungen kommt man dann in der That zu dem vermutheten Ergebniss. Eine Fülle natürlicher Vorkommnisse sowohl, wie eine noch grössere Menge von Beobachtungen an künstlich gezogenen Pflanzen spricht für dasselbe. Aehnliche Physiognomien, wie sie die Pflanzenbestände verschiedener Standorte neben einander zeigen, wechseln auf demselben Gebiet, wenn sich dessen Beschaffenheit entsprechend ändert. Den einfachsten Fall bieten vielfach länger dauernde Aenderungen der meteorologischen Verhältnisse des Ortes. Eine Reihe trockener Jahre drückt das sonst üppige Wachsthum der Wald- und Wiesenbewohner herab. Kurze verkümmerte Sprosse, kleinere Blätter, weniger zahlreiche Blüthen und Früchte erscheinen an denselben Pflanzenindividuen, die in feuchten Jahren das Gegentheil zeigen. Die Pflanzengesellschaft eines Sumpfes oder Teiches, der entwässert wird, verhält sich ähnlich: bevor sie ganz und gar von anderen Arten verdrängt wird, ändern ihre Mitglieder nicht allein ihre Dimensionen, sondern nicht selten auch ihre Tracht und ihre Gestaltung. Sumpfkräuter, die sonst kräftig aufwärts wuchsen, kriechen auf dem trocknenden Schlamme hin. Wasser-Ranunkeln, die unterhalb der Wasserfläche zerschlitzte Blätter treiben und mit langen Stengeln fluthen, werden zu straffen, krausen Büschen, die mit breiten ungetheilten Luftblättern versehen sind. Ganz ähnlich verhält sich *Polygonum amphibium.* Die Charen wachsen unter dem Wasser mit langen, überschlanken Stengeln: auf austrocknendem Boden treiben sie kurze, gedrungene Rasen. Die Arten der seltsamen Farn-Gattung *Marsilia*, treiben, vom Wasser überfluthet, langgestielte Schwimmblätter, nach dem Austrocknen des Wassers kurzgestielte, straff aufgerichtete Blätter, welche zugleich die Stellung ihrer Spaltöffnungen ändern. Ja, es sind alle diese Arten sogar gerade wegen der Leichtigkeit, mit der die Individuen in ihrer Ausbildung jeder Aenderung ihrer Umgebung mit entsprechender Formänderung folgen, für solche veränderliche Standorte besonders geeignet.

Aehnliche Erscheinungen zeigen sich in gelichteten Wäldern. Bäume, die im geschlossenen Waldbestand auf schlanken Stämmen ihre Laubzweige nur hoch emporzusenden suchen, zögern, wenn sie durch Abholzen frei gestellt werden, im Höhenwachsthum, breiten ihre Krone aus und verdicken ihre Stämme. Dadurch beuten sie zugleich das reichlicher ihnen zukommende Licht besser aus, festigen sich gegen den Wind, dem sie nun ausgesetzt sind, und ermöglichen zugleich eine ausgiebigere Zufuhr von Wasser für den stärkeren Verlust in der grösseren, freistehenden Krone. Das gleichzeitig blossgestellte Unterholz und Staudengewächs des ehemaligen Waldbestandes, das im Schatten lange Stengel und Zweige mit locker gestelltem, zartem Laube trieb, macht nunmehr theils gedrungenere, kürzere, kräftigere Laubtriebe, theils verkümmert es in dem allzu hellen Sonnenlicht und in der allzu trocknen und erhitzten Sonnenluft.

Weit deutlicher noch ist dieser Einfluss der äusseren Umstände in der künstlichen Pflanzenzucht zu erkennen. Durch Düngung, d. h. durch Zufuhr specieller Nährstoffe, wird jedes Pflanzenindividuum zu kräftigerer Gestaltentfaltung und Assimilation veranlasst. Aehnlich wirken reichlicheres Bewässern und Verpflanzen in passenderen Boden. Bekannt ist der Einfluss, der in den Gärten durch Anwendung höherer Temperaturen auf die Kulturpflanzen ausgeübt wird. Alle Organe vergrössern sich und liefern durch kräftigere Arbeit grösseren Ertrag. Wird dagegen eine der Wärme bedürftige Pflanze in zu niedriger Temperatur kultivirt, so tritt Verkümmerung derselben ein. Selbst die Lebensperioden können durch Temperaturwechsel verändert werden. Zuweilen treten durch Vereinigung mehrerer günstigerer Lebensbedingungen ganz schlagende Erfolge ins Licht. Die Gartenkunst erzieht durch bessere Ernährung und Bewässerung, durch geänderten Lichteinfluss aus der kümmerlichen Strauchform der Haide- und Steppenpflanzen stattliche Bäumchen, wie die Kulturen der Arten von *Erica, Rhododendron*, *Azalea* u. s. w. deutlich zeigen.

Dabei ist zu beachten, dass bei den verkümmernden Einflüssen natürlicher Weise nicht sowohl die einmal ausgebildeten Stämme und Sprosse aller Formen abmagern, wie etwa hungernde Thierleiber; vielmehr werden nur die Wiederholungs- und Reproduktionssprosse, die späteren Zweige und Holzlagen der Stämme dürftiger als ihre Vorgänger. Bei dem umgekehrten Vorgang indessen, dem der Aufbesserung durch günstigere Verhältnisse, wird in der That nicht selten der kümmerlich angelegte Trieb oder Keimling nachträglich dick und kräftig, indem das ehedem dürftig vermehrte Zellgewebe selbst noch zu üppiger Dehnung und Theilung übergeht.

§. 2. Noch kräftigere Eingriffe in die individuelle Existenz der Pflanzen, zumal wenn sie den Tod derselben herbeizuführen drohen, veranlassen fernerhin eine Reihe von Reaktionserscheinungen, die aufs Anschaulichste zeigen, wie der Pflanze eine nicht geringe Wehrhaftigkeit im Kampfe ums Dasein zu Gebote steht. Im Vorstehenden handelte es sich allein um das Mitgehen der Pflanzenindividualität mit den Veränderungen der äusseren Umstände. Dies lief fast überall auf eine allgemeine Beschränkung oder Förderung der Entwicklung des ganzen Stockes hinaus. Die Organe bleiben dabei nach ihrer inneren und äusseren Einrichtung und Vertheilung meist dieselben, nur dass im Auf- und Ausbau ein verschiedener Grad von Solidität und Splendidität zum Ausdruck gelangt. Bei direkten Angriffen werden dagegen ausser völligen Umgestaltungen mancher Organe noch durchgreifende Abänderungen des ganzen Bauplans der Pflanze unumgänglich. Entziehung des Wassers, des Lichtes, der Wärme, gewisser Nährstoffe in solchem Maasse, dass der Wirthschaftsbetrieb im Pflanzenkörper unausführbar wird, ferner mechanische Eingriffe, z. B. starke Luftbewegungen, endlich direkte Beraubung der Pflanze durch Verletzung, Entfernung oder Zerstörung unentbehrlicher Organe lassen dergleichen deutlich hervortreten. Während ferner der vorher besprochenen Standortsänderung einfach durch geringe Modifikationen in der Ausbildung der Zellgewebe Genüge gethan wurde, kann in den letzterwähnten Fällen die ganze Reproduktivität des Pflanzenleibes, die ganze Schmiegsamkeit seiner Zellgewebs-Plastik in Anspruch genommen werden. Dieselbe muss zur Herstellung von Schutz- und Heilvorrichtungen bei Verwundungen, von Aenderungen im inneren Ernährungsbetrieb, ferner zur Anlage und Ausführung ganz neuer Sprosse, endlich zu besonderen Richtungsänderungen und Bewegungen der schon fertigen Organe aushelfen.

Viele Pflanzen gehen, wenn sie kein Wasser mehr erlangen können, schnell zu Grunde; andere zählebigere vertheidigen ihre Existenz bis aufs Aeusserste. Zunächst wird die Bewurzelung gefördert und besonders reichliche Mengen von Wurzelhaaren ausgebildet. Alsdann concentrirt sich die Lebensthätigkeit. Eine dem Boden entnommene Pflanze, ohne Wasser sich selbst überlassen, sucht durch Aufgeben eines Körpertheiles nach dem anderen wenigstens einen (immer kleiner werdenden) Rest ihrer Individualität zu retten. Das Wichtigste dabei ist, die Fortbildungsheerde zu erhalten, aus denen bei Eintritt günstigerer Umstände sofort jede Einbusse wieder ergänzt werden kann. Daher werden die in den Blättern und unteren Stengeltheilen noch vorräthigen assimilirten Stoffe mobil gemacht und immer mehr der Gipfelknospe zugeführt, je mehr der Wassermangel die Erhaltung sämmtlicher Theile unmöglich macht. Von unten nach oben schreitet das Welken fort, und ein Blatt nach dem anderen stirbt, nachdem es sein erarbeitetes Besitzthum an Wasser und Nährstoffen zu Gunsten der Gipfelknospe hat hergeben müssen. Dadurch vermag die letztere ausserordentlich lange ihr Leben zu fristen und dem verwelkenden Individuum die Möglichkeit des Wiederaufbaues zu erhalten.

Am meisten leisten in dieser Weise die Fettpflanzen. Zweige von Crassulaceen, Mesembryanthemeen etc. halten solche Dürre viele Wochen lang aus. Vom Mutterstock getrennte Zweige, die also wurzellose Tochterindividuen vorstellen, lassen dies leicht beweisen. Aber auch sehr viele zartlaubige oder doch grossblättrige Pflanzen, die viel Wasser an die Atmosphäre verlieren, beweisen in der Noth derartige Zählebigkeit. Knollen und Zwiebeln aller Art befolgen das gleiche Vertheidigungssystem. Eine Hülle nach der anderen aufgebend und sich zuletzt auf das innerste Centrum, wo die Fortbildungsknospe ruht, beschränkend, vertheidigt die Zwiebel ihre Existenz, gleich wie in einer Citadelle nach Hingabe aller Umwallung, gegen den eindringenden Feind der Dürre. Andere Knollen thun je nach ihrer Gestaltung das Gleiche. Sind solche Pflanzen in der Entwickelung ihrer Blüthen und Früchte begriffen, so fahren sie damit energisch fort, gleichsam um wenigstens die Nachkommenschaft zu sichern und bei Untergang des Einzelwesens die Art zu erhalten. Diesen letzten Umstand kennt ja auch jeder Pflanzensammler aus der Zähigkeit, mit der Liliaceen, Orchidaceen, Crassulaceen u. a. in der Presse noch weiter aufblühen und den Versuch schnellen Austrocknens zu vereiteln wissen.

In trockenen, unfruchtbaren Jahren zeigt sich dies noch in grösserem Maasstab. Unsere Obstbäume legen ihre Knospen für Blüthe und Belaubung stets vor Ende des Vorjahres an. Der Regel nach stehen dabei die Zahlenverhältnisse der beiderlei Knospen in Bezug auf den Ernährungsbetrieb in dem Verhältniss, dass demnächst die Laubsprosse zur Ausbildung der heranreifenden Fruchtmenge ausreichen. Nun beobachtet man in regenarmen Jahren, in welchen die Laubthätigkeit nur dürftige Erträge liefert, und dadurch die Fortexistenz der Bäume bedroht wird, dass diese ihre gesammten Nährstoffprodukte auf Anlage überzahlreicher Blüthenknospen verwenden, das Holzwerk aber und die Anlagen zur neuen Belaubung vernachlässigen. Die Folge ist im nächsten Jahre eine sehr reichliche Fruchternte, auf welche dann nicht selten aus Erschöpfung der Tod der Bäume folgt.

In allen diesen Fällen werden mit dem Wasser zugleich andere Nähr- und Baustoffe aus den zu opfernden Pflanzen-Theilen den zu erhaltenden zugeführt. Der hierbei erforderliche Umsatz der festen Verbindungen des Metaplasmas in flüssige transportable Stoffe, sowie des gestalteten Protoplasmas in flüssiges Plastin erfordert Aufnahme von Sauerstoff. Die dagegen abgegebene Kohlensäure führt abermaligen Substanz-Verlust herbei und beschleunigt damit den Prozess des Absterbens. Um so nothwendiger muss sich das ganze Nothwehr-Verfahren auf eine oder wenige zu erhaltende Knospen concentriren, die trotz stetiger Abschwächung des Individuums bis auf den letzten Augenblick neue Zellen und daraus neue Organe zu bilden fortfahren.

2. Wehrverfahren gegen Verwundungen und Verstümmelungen.

§. 3. Diese Resultate der Existenz-Verkümmerungen stellen indessen mehr einfache Reduktionen der normalen morphologischen Ausbildung dar, als Umänderungen derselben. Gewächse, welche ausser jener Lebenszähigkeit zugleich mit kräftigem Reproduktions-Vermögen begabt sind, greifen nun auch zu diesem letzteren Hülfsmittel.

Der Ergänzungstrieb solcher Pflanzen macht sich dabei in zwei entgegengesetzten Richtungen geltend. Entwurzelte Pflanzen suchen sich von neuem zu bewurzeln, entlaubte dagegen zu belauben, und zwar beides an solchen Körperstellen, die dazu nicht vorbestimmt sind. Dabei wird zugleich oder noch zuvor eine Wiedervereinigung der getrennten Theile versucht. Neue Laubsprosse, neue Wurzelsprosse, neue Zellgewebsschichten sind die Erzeugnisse, die hierzu verwendet und benutzt werden können. Dass die vom Winde entwurzelten Weiden,

Pappeln u. s. w., auf dem Boden liegend, neue Wurzeln in denselben senden, dass solche Pflanzen, dicht über der Wurzel des Stammes zusammt der ganzen Belaubung beraubt, aus dem Stumpf des Stammes reichlich neue Laubsprosse treiben, ist allgemein bekannt. Ebenso vermögen Baumstämme, die der Wurzeln und zugleich der Belaubung beraubt sind, nach oben neue Laubzweige, nach unten neue Wurzeln sich zu beschaffen. Zu diesem Zwecke reichen selten die früher angelegten und noch schlafenden Knospen allein aus; vielmehr müssen meist neue Zweig- und Wurzelanlagen aus dem Cambium-Gebiet entwickelt werden.

Ist die Trennung der Glieder vom Stamm oder die Zertheilung des ganzen Individuums nicht vollständig ausgeführt, so wird häufig zunächst eine Heilung versucht. Denken wir uns z. B. einen Stamm oder einen Zweig geknickt, aber seine Bruchstücke noch mit einem Theil des Holzes oder der Rinde verbunden, so wird zuerst dasjenige Gewebe, dessen eigentliches Geschäft die Neubildung ist, in energische Thätigkeit treten und die Bruchstelle mit Zellenlagen zu überwachsen suchen, welche geeignet sind, beide Theile wieder passend zu vereinigen. Bleibt dies unausführbar, oder wird die Trennung alsbald eine vollständige, so schreitet dasselbe Gewebe zur Erzeugung von Zellmassen, welche die Wundfläche überdecken und die getrennten Theile beiderseits vor dem Verderben schützen. Zahlreiche Beispiele finden sich hierfür in der freien Natur. Allein so viele deren auch hier der stete Kampf ums Dasein liefern mag, so lassen sich doch die dabei stattfindenden Vorgänge einfacher an den Verletzungen, die absichtlich zu Zwecken der Kultur an Pflanzen vorgenommen werden, durchschauen und in ihrer Bedeutsamkeit für das Verständniss des Abwehr-Verfahrens erkennen. Das Beschneiden und Stutzen, das Richten oder Entlauben, die Vermehrung durch Stecklinge oder Ableger, das Veredeln sind wesentlich die gärtnerischen Zwangsmittel dieser Art, die deshalb nebst ihren Ergebnissen hier eine nähere Betrachtung erheischen.

Zu beschneiden pflegt man die Kultur-Pflanzen, theils um ihrem Wuchs eine bestimmte Form zu verschaffen, theils um ihren Ertrag an Nährstoffen besonderen Theilen zu besonders gewünschten Produktionen zuzuwenden. Dies Verfahren stützt sich auf gewisse biologische Regeln im Aufbau der Holzgewächse, welche die Beobachtung ergiebt.

Dass die Bäume durch Höhenwachsthum ihre Laubmasse über die Nachbarn hinaus emporzuheben trachten, ist eine allgemeine Erfahrung. Jeder im Vollwuchs stehende dikotyle Strauch oder Baum legt an jedem Spross vor Beendigung der Vegetations-Periode zunächst sämmtliche Knospen an, deren er sich im nächsten Jahre zur Beschaffung einer neuen Sprossgeneration bedienen will; dann aber entwickelt er auch noch eine Anzahl anderer, um sie für den Nothfall zu reserviren. Jene werden im Innern so weit fertig gemacht, die Blätter und Blüthen soweit angelegt, dass sie in kürzester Frist unter Verwendung der bereitgehaltenen Nährstoffe ausgetrieben und fertiggestellt werden können. Diese Reserve-Knospen dagegen, die sog. schlafenden Knospen, werden nur in den ersten Grundzügen angelegt und alsdann, mit Schutzblättern wohl überdeckt, in Ruhezustand versetzt. Unter jenen zum ersten Austrieb vorbereiteten Knospen sind nun nicht selten Blüthen- und Laubknospen untereinander verschieden. Abgesehen davon aber werden auch noch die gleichartigen Knospen verschieden benutzt.

Je höher der Baum mit seiner Krone gelangt, desto grösserer Vortheil ergibt sich für ihn. Das neue Höhenwachsthum aber ist wesentlich von den Reserve-Nährstoffen auszuführen oder doch dadurch wenigstens zunächst in Gang zu bringen. Je grösser nun die Zahl der auszubildenden Zweige ist, desto geringer wird der Bruchtheil der vorräthigen Nährstoffmasse sein, der auf einen jeden derselben verwendet werden kann. Somit erscheint es nützlicher, wenn dieses Kapital ungleich vertheilt wird, wenn einige der neuen Sprosse grössere Portionen von Nährstoffen erhalten, und ihnen hauptsächlich die Aufgabe zugetheilt wird, Laub zu entwickeln und zur Hebung desselben ihre Stengelglieder möglichst zu strecken. Je höher an sich aber ein solcher treibender Laubspross schon steht, desto besser ist es für den ganzen Baum. Dementsprechend werden daher bei der Mehrzahl der Holzgewächse jedesmal die obersten Knospen jedes vorjährigen Sprosses am stärksten ernährt und zur grössten Länge entwickelt, die Gipfelknospe selbst am allerlängsten.

Dieser letzten allgemeinen Regel treten dann noch zwei andere Regeln von weitreichender Gültigkeit zur Seite. Einerseits nämlich kann jede Knospe trotz der erwähnten Prädestination die Rolle, die sie nach der ersteren Regel zu spielen hat, auch ändern. Andererseits aber wird allgemein der Austrieb der neuen Sprossgeneration zunächst mittelst derjenigen Metaplasma-Vorräthe, die unmittelbar unterhalb des austreibenden Sprosses im Muttersposs selbst aufgespeichert sind, eingeleitet, alsdann aber, da dies natürlich nicht ausreicht, durch Zufuhr aus immer tiefer gelegenen Zweig- und Stammgegenden zu Ende geführt. Werden diese drei Regeln sorgfältig beachtet, so vermag der oben genannte Zweck des Beschneidens oft mit grosser Sicherheit erreicht zu werden.

Eine andere Regel von noch viel allgemeinerer Geltung für die ganze organische Natur ist die Ausbildung von verschwenderisch zahlreichen Anlagen vieler Theile, durch welche die Verluste, die alles Lebendige unvermeidlich bedrohen, gedeckt werden sollen. So ist auch die Zahl der für jede Periode angelegten Knospen gewöhnlich viel grösser, als nöthig wäre, besonders die Zahl der Fruchtknospen. Dem Züchter kommt es aber meistens mehr auf Kraft und Güte der Produkte an, als auf ihre Anzahl. Besitzt nun eine Laubkrone an ihren Sprossen viele Knospen, so wird das Metaplasma-Kapital des Baumes, wie oben gesagt, in ebensoviel mehr Theile zerlegt. Reduktion der Anzahl jener Knospen muss also den Antheil jeder einzelnen vergrössern. Opfert man einen Theil der Knospen, so werden die anderen, um so besser ernährt, um so Besseres hervorbringen. Schneidet man an jedem einzelnen Spross die Hälfte ab, so geht zwar mit der Hälfte der Knospen die in der halben Sprosslänge aufbewahrte Reservestoff-Menge verloren, doch ist diese gegen die Masse, die im ganzen Baume aufgespeichert ist, nur gering. Diese aber wird nun unter der halben Knospenanzahl getheilt, und somit erhält jede einzelne Knospe fast die doppelte Menge als zuvor. Ist dies Verhältniss einmal erkannt, so folgen daraus viele einzelne Kunstgriffe von selbst.

Biologisch von Interesse ist dabei vorzugsweise die Thatsache, dass, nachdem den Einzelsprossen diejenigen Knospen entnommen sind, welche zu der stärksten und ausgiebigsten Entwicklung angelegt und ausgestattet waren, nunmehr solche, denen nur geringere Ernährung zu mässigerem Wachsthum zugedacht war, in die Stelle und Funktion jener eintreten. Die nunmehr oberste Knospe liefert den stärksten Trieb, und ihre Nachbarinnen abwärts folgen in der Reihe ihrer Stellung, so zwar, dass überhaupt alle zusammen eine grössere Stärke und Länge erreichen, als wenn der Zweig nicht gekürzt worden wäre.

Hieraus folgt also, dass nicht die Anlage der Knospe allein ihre zukünftige Produktion bedingt, sondern diese von den Gestaltungsregeln abhängt, die das ganze Baum-Individuum beherrschen. Sonach kann nach Verlust der obersten, an sich allerdings stärksten, Knospe eines jeden Zweiges jede fernere Knospe der Reihe nach zur Uebernahme der Hegemonie veranlasst werden, und selbst die gewöhnlich schlafenden Knospen der untersten Sprosstheile können derselben Ausbildung unterliegen. Es hat es daher der Baumzüchter in der Hand, jeder beliebigen Knospe diese Funktion zu verschaffen und die Krone des Baumes dadurch umzugestalten. In welch ausgedehntem Maasse dies geschehen kann, das beweisen die mannigfaltigen Formen der künstlich erzogenen Fruchtbäume. Die Theorie dagegen lernt daraus, dass die Gestaltungsregel des Individuums die Leistung der Einzeltheile im Interesse des Ganzen abändert und beherrscht.

Gewisse Fälle beleuchten dies noch schärfer. Bei den Holzgewächsen, deren Sprosse schon der Anlage nach geschieden sind in solche, welche ausschliesslich der Laub-Erzeugung, und solche, welche der Blüthenbildung dienen, können bei Verlust der sämmtlichen Laubknospen eines Sprosses die jungen Blüthensprosse ihre gewöhnlich seitlich inserirten Blüthenknospen vernachlässigen und mittelst der mittleren Laubknospe zu Laubsprossen auswachsen. Denn zur individuellen Fortexistenz sind Laubsprosse immer das Unentbehrlichste. Hiernach vermag dann auch der Baumzüchter das Verhältniss von Laub- und Blüthenbildung nach seinem Ermessen zu regeln. — In noch frappanterer Form zeigt sich dasselbe Streben bei Pflanzen mit sehr langen, biegsamen, kletternden Zweigen, wie die Weinreben. Diese sind besonders darauf angewiesen, durch übermässiges Längenwachsthum ihren Trägern und anderen Nachbarn über die Köpfe zu wachsen. Dazu treibt jede Rebe immer nur eine Anzahl ihrer besten, obersten Knospen aus. Biegt man nun die Rebe mit ihrer Spitze abwärts, so werden nicht die ursprünglich endständigen Knospen, sondern vielmehr diejenigen zu längsten Leitreben ausgebildet, welche nach der Krümmung am höchsten stehen.

Zahlreiche ähnliche Beispiele bekunden dasselbe, und in der Natur vorkommende zufällige Verletzungen bieten gleichfalls zahlreiche Belege dafür dar. Der Baum, der seinen Gipfel verloren hat, lässt eine oder auch einige der höchst gelegenen Knospen sofort durch gesteigertes Längenwachsthum die Führerschaft übernehmen. Niedergeworfene Stämme richten ihren Gipfelspross aufwärts oder treiben, wenn dies nicht ausführbar, einen anderen an seiner Statt. Selbst diejenigen Pflanzen, die von allen mit dem geringsten Reproduktions-Vermögen begabt sind, die Coniferen, betrauen nach Verlust ihres so elegant hervorragenden Scheitels irgend eine Seitenknospe mit Herstellung eines Stellvertreters für den Verlorenen. Den Verlust zu ersetzen, wird also in allen Fällen mit grosser Energie angestrebt. Dabei aber ist das Eine besonders zu beachten, dass kein Pflanzenstock jemals im Stande ist, den verlorenen Theil, sei es Spross, Wurzel oder Blatt in gleicher Form und an demselben Orte im wahren Sinne des Wortes wieder herzustellen, so wie etwa im Thierreich die Salamander den Schwanz oder einen Fuss wieder neu erzeugen, oder selbst warmblüthigen Thieren erhebliche Knochenstücke und Weichtheile vollkommen wieder wachsen. Die Wiedererzeugung der Verluste am Pflanzenkörper wird stets durch Heranbildung anderer Theile von Nachbarorten her zur Stellvertretung bewirkt.

Das Verfahren, mittelst dessen dies ausgeführt wird, ist zunächst eine Betriebs-Aenderung im Innern des Individuums. Die gelösten Wanderstoffe werden in andere Bahnen gelenkt und in anderer Richtung verwendet, als vorher bestimmt war. Darauf folgt dann die Funktions- und Gestaltänderung von Spross-Anlagen und darnach schliesslich die annähernde Wiederherstellung der verletzten und wichtiger Theile beraubten individuellen Gestalt. Oder es folgt, wenn dies unmöglich, die Ausbildung derjenigen Annäherungsform an die bisherige Gestalt, welche die gleichen individuellen Vortheile unter dem Zwang der veränderten äusseren Bedingungen so gut als irgend möglich zu erlangen im Stande ist.

Kann nun der Pflanzenkörper keine verlorenen Organe an demselben Orte und in derselben Gestalt wiederherstellen, sondern muss sich mit Ersatz in nächster Nähe begnügen, so wird dadurch ausser dem Beschaffen dieses Ersatzes noch ein Ausheilen und Vernarben der erlittenen Verletzung erforderlich, was weiter unten zu besprechen bleibt.

Stärker eingreifende Formen des Zurückschneidens von Bäumen, wie das Stutzen ganzer Aeste, endlich gar das Abtreiben von Baumbeständen bis nahe über dem Erdboden, haben in gleichem Verhältniss gesteigerte Wirkungen. Die Reproduktionstriebe erheben sich in immer mächtigeren Ausdehnungen. Es lassen sich zwar nicht alle, aber doch viele Baumarten solche Verstümmelung, die an Vernichtung der Individualität angrenzt, gefallen. Die Mehrzahl unserer Waldbäume und von den Fruchtbäumen z. B. die Pomaceen verjüngen sich selbst aus dem geringsten Stumpf des Stammes, viele sogar noch aus den Wurzeln. Hierzu ist aber die weitergehende Befähigung erforderlich, an Stellen, die von Anbeginn dazu nicht bestimmt waren, ganz neue Laubsprosse anzulegen und auszutreiben. Der Ort dazu ist das Cambium, von wo aus sie bald aus der Wundfläche, bald durch die Rinde ins Freie treten. Selten kommt freilich unter solchen, meist zahlreich erzeugten Schwestergebilden ein einzelner hervorragender Leitspross zur Geltung, vielmehr wird gewöhnlich durch gleichartiges Aufwachsen aller neugebildeten Sprosse aus dem ehemaligen Baume ein Strauch, es sei denn, dass die Kunst noch weiter zu Hülfe komme.

§. 4. In allen diesen Fällen wird zur Herbeischaffung des Baumateriales, das zu den Neubauten erforderlich ist, auf die Speicher-Reserven zurückgegriffen. In analoger Weise kann man nun auch in die normale Verwendung der neugebildeten Assimilationsprodukte des grünen Laubes modificirend eingreifen. Statt dass der Transport der Substanzen von unten her in andere Bahnen geleitet wird, kann auch der von oben rücklaufende Nährsaft abgelenkt oder ganz in seinem Fluss abgesperrt werden. Wie oben gesagt, wird die Blüthe unserer Fruchtbäume zwar von den aufgehäuften Nährstoffen vom vorigen Jahre bestritten, die Frucht selber aber vom Laube des laufenden Jahres gross gezogen und gezeitigt. Dabei sorgt durchschnittlich jeder Zweig für sich. Je mehr Blätter also ein Fruchtzweig hat, desto besser werden seine Erzeugnisse verpflegt. Entfernter stehende Blätter liefern unterdessen ihr Fabrikat an Assimilaten an die Fortbildungsstätten des Stammes, der Aeste und der Wurzeln und endlich an die Speicherräume der Reservestoffe ab. Hindert man nun solche Abführung zu allgemeinen Bauzwecken, so muss die zurückgehaltene Stoffmenge an Ort und Stelle verbleiben und wird dann der nächstliegenden Bildungsstätte, den reifenden Früchten, zugeführt. Solche Absperrung darf natürlich nur den Rücktritt des Nährsaftes, nicht den Herantritt des rohen Wurzelsaftes treffen. Sie erfolgt am besten durch die Ausführung des sog. Ringelschnittes. Durch Absperrung beliebig grosser Laubmassen vermittelst solcher Ringelung vermag der Strom des plastischen Saftes, der aus den Blättern abwärts zieht, abgelenkt und bestimmten, im Wachsthum begriffenen Theilen zugeführt zu werden, deren Ausbildung dadurch im Verhältniss gefördert wird. Zugleich werden dadurch auch die abgesperrten Zweigtheile zu stärkerem Dickenwachsthum veranlasst.

Ueberhaupt hat das Ringeln für die Ernährungsverhältnisse des ganzen Stockes denselben Erfolg wie das Abschneiden. Der Stock unterhalb der Zweiggruppe, die durch den Ringelschnitt abgegrenzt ist, benimmt sich fortan, als ob diese nicht mehr existirte, treibt z. B. unterhalb desselben neue Leitsprosse aus. Ist die Ringelung am Hauptstamme selbst unterhalb der gesammten Belaubung vorgenommen, so zeigt sich dies in besonders anschaulicher Weise. Die durch die Ringwunde getrennten Stücke verfahren nunmehr, als wären sie völlig getrennte Individuen, nur dass der untere Theil das Bodenwasser mitsammt den darin gelösten Substanzen für beide Theile beschaffen muss. Alles durch das Laub verarbeitete Nährmaterial aber behält der obere Theil für sich, reift seine Früchte und legt neue Zellgewebsschichten und Knospen an. Der untere Theil leidet Mangel und sucht, wenn er es aus seinem Reserve-Kapital von Baustoffen noch bestreiten kann, sich möglichst schnell neue Laubzweige zu verschaffen und sich so zu vervollständigen. Er entwickelt ganz neue Knospen nicht allein an Orten, an denen dies der Regel nach nicht zu geschehen pflegt, sondern auch an Theilen des Gesammtkörpers, deren Alter für gewöhnlich für Neubildungen dieser Art weniger geeignet erscheint. — Wie übrigens auch der obere Theil sich noch weiter durch Neubildung von Organen zur selbständigen Pflanze zu vervollständigen sucht, das wird demnächst noch genauer zu betrachten sein.

§. 5. Wie schon erwähnt, wird indessen in der Mehrzahl der Fälle ausser der Bildung von Ersatz-Auszweigungen und der nothgedrungenen verschwenderischen Ausbildung mancher Theile gleichzeitig der Versuch zur Wiederherstellung des richtigen ursprünglichen Zustandes, d. h. zur Wiedervereinigung der gewaltsam getrennten Körpertheile, unternommen. Das hierbei gebräuchliche Verfahren lässt sich indessen am einfachsten bei denjenigen gärtnerischen Eingriffen in die Pflanzen-Individualität beobachten, die künstliche Vervielfältigungen zum Zwecke haben, bei der Stecklings- oder Ableger-Vermehrung und der sogenannten Veredelung durch Pfropfen, Copuliren, Okuliren u. s. w.

Am vollständigsten zeigt sich dieser Vorgang bei der Vermehrung durch Stecklinge. Zweige kleineren Umfangs, meist einfache Laubsprosse, werden vom Pflanzenstock getrennt und in die Lage gebracht, sich zu selbständigen Einzelwesen vervollständigen zu können. Sie stellen dabei überhaupt die einfachste Form einer Laubkrone dar, welche ihrer Bewurzelung beraubt ist, und müssen also auch die Art, wie eine solche Bewurzelung wiederhergestellt werden kann, in einfachster Form erkennen lassen. Stecklinge können von der Mehrzahl der Phanerogamen mit Erfolg entnommen werden, und zwar theils im belaubten Zustande der sommerlichen Arbeits-Periode, theils im winterlichen laublosen Ruhezustande im Besitz aufgespeicherter Reserve-Nährstoffe. Je nach der specifischen Eigenthümlichkeit ist bald nur eine der beiden Verfahrungsweisen, bald sind beide anwendbar. Wird ein noch blattloser Spross gegen das Frühjahr hin vom mütterlichen Stock durch einen glatten Schnitt getrennt, so ersetzt dieser den Verlust leicht durch Austrieb anderer Knospen. Das Reis muss die schwierigere Aufgabe lösen, sich neu zu bewurzeln. Seine Stärke- und Kleber-Vorräthe sind meist noch in Ruhe, oder die Zellen, welche dieselbe bergen, sind schon im Begriff, sie in lösliche Formen umzusetzen und gegen die zum Austreiben bestimmten Knospen hin in Fluss zu bringen. Der trennende Schnitt ändert in auffallender Weise dieses sonst übliche und sogar unumgängliche Verfahren. Das Austreiben der Knospen wird in dem Augenblicke zur nutzlosen Verschwendung, da der Spross, der sie trägt, durch Trennung von seiner Bezugsquelle ausser Stande gesetzt wird, diese Knospen weiter zu ernähren. Völliges Verdorren wäre der neuen Triebe, wie des ganzen Sprosses unvermeidliches Loos. Deshalb wird sofort ein plastisches Nothverfahren ins Werk gesetzt. An dem Ende, mit welchem das Reis in den Boden oder ins Wasser gesteckt ist, werden Anlagen zu Wurzeln ausgebildet und nach Vermögen ausgetrieben. Gelingt es, mit denselben den Erdboden, der Wasser und Nährstoffe enthält, zu erreichen, so ist die Fortdauer des Stecklings gesichert. Dazu aber müssen die Substanzen, die der Regel nach im Körper des Stecklings aufwärts geschafft werden sollten, nunmehr an das untere Ende hin, also abwärts, transportirt und statt zu neuen Laub- oder Blüthensprossen zu der ganz abweichenden Gestaltung von Wurzeln verwendet werden.

Die Erzeugung dieser Adventiv-Wurzeln aus dem Grunde eines Steckreises ist eines der für die Biologie bedeutungsvollsten Ereignisse des Pflanzenlebens. Sie beweist am allerschlagendsten die Fähigkeit eines solchen Sprosses, lediglich aus Veranlassung seiner gewaltsam geänderten Lebenslage plötzlich und aus eigenem Vermögen den hergebrachten Wirthschafts- und Fortbildungs-Betrieb zu ändern und mit einem Theil der bildungsfähigen Zellgewebe Neubildungen herzustellen, welche der Regel nach nimmermehr an dieser Stelle, zu dieser Zeit und von diesen Zellgenossenschaften ausgeführt worden wären. Abänderung in der Richtung der Stoffwanderung und Umgestaltung der Organoplastik, durch Aenderung der äusseren Umstände veranlasst, tritt hier in der schärfsten Form hervor.

Dasselbe, was mit Steckreisern im Ruhezustand vor dem Knospenaustrieb gelingt, lässt sich auch mit belaubten Zweigen, die in voller Assimilationsthätigkeit und zugleich im Wachsthum begriffen sind, ausführen. Was oben von der Ausbildung der Früchte gesagt worden ist, dass dieselbe der Regel nach von den zunächst benachbarten Laubblättern übernommen werden muss, das gilt in analoger Weise von der Weiterentwicklung eines wachsenden Sprosses. Nur die im Frühjahr schnell fertig aufgebaute Generation von Laubsprossen unserer sommergrünen Holzgewächse, die eine geringe, nahezu constante Anzahl von Blättern ausbilden, ist ihrem ganzen Substanzbedarf nach auf Rechnung der Wintervorräthe zu setzen. Länger wachsende Sprosse dieser Gewächse sowohl, als auch der krautigen Pflanzen lassen dagegen ihre gipfelständige Hauptknospe auch noch von den unter derselben stehenden Laubblättern, die erst eben fertig und arbeitsfähig geworden sind, ernähren und fortbilden. Weiter abwärts an solchem Spross wird indessen schon wieder für den Gesammthaushalt der Pflanze, zur Verdickung der Zweige, Stämme und Wurzeln und zur Aufspeicherung des nächsten Reservebedarfs, gearbeitet. Von einer kleinen Zahl der obersten, ziemlich vollwüchsigen Blätter aber bewegt sich der plastische Saft aufwärts zur Fortbildung des Gipfels und der noch unentwickelten Blätter. Sobald nun ein solcher Spross, der in regem Wachsthum begriffen ist, von seinem Mutterstock getrennt wird, muss in ihm die gleiche Aenderung wie in dem mit ruhenden Knospen besetzten Reis stattfinden, der Saftstrom muss sich umkehren, um an der Basis die nothwendig gewordenen Wurzelneubildungen zu versorgen. Demnach hört mit dem Abtrennen des Zweiges sofort das Scheitelwachsthum desselben auf, da ein Substanzaufwand für diesen Zweck der Fortexistenz des Zweigs verderblich sein würde. Ja, man sieht die Sparsamkeit hier sogar noch zu weiteren Opfern schreiten. Wie ein leckes Schiff den im Augenblick nicht mehr zu haltenden, wenn auch sonst noch so unentbehrlichen und kostbaren Schatz des Mastes und Segelwerkes über Bord wirft, so entäussert sich der Steckling gewöhnlich der etwa an ihm schon angelegten Blüthen oder Früchte und reducirt auch die Menge der Laubblätter, so nöthig diese ihm gerade jetzt auch sein mögen, auf eine so geringe Anzahl, als durch die beschränkte Aufnahme von Bodenwasser noch ernährbar bleibt. Nicht selten müssen sogar sämmtliche zur Zeit arbeitenden Laubblätter geopfert und die Reproduktion von Wurzeln lediglich vermittelst des plastischen Baumateriales, das im Augenblick des Abschneidens vom Mutterstock fertig gestellt war, versucht werden. Gelingt die Bewurzelung, so werden neue Blätter aus dem Rest jener Substanzen angelegt, und nun tritt der normale Betrieb wieder ein.

Auch hier giebt es geschicktere und ungeschicktere Pflanzenarten. Manchen derselben gelingt die Reproduktion und Ergänzung überhaupt nicht. Sie entwickeln ihre Gipfelknospe oder ihre Blüthe weiter oder behalten zu viel verdunstende Blätter bei. So bringen sie keine Wurzeln zu Stande, indem sie ihre Ernährungsmittel in einer für die augenblickliche Nothlage verkehrten Richtung verbrauchen, und gehen darüber zu Grunde. Deshalb eignen sich manche Arten gar nicht zu solcher Weise der künstlichen Vermehrung, andere nur zu der mittelst Steckreiser im Ruhezustand. Auf der anderen Seite aber tritt bei manchen Pflanzenarten eine grosse Lebenszähigkeit auf das deutlichste hervor, indem ein dürftig ausgestatteter Steckling schliesslich alle Theile aufgiebt bis auf eine einzige Knospe, welche, auf Kosten der übrigen Theile erhalten, endlich an ihrer Basis neue Wurzeln und aus ihrem Inneren einen neuen Spross zu Stande bringt.

§. 6. Ein Seitenblick auf die theils in der Natur vorkommende, theils künstlich vorgenommene Entlaubung wird das Vorstehende noch heller zu beleuchten geeignet sein.

Das Opfern von Laub- und Blüthenblättern bei Stecklingen ähnelt der oben beschriebenen Aufopferung der Blätter bei Pflanzen oder abgeschnittenen Zweigen von Pflanzen, die ganz trocken gelegt sind. Bei diesen letzteren wird jedoch weniger ein Ersatz der Wurzeln angestrebt, als vielmehr versucht, das individuelle Leben zu retiriren und dadurch zu fristen, um schliesslich die Erhaltung der Art durch Ueberweisung aller Nährstoffreste an die Fruchtbildung zu erzielen. Die aufgegebenen Blätter vertrocknen dabei, je nachdem sie ausgesogen werden. Dagegen werfen die belaubten Stecklinge die überflüssigen und deshalb schädlichen Theile selbst in einer mit Wasserdampf fast gesättigten Atmosphäre ab, während dieselben noch saftig und frisch erscheinen. Kundige Gärtner benutzen diesen Hinweis des pflanzlichen Selbsterhaltungstriebes und entfernen selbst die überzähligen Blätter des Stecklings. Desgleichen pflegt man Pflanzenstöcke mit grösserer Laubkrone, wenn man sie verpflanzt und dabei ihre Bewurzelung zeitweilig ausser Thätigkeit setzt, entsprechend zu beschneiden, um die Ansprüche der Luftorgane an die Bodennahrung zu verringern und den Pflanzen das nöthige Material zur Ausbildung neuer Wurzeln an Stelle der zerrissenen zu belassen.

Hier also arbeitet überall die Gestaltsamkeit zuerst auf Herstellung des gestörten wirthschaftlichen Gleichgewichtes zwischen Ein- und Ausgabe hin, um erst dann die Gestalt wieder zu vervollständigen. Sie lässt sich dabei auf ganz andere Wege der Organoplastik hindrängen, als ihr bisher eigenthümlich waren. Andererseits aber zeigt sich, dass auch hier wiederum überall Einrichtungen getroffen sind, um solchen aussergewöhnlichen Schwierigkeiten mit Erfolg begegnen zu können. Die grosse Anzahl der Knospen, die für den regelrechten Bau überflüssig erscheinen, bilden den morphologischen, die überall aufgespeicherten Metaplasmata den chemischen Theil dieser Vorsichtsmaassregeln. Ohne zunächst diese Theile zu benutzen, lässt sich das Pflanzenindividuum nicht leicht zu einer neuen morphologischen Unternehmung hindrängen. Fruchtzweige, die entlaubt sind, ohne die Mittel zum Ersatz ihres Laubes beschaffen zu können, werfen auch ihre Früchte ohne weiteren Zeitigungsversuch ab (vgl. die Angaben bei Knight). Pflanzen, denen man zu irgend welchem Gebrauch ihre Blätter raubt, wie dies z. B. bei manchen blattreichen Kohl- und Knollengewächsen zu Gunsten der Viehfütterung geschieht, sehen sich dadurch zur Hervorbringung immer neuer Blätter aus ihrer Gipfelknospe genöthigt und verbrauchen dadurch immer wieder das von dem älteren Laube fertig gestellte, zur Aufspeicherung für die Blüthenbildung bestimmte Reserve-Material. Die lang vertagte Blüthe erscheint endlich auf dem hoch emporgetriebenen Träger aller dieser vergeudeten

Assimilatoren. Durch Insektenfrass entlaubten Pflanzen geht es ebenso. Im Grossen unterliegen solchem Schicksale oft ganze ausgedehnte Forst-Reviere. Die durch die gefrässigen Larven der Blätter beraubten Bäume sind dann gezwungen, nach dem Verlust der ersten eine zweite Laubausrüstung mittelst Austriebes einer neuen Sprossgeneration aus ihrem Reserve-Kapital zu bestreiten, nicht selten auch eine dritte und vierte, ohne dazwischen wieder genügende Einnahmen gemacht zu haben. Bis zu gänzlicher Erschöpfung wird die Reconstruktion des Ernährungs-Apparates vor jeder anderen Gestaltung angestrebt. Reicht der Vorrath dazu nicht aus, so sterben die wirthschaftlich zu Grunde gerichteten Bäume ab.

Dieser Vorgang im Grossen findet wieder in feiner angestellten Versuchen neue Beleuchtung. Schon oben ist gezeigt, dass Sprosse, die an ihrem Scheitel wachsen, zum Unterhalt dieser Arbeit nur die jeweilig jüngsten der ausgebildeten Blätter benutzen. Ringelt man einen derartigen Spross unterhalb weniger Blätter, so wächst er ungestört fort, die Wunde verheilt. Entlaubt man dagegen denselben eine längere Strecke abwärts, so fehlen ihm alsbald die Ernährer. Das Scheitelwachsthum stockt sofort, und zwar um so länger, je mehr Blätter von der Spitze abwärts entfernt worden sind. Endlich beginnt das Wachsthum aufs Neue. Aus weiter abwärts gelegenen Theilen des Pflanzenstockes haben fernerstehende Blätter Nährstoffe gesandt. Durch diese werden dann so viele Blätter ausgebildet, als erforderlich sind, um die Arbeit wieder für sich übernehmen zu können. Wird die entlaubte Spitze gleichzeitig geringelt, so kann der Succurs wegen der Unterbrechung der Zufuhrbahn nicht heran, die Spitze stirbt dann ab. So führt auch der am Mutterstock noch haftende Spross seinen Kampf ums Dasein theils mit eigenen Kräften, theils wird er von jenem unterstützt und in der Noth versorgt.

Auffallender noch als diese Regeneration von Laub und Wurzeln an den Stammtheilen sind die oben geschilderten Reproduktionen von Laubknospen an Wurzelstücken und noch seltsamer die von Knospen und Wurzeln an einzelnen Blättern. Die denkbar ungewohntesten Nothwehrversuche werden durchgeführt, um auf kühnem Umweg nicht sowohl das alte Wesen zu reconstituiren, sondern ganze Brutnester an dessen Stelle zu setzen, die dann schliesslich doch wieder die Gestaltung der Mutter, wenn auch in verjüngter Ausbildung, wiederherstellen.

Nicht minder seltsame Weisen nehmen die Vervollständigungsvorgänge bei den Veredlungsmethoden an. Künstlich getrennte und in anderer Weise vereinigte Theile gehen mit einander eine Wirthschaftsgenossenschaft ein, die den Anschein einer einzigen Individualität gewinnt. Um indessen dies näher ins Licht zu setzen, ist es nun nöthig, auf die feinere Zellplastik der in allen vorgenannten Fällen erwähnten Verheilungs- und Ersatzbildungen etwas näher einzugehen.

§. 7. Die morphologisch vollkommeneren Pflanzen sind nicht bloss dadurch bevorzugt, dass ihre einzelnen Organe die am passendsten differenzirten Gestalten besitzen, sondern besonders auch durch die leistungsfähigeren Reproduktionseinrichtungen, welche die Wehrhaftigkeit des Individuums sowohl, als auch der Species erhöhen. Vor Allem besitzen die Dikotylen in dem Vegetationspunkt des Scheitels, der am gewandtesten arbeitet, in den in allen Blattachseln bereitstehenden Sprossknospen, deren viele nur zur Reserve da sind, und endlich in dem Cambiummantel, der, den ganzen Holzkörper umschliessend, stets und aller Orten zu jeder Art von Neubildung bereit steht, ein reproduktives System, dessen Leistungsfähigkeit einen der wesentlichsten Züge der specifisch pflanzlichen Organoplastik ausmacht. Allein es ist mit diesen regulären Einrichtungen zur Reproduktion noch keineswegs abgethan. Die Zellgewebe der Dikotylen besitzen ausserdem ganz allgemein einen hohen Grad von Geschmeidigkeit des Theilungsverfahrens, die selbst den niederen Phanerogamen, und noch viel mehr der Mehrzahl der höheren Kryptogamen vollständig mangelt. Während bei dem ungestörten normalen Aufbau eines dikotylen Individuums die allmähliche Differenzirung der Gewebe mit einer schablonenhaften Regelmässigkeit sich vollzieht, die alle Abweichungen auszuschliessen scheint, beweisen die oben genannten und andere Störungen dieses Verlaufes vielmehr, dass die verschiedensten Dauergewebe ihre Sondernatur ohne Weiteres zu verlassen vermögen, um, von Neuem zu Bildungsgeweben umgewandelt, im Dienste des Ganzen sich in andere Formen umzugestalten, andere Arbeiten auszuführen und, so zu sagen, in alten Tagen noch ihren Beruf zu wechseln.

Den scheinbar einfachsten Fall stellt die Heilung einer oberflächlichen Rindenwunde dar. Wie bekannt wird dabei unterhalb einer oberflächlichen Verletzung des Zellgewebes unter Aufgabe einiger Zellenlagen, die den lebensunfähig gewordenen Zellen zunächst liegen, eine

Korkschicht angelegt und dadurch eine Borkenschuppe gebildet, die schliesslich zur Vernarbung der Wunde hinführt. Dabei können, wie überhaupt bei der Korkbildung, jederlei Zellen, deren Protoplasma noch in voller Arbeitskraft verharrt, die gleiche Rolle übernehmen; lange Reihen der verschiedensten Zellen verbinden sich mit einander Flanke an Flanke zur Erzeugung zahlloser, harmonisch gelagerter Tochter-Korkzellen. So verheilen die Wunden nicht allein in der Rinde von Stamm- und Wurzeltheilen, so verheilen vielmehr auch die Wunden an Früchten und Blättern, selbst solche Wunden, die tief in das Holz einschneiden. Bei letzterem Vorgange ist indessen noch ein vorbereitender Akt nothwendig.

Die einfache Durchschnittsfläche eines zum Steckling bestimmten dikotylischen Zweiges, welche sämmtliche Stengelgewebstheile durchschneidet, zeigt diesen Vorgang am anschaulichsten. Vorausgesetzt, dass die Schnittfläche dem Kulturzwecke entsprechend feucht gehalten wird, ist es selbstverständlich, dass diejenige Gewebeschicht die Abwehrthätigkeit beginnt, deren Aufgabe die Neubildung überhaupt ist, also das Cambium. Immerhin muss auch diese alsbald von ihrer gewohnten Theilungsregel ablassen und die entgegengesetzte Weise aufnehmen. Die reguläre Cambiumarbeit liefert horizontale Phalangen aufrecht stehender Faserzellen oder Parenchymreihen in concentrischer Schichtung. So wird die Dicke der Holz- und Rindenmasse vergrössert. Nunmehr aber darf davon nicht weiter die Rede sein, bevor nicht die Wunde geschlossen ist. Hierauf allein muss einstweilen jede disponible Zellstoffmolekel verwendet werden. Die der Wunde zunächst gelegenen, lebendig gebliebenen Cambiumzellen spalten sich also nicht weiter der Längsrichtung nach, sondern theilen sich in die Quere, die heranwachsenden, relativ kürzeren Tochterzellen aber strecken sich und schieben sich über die Ebene des Wundschnittes hinaus. Hier gehen diese Zellreihen dann in Allwärtstheilung zur schnellen Erzeugung grösserer Massen parenchymatischer Zellen von neutraler Form über, welche sich nun zuförderst beiderseits schützend über die Wundfläche hinbreiten, bis diese ganz überdeckt ist, und damit zugleich eine Matrix für jede beliebige, etwa erforderliche Gewebeform darstellen. Soweit solches Muttergewebe von der äusseren Luft berührt wird, pflegt es das zum Schutz gegen diese Luft übliche Sondergewebe des Korkes zu erzeugen. Wo es sich dagegen mit Wasser oder feuchtem Boden in

Berührung findet, widmen sich seine äusseren Zellen ohne Weiteres der Aufgabe des Einsaugens. Sobald nun aber in dieser Weise der wurzellose Spross an seiner Wundfläche vernarbt und mit provisorischen Einsaugungsorganen, die ihm einstweilen die Wurzel vertreten, versehen ist, vermag er auch von Neuem zu assimilirender Thätigkeit überzugehen. Nichts desto weniger wird zuvörderst die Erzeugung ächter Wurzeln ins Werk gesetzt. Theils in dem neu erzeugten Muttergewebe, theils an verschiedenen, vorher nicht bestimmbaren Stellen des der Schnittfläche benachbarten Cambiums treten kleinere Zellgesellschaften zur genossenschaftlichen Erzeugung eines Wurzel-Blastemes zusammen, vermehren und sondern sich zu den verschiedenen Histogenen und drängen sich, zur jungen Wurzel gestaltet, auf nächstem Wege ins Freie, bis sie wässerige Nährlösungen finden und einsaugen können. Gelangen diese ersten Wurzeln nicht zu diesem Ziele, so werden immer neue nachgesendet, selbst bis zur Erschöpfung, gerade wie es in den oben erwähnten Fällen mit den Blättern geschieht.

Nicht allein aber ist es das Cambium, welches hervorwächst und das besprochene Muttergewebe bildet, sondern es pflegt sich das Rindenparenchym in erster und das Markgewebe, wo es noch thätig ist, in zweiter Linie demselben Verfahren anzuschliessen. Dreierlei Zellgewebe bilden so in gleichem Theilungsverfahren, das allen dreien bisher gleich fremd gewesen ist, gleichartige Neubildungen. Dagegen betheiligen sich der Regel nach weder die Holz- noch die Bastfaserzellen, noch die Holzgefässe an dieser Leistung; das Verhalten der Bastgefässe dabei ist noch nicht mit genügender Sicherheit festgestellt worden. Es quellen also die Mark-, Cambium- und Rindenzellen, jede Gesellschaft an ihrem Orte, hervor, überwachsen die dazwischen gelegenen Faserzellen, deren durchschnittene Individuen absterben, und vereinigen sich zu einer gemeinsamen Masse. Diese erreicht oft eine bedeutende Ausdehnung, überquillt in allen Richtungen den Sprossstumpf, treibt ihn selbst in die Dicke, insofern das Theilungsverfahren sich sogar innerhalb der alten Gewebe fortsetzt, und gelangt so zu jener schwielig-knorpeligen Bildung, die ihr den Namen Callus verschafft hat. Ihre Zellen sind jetzt wie jedes andere Meristem zu jederlei Neubildung fähig, beginnen dieselbe aber zunächst meist ziemlich regellos und finden sich erst allmählich in die der Art und dem Individuum entsprechenden typischen Formenkreise hinein. — Diese Art des Meristems dürfte zweckmässiger Weise als Blastogen zu unterscheiden sein. Wo dasselbe in seinem Fortwachsen von Wasser oder feuchter Luft umgeben ist, pflegt es in immer grösseren Massen herauszuwuchern und oft recht auffallende Gestalten anzunehmen, in denen einzelne Zellreihen fast kryptogamischen Wachsthumstypen ähneln. Wo dagegen der neue Callus von trockener Luft umgeben wird, umhüllt er sich bald mit einer schützenden Korkschicht.

Vernarbung der Wunde und Reproduktion gehen in dem besprochenen Falle Hand in Hand. Aehnliches findet in umgekehrter Weise bei den bewurzelten Stümpfen von Stämmen statt, denen die Laubkrone genommen ist. Auch bei solchen ist das Cambium der Bildungsheerd, und, sind die Stümpfe schon Jahre alt, so bleibt dasselbe auch die alleinige Quelle, aus der sich die Neuzellen hervordrängen. Dem periodischen Zuwachs des Stammes entsprechend setzen diese die Schichtung der Jahresringe oft in Jahre langer mühsamer Arbeit fort und überpolstern verwundete Theile von grosser Ausdehnung, die ihrerseits infolge ihrer Zusammensetzung aus durchschnittenen Holzbündeln zu ihrer Vernarbung selbst nichts beizutragen vermögen. Endlich kann der Stumpf ganz und gar durch eine solche Ueberwallung von vollkommener Eleganz abgeschlossen werden. Aus dem cambiumartigen Muttergewebe entstehen in diesem Fall, wie aus dem regulären Cambium selbst, Holz- und Rindenlagen in vollständiger Ausrüstung, und diese bedecken sich mit Kork. Gehört dann ein solcher Stumpf einer Pflanzenart an, die zur Reproduktion von Laubsprossen befähigt ist, so entstehen diese in der Cambiummasse ebenso als vollständige Neubildungen, wie oben die Wurzeln.

Das Material zu dieser Ueberwallung sowohl, wie zur Bildung der Adventivblasteme stammt zunächst aus den Speichervorräthen des Stumpfes und seiner Bewurzelung und wird erst weiterhin durch die gebildeten Neusprossungen fort und fort vermehrt. In Ausnahmefällen kann auch in anderer Weise dies nothwendige Material herbeigeschafft werden, wie beispielsweise interessante Fälle von Bäumen beweisen, die, wie die Fichte, nicht selbst die Fähigkeit besitzen, Zweigreproduktionen zu Stande zu bringen. Bei solchen Baumarten kommen zuweilen einzelne Individuen dadurch, dass einzelne ihrer Wurzeln mit denen benachbarter Stämme derselben Art zufällig verwachsen waren, in die glückliche Lage sich Nährsubstanzen zu einer Ueberwallungsmasse für den Baumstumpf zu verschaffen, deren andere weniger glückliche Nachbarn entbehren müssen.

Im Gegensatz zu diesen Verheilungen und Reproduktionen, die an älteren Stümpfen oder Wurzeln sehr vieler Baumarten leicht erfolgen, erscheint es auffallend, dass die Stümpfe von kleineren Aesten und Zweigen, denen die laubtragenden oberen Theile genommen sind, der Regel nach weder überwallt noch auch nur durch Kork vernarbt werden. Vielmehr lässt der Mutterstock, sei er holzig oder krautig, das obere Ende eines gestutzten Zweiges mindestens bis zur obersten der zurückgebliebenen lebendigen Knospen oder dem obersten Laubblatt einfach und ohne irgend einen Versuch zur Hülfe absterben. Verhältnissmässig schwache Stümpfe werden sogar mitsammt den untersten noch lebendigen Knospen preisgegeben.

§. 8. Das Vernarben und Ueberwallen der Schnittflächen von Stümpfen hat den doppelten Zweck, den Stumpf wiederum organisch für sich abzuschliessen und, wenn möglich, die fehlenden Organe durch Neubildungen wieder zu gewinnen. Bei anderen Wunden indessen und zumal bei den besprochenen Ringelungen wird zunächst ein wirkliches Zusammenheilen versucht, um die zerstückelte Individualität wieder als Einheit herzustellen. Die Mittel dazu sind dieselben. Aus der oberen und unteren Wundlippe einer durch Entrindung entstandenen Holzblösse drängt sich wie beim Steckling oder Stumpf zunächst das Cambium vor und erzeugt einen ringförmigen Callus von Blastogen. Je nachdem nun die Wunde von feuchter oder trockener Luft umgeben ist, kriecht diese Neubildung entweder streifenweise auf der Holzblösse hin, bis dieselbe überbrückt, eine Verbindung beider Wundränder hergestellt ist, oder bleibt kurz und eng umgrenzt. Wird die Wunde künstlich durch Verbände feucht gehalten, so treten auch aus der Holzblösse selbst, und zwar aus ihren parenchymatischen Zellenlagen Blastogengruppen hervor, verbreitern sich ihrerseits und verbinden sich mit denen, die aus dem Cambium der Wundränder stammen, zu gemeinsamer Vernarbungsmasse. Ist dieselbe geschlossen, so reproducirt sie in sich die Theile der Rinde vollständig, constituirt ebenso einen neuen Cambiumring und setzt auch die Holzbildung in normaler Weise fort. Kleinere Ringwunden lassen bald keine Spur mehr zurück. In trockner Luft dagegen unterbleibt die Reproduktion aus der Holzblösse, und ein Ueberwachsen derselben kann nur von den Callusringen der Wundränder aus geschehen, die sich gegeneinander über die Holzfläche vorschieben, jede von schützender Peridermlage umgeben. Dabei leistet derjenige Rand das meiste, der der assimilirenden Laubmasse oder dem Reservestoffspeicher zugekehrt liegt, also gewöhnlich der obere. Bei sehr breiten Ringblössen gelingt die Heilung oft nicht, und ist der Tod eines oder beider getrennten Pflanzentheile dann das schliessliche Ergebniss.

Die Vernarbung von Stecklingen einerseits und Ringelungen andererseits giebt für die Art des Anheilens gepfropfter Zweige das passende Vorbild. Bei der letzteren wird nicht sowohl ein abgeschnittener Zweig zur Vervollständigung seiner Individualität durch Erzeugung von Wurzeln veranlasst, als man vielmehr versucht, ihm die ganze Bewurzelung — oft mitsammt dem Stamm — eines anderen Individuums zu Theil werden .zu lassen. Man bringt in einer Weise, welche mit der Heterotopie der geschlechtlichen Fortpflanzung Aehnlichkeit hat, verschieden begabte Arten oder Spielarten von Pflanzen so zusammen, dass sie ihre specifischen Leistungen combiniren. Die Theile einer Art mit guten Früchten und diejenigen einer anderen Art mit besonders leistungsfähigen Wurzeln werden z. B. zu neuen Individualitäten mit einander verbunden, welche nun beiderlei Vorzüge zugleich darbieten. Man setzt ganze Sprosse (Edelreiser) oder auch nur einzelne Knospen (Edelaugen) der einen auf die ihrer Belaubung ganz oder zum Theil beraubten Stengelstümpfe der anderen Pflanze (des Wildlings) so auf, dass die entstandenen Wundflächen an einander heilen und vernarben, und somit beide Theile zu einer organischen Einheit verbunden werden. Zu dem Zweck werden von den zu vereinigenden Theilen die durchschnittenen Cambiumschichten möglichst schnell und möglichst innig in Verbindung gebracht. Dieselben bilden dann an ihrer Berührungsfläche und ausserdem über die Wundfläche hin beiderseits ein Blastogen und verlöthen diese zugleich zu einer Neubildungsmasse, aus welcher neue zusammenhängende Holz- und Rindenlagen hervorgehen. Je nachdem die Vernarbungs- oder Neubildungsgewebe dabei vom Wildling oder vom Edelreis ausgehen, gehören auch die daraus später hervorgebildeten Sondergewebe bald dem Typus des einen, bald dem des anderen an. Die Zellen beider Typen jedoch vermischen sich bis zur Unkenntlichkeit. Dadurch wird dann der Säfteverkehr zwischen beiden ermöglicht, und während der Wildling den Rohsaft aufsaugt und zuleitet, versorgt das Edelreis diesen mit assimilirten Stoffen. So bedarf kein Theil der Selbstergänzung; jeder sorgt für den anderen mit, und das Consortium arbeitet unter der Form und Firma eines einzigen Individuums. Dennoch wird meist von beiden die Selbstvervollständigung ausserdem noch versucht, in der Kultur aber begreiflicher Weise verhindert.

3. Wehrverfahren gegen Beugung, Bruch und Umsturz.

§. 9. Schon oben bei der Betrachtung der Zellgewebe, welche den Pflanzenkörper zusammensetzen, ist erörtert worden, wie eine bestimmte Zusammen- und Ineinanderfügung der biegungsfesten Holzfasern, der zähfesten Bastfasern, der quellbaren und bald positiv, bald negativ gespannten Parenchymmassen die Mittel hergeben, jeden Pflanzentheil in eine seinem Bauplan entsprechende Haltung zu bringen und in derselben zu bewahren. Allein nicht bloss im Allgemeinen werden die Pflanzenorgane in dieser Weise in eine erspriessliche Lage gebracht. Vielmehr erheischt jede einzelne Species, um ihre arteigene Physiognomie zu gewinnen, für alle ihre einzelnen Theile auch eine eigene bestimmte Richtung, die sie durch Combination der genannten Faktoren erzielt. Ja, jedes Individuum muss, um seine einzelnen Theile den zufälligen Standortsbedingungen anzupassen, in gewissem Maasse selbständig mit jenen Mitteln verfahren. Wie weit nun die Macht der individuellen Gestaltsamkeit in Anwendung dieser Mittel zur Erreichung seiner ganz speciellen Ziele reicht, das ist im Folgenden näher zu beleuchten.

Allüberall in jedem Atom des Pflanzenleibes ist die Schwerkraft thätig, und unerbittlich wirkt sie in demselben zu jeder Zeit. Oftmals wiederkehrend drückt ferner die herrschende Luftströmung gegen den aufwachsenden Stamm. Von vorne herein muss also, in jedem Moment des Weiterwachsens, für jedes noch so kleine Theilchen materieller Zufuhr in den Stamm oder Zweig für die entsprechende Erhöhung der Tragfähigkeit und Widerstandskraft desjenigen Theiles, der damit belastet werden soll, gesorgt werden. Das geschieht nun in der Regel so, dass Belastung und Kräftigung des Trägers, einander gleichgemessen, der Zeit nach zusammenfallen. Es tritt die von der Schwerkraft oder dem Wind angedrohte Richtungsstörung — so weit eben die Leistungsfähigkeit des Pflanzenindividuums überhaupt reicht — gar nicht erst ein, sie wird von vorn herein abgewehrt.

So geschieht es bei allem regelrechten Aufwuchs, bei jedem Aufbau eines normalen Pflanzengebäudes, allerdings in sehr verschiedenem Maasse. Wie in allen anderen Formen- und Grössenverhältnissen, so bieten auch die verschiedenen Pflanzenarten in Bezug auf ihre Haltung und Richtung unterschiedliche Abstufungen und Besonderheiten dar.

Während die Mehrzahl der Pflanzenarten ihren Hauptstamm direkt und senkrecht dem Lichte zu aufwärts reckt und die Auszweigungen, so gut es die Umstände erlauben, seitlich unter mancherlei Winkeln ebenfalls der Lichtquelle zuwendet, giebt es doch auch andere Arten, die andere Gestaltungen vorziehen. Jede denkbare Art von Richtung gegen die Lichtquelle und den Horizont findet bei irgend einem Organ irgend einer Species ihre Anwendung. Allwärts wendet die Eiche, die Ulme, die Linde, die Rosskastanie ihr Geäst dem Licht und der Luft entgegen. Neben der vertikal aufstrebenden Spitze der Fichten, Pappeln und Eschen recken sich ihre Zweige spitzwinklig ebenfalls nach oben. Horizontal oder etwas gesenkt ragen die Aeste der Edeltannen gegen den Horizont. Die Trauerweide und die entsprechende Birkenform lassen die Enden ihrer Zweige senkrecht hängen und gewinnen trotzdem, sogar mit geringerem Kostenaufwand, für lange Folgen von Laubblättern die erforderliche Lichtstellung fast ebenso gut, als ob die Zweige aufwärts gerichtet wären. Die Sprosse von *Hieracium Pilosella*, *Ajuga reptans*, *Lysimachia Nummularia* und zahlreicher anderer Kriechpflanzen wachsen wagerecht auf dem Boden hin und legen ihre Blätterreihen flach auf denselben auf. *Oxalis* und *Adoxa* senden gewisse Sprosse zeitweilig senkrecht in die Erde hinab, um sie erst später wieder auftauchen zu lassen. Alle diese und zahlreiche andere Differenzen in den Wachsthumssitten der Pflanzen sind aber nicht mehr und nicht weniger, wie alle anderen Gestaltungsreihen, aus den Faktoren der specifischen Besonderheit und der Standortsnatur hervorgegangen und stellen demnach Nützlichkeitseinrichtungen dar, die den allgemeinen Wirthschaftsbedingungen angepasst sind. Eine jede derselben wird von der Pflanzenspecies, welche sie einmal als Eigenthümlichkeit besitzt, mit Hartnäckigkeit gegen die Einflüsse, welche die Richtungen ihrer Sprosse zu ändern trachten, festgehalten und vertheidigt.

§. 10. In Gegenden, in welchen die Winde gewisser Himmelsrichtungen durchschnittlich stärker zu sein pflegen als die aller übrigen, nehmen die freistehenden Bäume, dem steten Drängen nachgebend, zuletzt dauernd eine entsprechend geneigte Haltung an, wie man im nördlichen Deutschland dieselben fast sämmtlich etwas von Nordwest nach Südost geneigt sieht. Auch die Laubkrone gestaltet sich oft zu einem deutlich nach Südost gewendeten Schopf. Weniger auffallend im Aeussern, aber ungleich eingreifender sind indessen die Erfolge für den histologischen Aufbau. Die Stämme werden nicht cylindrisch ausgebildet, sondern erhalten durch excentrische Jahresringe einen elliptischen oder ovalen Querschnitt, mit seitlich verschobenem Marke. An der Windseite werden die Jahresringe der Regel nach dicker. So gewinnt der Stamm in der gefährdeten Diametralrichtung an Widerstandskraft. Auffallender noch tritt diese Excentricität an Wurzeln und Aesten älterer Bäume auf. Besonders hohe und schlanke dikotylische Stämme verschaffen sich gegen die Luftbewegungen, welche bei der gewaltigen Länge des Hebelarms mit riesenhafter Kraft ihren Wipfel zu beugen oder umzubrechen drohen, eine Strebevorrichtung, welche mit weniger Stoff mehr leistet, als eine gleichmässige Verdickung des Stammes und der Wurzeln. Wo eine Seitenwurzel nahe der Erdoberfläche schräg von der Hauptwurzel aus in den Boden hinabsteigt, wird das Dickenwachsthum derselben, je älter sie wird, desto ungleicher. Die Holzlagen des Wurzelkörpers bilden nach oben immer dickere, nach unten immer feinere Schichtungen und erzeugen somit auf der oberen Seite der Wurzeln kammartige Rücken, welche bald über die Erdoberfläche hervortreten und sich, wie ein Strebepfeiler hoher Mauern, unter steilem Winkel an der Fläche des Stammfusses in die Höhe spannen. So entstehen radial den Stammgrund umgebende, massive, aber schmal excentrische Holzkämme, welche stützend und haltend den hoch aufragenden Stamm nun auf breitester Basis befestigen und leicht die herrschende stärkere Windrichtung dem Beschauer verrathen. Wenn schon unsere Bäume, besonders die Pappeln und Tannen, in die Augen fallende Beispiele hierzu zur Genüge darbieten, so finden sich deren in den tropischen Urwäldern unter den Baumriesen, die dieselben zusammensetzen, in den kolossalsten Dimensionen entwickelt. Wie die Strebepfeiler hoher Dome, so reichen hier jene Wurzelpfeiler wie gewaltige Holzwände an den Stämmen aufwärts.

Was dann die Dikotylen auf diese ausserordentliche Weise vollenden, das suchen die monokotylen Bäume wie Pandanen, Dracaenen, Agaven etc. durch Luftwurzeln auszuführen, die in immer grösserer Anzahl, je älter der Baum wird, den am unteren Ende allzu dünnen Hauptstamm wie Stelzen und zugleich wie Taue umgeben, stützen und festigen.

Wenn der Wind so den Stamm nebst dem Wurzelwerk umgestaltet, so vollzieht dieselbe Kraft dieselbe Aenderung auch an dem stärkeren Geäste der Laubkrone. Allein viel allgemeiner und durchgreifender bewirkt hier die allgegenwärtige Schwerkraft ähnliche Resultate. Fast kein Baumast von einiger Stärke ist cylindrisch oder hat concentrische Holzschichten. Ueberall vielmehr ist die Richtung der Schwerkraft die bevorzugte, bald indem die Schichten der unteren, bald indem die der oberen Seite die stärkeren sind. Je horizontaler der Zweig liegt, d. h. also an je grösserem Hebelarm er die Laubmasse an seinen Enden zu tragen hat, desto schärfer spricht sich seine Excentricität aus. Der dadurch gewonnene Vortheil für die Tragfähigkeit liegt auf der Hand. Was also die oben schon besprochenen Bauregeln in Bezug auf die Anordnung der Holz- und Bastfasern überhaupt feststellten, das findet hier in der Ausbildung des Individuums, gerade dessen Eigenthümlichkeiten angepasst, eine ebenso scharfe Ausprägung.

Was sich langsam im Laufe von Jahrzehnten und Jahrhunderten an den Riesenbauten des Pflanzenreiches, wie an den steinernen Bauten der Menschenhände aufbaut, das vollzieht sich in ähnlicher Weise im Zeitraum von Tagen und Stunden auch an den weichen Theilen krautartiger Gewächse. —

In den vorstehenden Fällen sind es bewegende Kräfte, die die Pflanzentheile aus der nützlichen Richtung abzulenken suchen. Gegenbewegungen des Individuums vereiteln die Wirkungen derselben und beweisen dadurch eine im Pflanzentheil wirkende gleiche Kraftäusserung. Die technischen Mittel der letzteren bestehen einfach in der Anlage neuer Zellschichten, der Streckung und Festigung der schon vorhandenen. Da die Richtung aller Pflanzentheile eine nach dem biologischen Plane der Art bestimmte ist, so wird eben diesem Plane entsprechend so viel Baumaterial zur Befestigung des bedrohten Theiles eingeführt und zur Bildung von festigenden Zellformen verwendet, bis das feindselig wirkende dynamische Moment genau zum statischen Gleichgewicht herabgedrückt wird. Kein Wunder, dass die rechnende Physiologie gerade die statischen Faktoren nachweist, welche ein der wirkenden Kraftgrösse genau gleichkommendes Produkt ergeben. Man konnte dies auch so schon begreifen. Wie gewaltige Kräfte dabei aber in der That von der Zähfestigkeit und Beugungsfestigkeit der Zellstoffwände aufgebracht werden, ist immerhin erstaunlich genug.

Der gerade aufragende 80 Fuss hohe Stamm einer Eiche, der in solcher Höhe, dieselbe als mittleren Angriffspunkt genommen, einem Luftstrom von 2 m Geschwindigkeit nur eine Fläche von 100 □m entgegenhält, hätte mithin hier einer Kraft von . . . . Widerstand zu leisten; folglich muss seine Basis eine Biegungsfestigkeit besitzen von . . . .

Hiernach schon ist die Grösse der im Pflanzenzellgewebe aufzubringenden Widerstands-Arbeit ersichtlich. Beispiele kleinerer Gewächse ergeben fast noch auffallendere Thatsachen.

Jeder Zoll, um welchen die Ansatz-Fläche eines Astes oder Blattstieles am Stamme in vertikaler Richtung wächst, vergrössert den kürzeren Hebelarm, der den Widerstand leistenden darstellt, im Verhältniss zum längern, auf dem die Last liegt, zu Gunsten der zu vollbringenden Leistung. Jeder Fuss, den die Spannrücken der Baumwurzeln an der Basis des Stammes an vertikaler Ausdehnung gewinnen, vergrössert ebenso den kürzeren Hebelarm, mittelst dessen die hohe Säule des Baumstammes in ihr Ruhelager eingebettet ist, gegenüber dieser Stammhöhe, an welcher als dem längeren Arme der Wind rüttelt.

§. 11. Den Kräften, welche die den Pflanzengliedern erspriessliche Richtung abzuändern und dadurch nachtheilig zu wirken drohen, arbeitet die architektonische Plastik des Sprossaufbaues von Anbeginn an entgegen. Unter gewöhnlichen Verhältnissen vermag sie ihnen das Gleichgewicht zu halten. Aber oft erliegt die innere Kräftemasse auch den Angriffen der äusseren Kräfte, besonders wenn dieselben plötzlich und gegen die gewohnte Regel eintreten. — In anderen Fällen wiederum bedürfen einzelne Theile des individuellen Organismus zu verschiedenen Zeiten einer verschiedenen Stellung und Haltung schon nach dem planmässigen Gestaltungs-Gange des Ganzen. Stellungsänderungen dieser Art müssen sogar nicht selten plötzlich und mit Schnelligkeit ausgeführt werden. In solchen Fällen handelt es sich dann nicht darum, durch rechtzeitigen Einschub und Unterbau von Material und Gewebemassen das wachsende Gewicht der Theile des Pflanzenkörpers zu stützen, sondern darum, eine wirkliche Hebung gesunkener Theile oder irgend eine andere Winkelbewegung oder Drehung, kurzum eine sichtliche Ueberwindung der Schwerkraft auszuführen.

Schon oben ist erwähnt, dass der umgestürzte Weidenstamm aus seiner nun horizontalen Lage neue Wurzeln und neue Laubsprosse nach oben treibt, die in der ihnen zukommenden Richtung aufwärts, resp. abwärts wachsen. War der Stamm indessen beim Umsturz durch Wind oder andere Kräfte, die seine Haltbarkeit überwinden, mit belaubten Sprossen und Wurzeln versehen, so zeigt sich noch eine andere Erscheinung. Binnen wenigen Stunden haben sich die niedergelegten Zweige an ihren noch in der Ausbildung begriffenen oberen Theilen aufgerichtet, diejenigen Wurzeln aber, welche mit unverletzter Spitze erhalten blieben und nicht dem Vertrocknen anheimgefallen sind, suchen sich wieder zum Boden hinabzukrümmen. Freilich wachsen die Spitzen der beiderlei Organe nun in der wieder gewonnenen normalen Richtung weiter. Allein die erste Erscheinung bei diesem ganzen Vorgange ist von der Wiederaufnahme einer früheren Wachsthumsrichtung durch neugebildete Organe doch sehr verschieden. Nicht die Neubildungen nehmen die vorige Richtung auf, sondern schon Gestaltetes krümmt sich in einer sonst nicht üblichen Weise, bis Alles, was noch zu retten ist, in die regelrechte Stellung zurück geschafft ist. Nicht verhütet wird hier eine schädliche Bewegung, sondern eine nützliche Bewegung wird sichtlich in kurzer Zeit ausgeführt.

Welches immer die einer Pflanzenart zusagende und angestammte Richtung der einzelnen Sprosse sein mag, so kommt es doch stets auf die Ausbeutung von Licht und Luft an; dem entsprechend ist Entfernung aus der liegenden, Rückkehr in die aufstrebende Stellung in dem besprochenen Falle das augenblickliche Bedürfniss. Der normal aufspriessende Stengel lagert ringsum gleichmässig neue Stoff-Molekeln in die Zellwände ein, vermehrt diese Zellen selbst gleichzählig und wächst mithin im Gleichmaass aufrecht fort. Im liegenden Stamm ändert sich dies Verfahren sofort. Es ist nachgewiesen, dass alle derartigen Krümmungs-Bewegungen lediglich durch einseitig gefördertes Wachsthum der Zellgewebe ausgeführt werden. Die dem Erdboden zugekehrte Seite wird schneller gestreckt als die anderen, und alsbald vollzieht sich die Aufwärts-Krümmung und die Rectifikation der erlittenen Beeinträchtigung.

Aus dem Letzterwähnten aber wird ohne Weiteres klar, dass eine solche Biegung nicht mehr an Stengel-Orten statthaben kann, in welchen schon der Wachsthums-Vorgang vollkommen vollendet und die plastische Thätigkeit erloschen ist. Deshalb kann ein solches Correktions-Verfahren keineswegs überall stattfinden.

Dagegen sind es nicht bloss die Spitzen und Zweige ganzer Stämme, welche niedergelegt sich aufwärts zu krümmen im Stande sind. Jeder einzelne Zweig, über ein gewisses Maass hinabgebogen, vermag das Gleiche zu vollbringen. Ausserdem ist bekannt genug, dass abgeschnittene, flach gelegte oder schief gestellte Sprosse von Pflanzen der verschiedensten Arten in kurzer Zeit mit ihren Spitzen sich aufwärts biegen, soweit es die Plasticität der Gewebe irgend erlaubt. Jeder Pflanzensammler kennt diese Erscheinung von seiner Botanisirkapsel her, in welcher er des Morgens die Pflanzen, die über Nacht liegen geblieben sind, mit ihren Köpfen aufwärts gegen den Deckel gerichtet findet, als ob sie verlangend das Licht suchten. Zahlreiche wissenschaftliche Versuche haben die Erscheinung genauer verfolgt und die erwähnte Ursache derselben festgestellt. Je nach der Arteigenthümlichkeit aber haben sich reichliche Abänderungen gefunden; ja bei manchen Arten unterbleibt die Aufwärtskrümmung der Sprosse gänzlich. Denn wenn die Pflanzen normal ihre Zweige nicht aufrichten, erscheint es fast selbstverständlich, dass diese Zweige nach der Abtrennung vom Pflanzenkörper auch ihrerseits eine solche Aufwärtskrümmung nicht vollführen.

Worauf es bei allen diesen Vorgängen ankommt, ist, wie sich leicht einsehen lässt, die Wiedergewinnung der passenden Richtung gegen Luft und Licht behufs erspriesslicher Ausübung der Funktion der betreffenden Theile. Das lässt sich auch leicht direkt beweisen. Denn wenn man einen niedergelegten Zweig daran hindert, sich selbst aufzukrümmen, so bewegen sich wenigstens die Blätter so, dass sie aus der zufälligen ungünstigen Lage gegen das Licht wieder in eine passende Lage gelangen. Die Blattstiele, z. Th. auch die Spreiten selbst krümmen sich so lange, bis diese letztere Lage erreicht und die Schädigung ausgeglichen ist. Diese Erscheinung ist so allgemein, dass sie auch da jedermann entgegentritt, wo selbst von gewaltsamen

Eingriffen in die normale Stellung der Pflanzenglieder gar nicht einmal die Rede ist. Und hier zeigt sich dann leicht und bestimmt, dass es bei derartigen Krümmungen von Stengeln nicht sowohl auf die Gewinnung der vertikalen Aufrichtung [1]), als vielmehr wesentlich auf die Richtung der Laubtheile zur Insolation abgesehen ist.

Im dunklen Raume freilich erfolgt die Aufkrümmung stets gerade nach oben: wir werden weiter unten noch sehen, warum. Allein im einseitig beleuchteten Raum wenden sich die drehbaren Stengel- und Zweigspitzen stets der lichtspendenden Seite zu, und ihre Laubspreiten breiten sich so aus, dass sie möglichst viel Lichtstrahlen fassen können. Jeder Blumenliebhaber weiss das von seinem Blumenfenster her, und die Unkundigen darunter bemühen sich vergebens, es zu ändern, dass die Pflanzensprosse sich schief nach der Fensteröffnung neigen und ihre Blattspreiten dorthin entfalten.

Hier krümmen sich eben die aufrecht stehenden Stengel seitlich gegen das Licht, während die Laubblätter, die an den verschiedensten Orten der Stengeloberfläche und meist allseitig vertheilt sind, hiermit noch nicht zufrieden, noch jedes für sich das Ihrige thun, um eine möglichst günstige Lichtstellung zu gewinnen. Dazu machen ihre Stiele die verschiedensten Krümmungen, welche wiederum ein ungleichseitiges Wachsthum der verschiedensten Art voraussetzen. Häufig genügt eine überwiegende Streckung der unteren Seiten, um die horizontal gestellten Spreiten gegen die Lichtseite zu heben, oder eine analoge Bewegung der oberen Seite, um dieselben zu senken. Aber auch seitliche Verschiebungen anderer Art können erforderlich werden, und jedweder Ort des die Krümmung ausführenden Organes kann der Längs- oder Querstreckung bedürfen, um seiner Spreite die richtige Haltung zu verschaffen.

Dass alle diese Krümmungen und Drehungen durch einseitige, bald längs, bald quer, bald schief gerichtete Wachsthumsförderung ausgeführt werden, kann nicht bezweifelt werden. Wie bei der Heilung der oben besprochenen Wunden und der Ergänzung der Verstümme-

---

1) Oder, wie manche sich ausdrücken, der Richtung gegen den „Zenith“: als ob ein gedachter Punkt im Weltenraum auf das Pflanzenwachsthum von Einfluss sein könnte. Oder gebraucht man diesen Ausdruck nur um der höheren wissenschaftlichen Diktion willen?

lungen, so sind es auch hier wieder Neubildungen in den Zellgeweben, die noch Bildsamkeit besitzen, wodurch der Schaden ausgebessert wird. Wie aber auch dort alle Neubildung nur in Folge äusseren Anlasses eintritt und stets auf das Ziel hin arbeitet, die Verluste durch Ausbesserung oder durch Ergänzungs-Bildungen zu ersetzen, niemals aber ohne Veranlassung auftritt, so geschieht auch hier alles Auf- oder Seitwärts-Krümmen nicht blindlings nach irgend einer Regel, die für alle Fälle feststeht, sondern passt sich in jedem einzelnen Falle den gegebenen Umständen in freier Bildsamkeit an. Vom gewaltigen „Spannrücken“ des Riesenstammes im Urwald bis zur zierlichen Kurve eines zarten Blattstieles entsprechen die Wachsthumserscheinungen des Zellgewebes nur den Erfordernissen, und ihr Maass ist das Produkt aus der Grösse der gewaltsamen Richtungsverschiebung — resp. der Verrückung der Lichtquellen — und der erforderlich gewordenen neuen Stellung. —

Wenden wir uns schliesslich von der Betrachtung dieser Störungen der normalen Stellung der Pflanzentheile zu einer ganz allgemein verbreiteten Erscheinung und beschauen die astreiche Krone eines unserer laubreichen Bäume. Schon oben ward erwähnt, dass solche grossen und laubreichen Bäume neben dem aufwärts strebenden Gipfeltrieb die übrigen Zweige allwärts dem Lichte zukehren. Unter denselben entsteht dadurch, je dichter die Laubkrone ist, um so mehr ein Kampf um die Gewinnung des Lichtes, und besonders die an der Basis der Krone sich immer neu hervordrängenden Zweige sind in ähnlicher Lage, wie Pflanzenstöcke, die in einen einseitig beleuchteten Raum gebracht worden sind. Ihre Laubblätter, weit entfernt, bei aufrechtem Wuchse der Sprosse oder auch selbst bei einfacher seitlicher Ausreckung derselben das Licht sicher gewinnen zu können, müssen sich oft tief zur Erde hinabkrümmen, sich schliesslich unter den darüber befindlichen Blättern hervordrängen und unter mancherlei Winkeln wieder aufwärts biegen, um endlich bald hier, bald dort in irgend einer Lücke noch einige Lichtstrahlen aufzufangen. Daraus entstehen selbstverständlich dieselben complicirten Krümmungen und Bewegungen der Sprosse und Blattstiele wie in den oben besprochenen Fällen, nur dass sie sich hier gleich bei dem Entwicklungswachsthum herausbilden, während sie dort als Correktionsbewegungen nach erfolgter Stellungs-Aenderung einzutreten hatten. —

Im kleinsten Raume vereinigt und deshalb um so klarer zeigen sich die vorerwähnten Erscheinungsreihen bei dem Vorgang der Entwicklung des Pflanzenkeimes aus dem Samen. Mit derselben Sicherheit, mit welcher die ersten Zelltheilungen in der Keimlings-Mutterzelle den architektonischen Plan des aufzuführenden Gebäudes entwerfen und die Sonderung seiner Haupt-Gegensätze vorbereiten, wenden sich diese im fertigen Keime nun vorgebildeten Hauptorgane bei ihrer Geburt aus dem Samen sofort ihrer Bestimmung zu. Wie immer der Samen und in ihm der Keim zu liegen kommt, so wendet sich alsbald die Wurzel dem Ernährungsgrunde, der Laubkörper dem Lichte zu. Da nun der Regel nach dieses von oben zu kommen, jener aber den Boden des Keimungsortes zu bilden pflegt, so kann man kurzweg sagen, dass die Keimwurzel sofort nach unten, der Stengeltheil mit den Keimblättern nach oben wachsen. Wie in den oben beschriebenen Fällen von Krümmungen der Stengel- und Blattstiele, so können auch hier jederlei Biegungen und Drillungen nothwendig werden, um den Keimtheilen die zukommende Richtung zu verschaffen. Die Methode, nach welcher diese Krümmungen zur Ausführung gebracht werden, besteht, ebenso wie oben, in einer Förderung des Wachsthums auf derjenigen Seite, welche convex werden muss, um jenes Ziel zu erreichen.

Wie aber in den obigen Fällen keineswegs das Oben und Unten die maassgebenden Richtungen waren, so auch hier. Kommt das Licht nicht von oben, sondern von der Seite, von unten, so wächst das Keimpflänzchen mit seinem Laubspross dorthin. Säet man die Samen auf Gitter, die mit Erde bedeckt sind, und hängt diese dann so auf, dass sie von oben befeuchtet und von unten beleuchtet werden, so wachsen die Wurzeln solcher Samen, welche auf der Unterseite des Gitters befestigt sind, so lange nach oben, bis sie in den Nährboden eingedrungen sind. Doch sind diese Fälle zum Zwecke einer eingehenderen Diskussion der dabei wirksamen Kräfte unten noch näher zu besprechen.

Die Erscheinungen der Krümmung des Keims sind zunächst wieder mit der ersten Entwicklung selbst verknüpft, also keine secundären Bewegungen, sondern primär auftretende Bildungen. Insofern sie aber bestimmt sind, die dem Zufall preisgegebene Lagerung des Samens auf oder in dem Erdboden und die damit gegebene Austrittsrichtung des

Keimes zu corrigiren, sind sie dennoch den Abwehr-Bewegungen beizuzählen, welche eine Beeinträchtigung des Wirthschaftsbetriebes der Pflanze zu beseitigen haben. Sobald indessen eine mehrmalige Aenderung in der Lage des schon hervorgetretenen Keimes, wie leicht geschieht, eintritt, so wird dasselbe Verfahren alsbald zu fortgesetzter Correktion angewendet. So sieht man in diesem Miniatur-Bilde alle Züge vereinigt, welche ein vollständiges Bild dieser Klasse von Nützlichkeits-Bewegungen zu geben im Stande sind.

§. 12. Ebensowenig wie die Richtung der Laubflächen ist auch die Richtung der Blüthen gleichgültig gegen das Licht und den Zug der Schwere. Es ist daher leicht vorauszusehen, dass die Pflanze auch hier den Versuch macht, die etwa verlorene Richtung wieder zu gewinnen. Dabei zeigt sich dann, dass das Krümmungs-Vermögen der Sprosse und Blattstiele den Stielen der Blüthen in mindestens gleichem Maasse eigen ist, nur dass die auszuführenden Bewegungen von vorn herein einem so einfachen Schematismus, wie ihn jene genannten Theile zulassen, durchaus widerstreben, weil eben die von verschiedenen Pflanzenarten beliebte Blüthen-Haltung stets eine ihrem Bau und ihrer Befruchtungsweise entsprechende, mithin sehr verschiedene ist. Blüthen, welche aufrecht zu stehen haben, wenn sie ihre Arbeit leisten sollen, kehren sich, wenn man sie gewaltsam abwärts beugt, genau in derselben Weise um, wie ähnlich behandelte Laubsprosse. Bei verzweigten Blüthenständen nehmen sehr verschiedene Stiel-Generationen an dieser Krümmung Theil, bis endlich die einzelnen Blüthen wieder aufgerichtet sind. Natürlich setzt diesem Bestreben auch hier das Ausgewachsensein der Trag-Sprosse vielfach eine Grenze. Bei Einzelblüthen liefert der Versuch noch elegantere Resultate als bei Blüthenständen.

. . . .

Andere Blüthen sind zum Herabhängen bestimmt und lassen sich dem entsprechend ebensowenig ein gewaltthätiges Aufrecken gefallen. Mit gleicher Energie wie jene aufwärts gerichteten Blüthen sich wieder erheben, beugen diese das Antlitz stets wieder zur Erde hinab.

. . . .

Zahlreiche Blüthen auch haben eine seitliche Haltung nothwendig, und es ist von besonderem Interesse, grade solche Blüthen künstlich aus ihrer normalen Haltung abzubeugen und die Energie zu beobachten, mit der sie diese normale Stellung durch jede Art von einseitiger

Reckung oder von Drehung ihrer Träger wieder zu erlangen im Stande sind.

. . . .

Der Trieb zur Wiederherstellung der verlorenen Stellung ist in solchen Fällen häufig gross genug, um selbst ziemlich grosse Zellgewebsmassen in neue Thätigkeit zu versetzen. Bekanntlich sind die grossen Blumen der *Oenothera biennis* und verwandter Arten mittelst der ungestielten Fruchtknoten an dem Stengel befestigt. Kehrt man den Blüthenstand gewaltsam nach unten, so krümmt sich einerseits die noch plastische Spitze der Spindel selbst wieder aufwärts, andererseits biegen sich auch diejenigen einzelnen Blüthen, die weiter abwärts befestigt sind, da wo die Wachsthumsfähigkeit des Stengels bereits erloschen ist, für sich allein selbständig aufwärts, indem der Fruchtknoten selbst durch überwiegende einseitige Streckung sich vollständig herumkrümmt. —

Wie die Blumen, so bedürfen schliesslich auch die Früchte einer besonderen Haltung, grösstentheils einer solchen, die für geeignete Samen-Ausstreuung passend ist. Welche anderen Vortheile dadurch etwa sonst noch erzielt werden mögen, bleibt noch zu untersuchen. Dass diese Haltung aber ein besonderes Moment in der Ausbildung der Früchte darstellt, das erweisen die auffallend zahlreichen Fälle, in welchen die Stellung der reifen Frucht von der der blühenden Blume auffallend abweicht oder geradezu entgegengesetzt ist. Sehr viele Pflanzen haben nickende Blüthen und dabei doch aufrechte Früchte. Bei einer Menge anderer folgen umgekehrt auf gerade aufgerichtete Blumen später herabgebeugte Früchte. Noch andere bieten mannigfaltig wechselnde Stellungen von Blüthen und Früchten dar. Und noch bunter wird das Schauspiel, wenn eine doppelte Richtungsänderung erfolgt, wenn z. B. die Knospen herabhängen, die Blüthen sich aufrichten und die Früchte wieder nicken.

Die ausnehmend zahlreichen Einzelfälle dieser Erscheinungsreihen in ihren speciellen Nützlichkeits-Beziehungen und in ihrer Anpassung an Standorts-Verhältnisse nachzuweisen, ist zur Zeit noch nicht möglich. Hier handelt es sich darum, die Wichtigkeit der Sache durch die Energie, mit der alle diese Richtungen bei feindlichem Eingriff und gewaltsamer Abänderung wiederhergestellt werden, ins Licht zu setzen. —

So wird durch das einfache Mittel der Einlagerung von Zell-Baustoff und der Bildung neuer Zell-Individuen der Pflanze die Möglichkeit gewährleistet, in allen ihren Theilen die für die besonderen Verrichtungen derselben erforderliche Stellung und Haltung nicht nur herzustellen, sondern auch bei gewaltsamem Verlust mit Pünktlichkeit und Ausdauer wieder zurückzugewinnen.

4. Selbständige Abwehrbewegungen der Einzelorgane.

§. 13. Die in den vorigen Abschnitten besprochenen Vertheidigungsmaassregeln der Einzelpflanzen gegen äussere Eingriffe hängen noch zusammen mit einer anderen Reihe von Richtungsänderungen. Diese werden sowohl von Lauborganen als Blüthenwerkzeugen ausgeführt zur feinsten Correktur ihres Verkehrs mit den wichtigen Einwirkungen des Lichts einerseits oder der mechanischen Kräfte andererseits. Viele derselben beziehen sich indessen einfach auf täglich oder doch periodisch wiederkehrende, regelmässige Erscheinungen und nehmen deshalb auch den Anschein normaler, specifischer Vorgänge an, ob sie gleich ihrer eigenen Natur nach in allersorgfältigster Weise der Abwehr feinerer Schädigungen ihrer Leistung dienen. Diese Bewegungen vollziehen sich theils, wie die zuvor besprochenen, allmählich vermittelst einfacher Wachsthumsvorgänge, theils aber auch periodisch ohne Beziehung zu den Wachsthumsvorgängen vermittelst besonderer Vorrichtungen, die einer wiederholten Arbeitsleistung fähig sind.

In Uebereinstimmung mit den vorerwähnten Vorgängen sind auch diese doppelter Art, theils Bewegungen der Blätter behufs Regelung der Insolation, theils Aenderungen der Blüthenhaltung zur Begünstigung der Befruchtung. Unter beiderlei Bewegungserscheinungen treten dann solche auf, die durch Wachsthum ein für allemal, und solche, die mittelst anderer Einrichtungen wiederholt ausgeführt werden. Und unter den letzteren sind wiederum solche, die sich stets ohne momentanen äusseren Anlass, aber auch solche, die sich daneben auch infolge äusserer Anstösse von mancherlei Art vollziehen. Die letzteren geschehen oft mit überraschender Plötzlichkeit, augenblicklich einem von aussen stammenden mechanischen Anlass nachfolgend. Man hat diesen dann unter dem räthselhaften Begriff des Reizes subsumirt und diese Abtheilung der Bewegungen Reizbewegungen genannt.

Was nun zuerst die durch Wachsthum bewirkten Bewegungen betrifft, so finden wir sie am einfachsten bei den Laubblättern einiger Pflanzen, welche gegen das Tageslicht eine andere Stellung einzunehmen für passend finden, als zur Zeit der Dunkelheit.

. . . .

§. 14. Complicirter sind die Aenderungen in der Haltung der Blüthentheile. Nachdem diejenige Richtung der ganzen Blüthe gewonnen ist, welche dem Befruchtungsgeschäft die erfolgreichsten Resultate verspricht, ist es hauptsächlich das rechtzeitige Oeffnen des Befruchtungsraumes, dem die grösste Sorgfalt gewidmet werden muss. Zu frühes oder zu spätes Oeffnen kann durch Verschleppen unreifen Pollens oder durch Verkommen des ausgefallenen reifen Pollens Verluste herbeiführen. Aber auch ein Wiederverschliessen kann von Nutzen sein. Noch erspriesslicher kann sich ein wiederholtes Oeffnen zu günstiger Stunde, desgleichen ein Wiederschliessen zu ungünstiger Stunde erweisen. Das Maass der Insolation und die Flugzeit der verschiedenen Insektenarten sind hierbei die wichtigsten Momente. Hiernach stellen sich als Haupterscheinungen zusammen: erstlich das erste oder auch überhaupt einmalige rechtzeitige Oeffnen der Blüthe, welches, dem arteigenen Bedürfniss nach Lichtintensität folgend, zu jeder Zeit des Tages, der Dämmerung oder sogar der Nacht stattfinden kann und sich in zahllosen Fällen an eine ziemlich genau bestimmte Zeit bindet; alsdann das Schliessen der Blüthen für eine ungünstigere, vorübergehende Zeit, welche wiederum bald in die Dunkelheit der Nacht, bald in die Tageshelle fallen kann; darauf das wiederholte Oeffnen und Schliessen, für den Fall, dass die Blumen zu ihrem Blühgeschäft mehrere Tage brauchen, was bei der Mehrzahl zutrifft; und endlich das letzte Schliessen der fertig befruchteten Blüthen. Bei diesen letzteren sind es Effekte des Welkens der Theile, welche durch ungleichen Collapsus ihrer Seiten zur erforderlichen Schlusskrümmung gezwungen werden. Alle übrigen genannten Vorgänge des Oeffnens und Schliessens aber werden wohl ausnahmslos durch Wachsthums-Erscheinungen zu erklären sein.

. . . .

Eine andere Reihe allmählich sich vollziehender Bewegungen wird zur Erleichterung des Befruchtungsvorganges selbst von dem Befruchtungsgeräth der Blüthen, hauptsächlich den Staubgefässen und der

Narbe, aber auch von anderen Blüthentheilen ausgeführt. Diese sind ihren Erscheinungsformen nach schon oben bei der Besprechung der verschiedenen Befruchtungsmethoden geschildert worden, während die in ihnen arbeitenden Kräftewirkungen mit wenigen Worten noch unten zu erörtern bleiben. Dasselbe gilt von den Sprengbewegungen der Früchte, welche ebenfalls innig mit der feineren Architektur derselben zusammenhängen und deshalb bereits im rein morphologischen Theile erörtert sind.

§. 15. Dem Anscheine nach den besprochenen ähnlich, aber thatsächlich verschieden in Bezug auf die Bewegungsvorrichtung verhalten sich die periodischen Richtungsänderungen vieler Laubblätter. Die Blätter der Bohnen und vieler anderen Leguminosen, die Blätter der *Oxalis*-Arten u. a. nehmen bei Tag und bei Nacht verschiedene Stellung gegen die Lichtquelle ein. Und zwar sind es bei den genannten Arten wesentlich die Einzelblättchen, die sich bald aufwärts zusammenlegen, bald abwärts senken, wenn der Lichteinfluss unter ein gewisses Maass gesunken ist. Zu diesen Bewegungen aber dienen den genannten Pflanzen als Bewegungswerkzeuge die eigenthümlich ausgebildeten Gelenke, welche muskelähnlich antagonistisch wirken, indem sie die Blattstiele mit bedeutender Kraft — weil an sehr kurzem Hebelarm wirkend — bald auf- bald abwärts richten.

. . . .

§. 16. Sind nun die vorgenannten Pflanzen schon durch besondere Geräthe zu bequemerer Wiederholung ein und derselben Bewegung ausgerüstet, als jene, welche dasselbe nur durch wiederholte Wachsthumsänderungen bewerkstelligen können, so zeigt sich der Vorzug eines solchen Apparates noch deutlicher, sobald an Stelle allmählicher, langsamer Bewegung die Aufgabe eines plötzlich auszuführenden Schlages auftritt. Dies findet dann eben bei den sogenannten Reizbewegungen statt. Pflanzen aus der nächsten Verwandtschaft der im vorstehenden Paragraphen besprochenen sind es, welche zu dieser Zuspitzung der erwähnten Bewegungserscheinung schreiten. Während sie gleich jenen dem Lichtreiz die gleiche Beachtung erweisen und ihm folgend ihre Laubblätter zusammenlegen oder entfalten, senken oder heben, haben sie ausserdem noch die Fähigkeit, ihre Blätter auf Berührung von aussen plötzlich, z. Th. mit ausserordentlicher Heftigkeit, zusammenzuschlagen. Der Vorgang füllt zuweilen (*Dionaea*) einen in der That kaum messbaren Zeittheil aus. Häufiger freilich ist er, wenn auch plötzlich, doch leichter zu verfolgen. Die bekanntesten Beispiele solcher Pflanzen sind die berühmten Sinnpflanzen *Mimosa pudica*, *sensitiva* u. a., die von *Oxalis* getrennte Gattung *Biophytum* u. a. m.

. . . .

Die Ursache des Zusammenlegens der Blätter der Mimosen, Biophyten u. s. w., d. h. die wirthschaftliche Ursache, ist schlechterdings unbekannt; wir kennen nur den äusseren Anlass, welcher ausser dem Stoss auch ebenso eine Wärme-, Elektricitäts- oder Aetz-Einwirkung sein kann. Um so leichter aber ist der Nutzen derjenigen sich hier anschliessenden Fälle einzusehen, wo sich solche Reizbewegungen an Blüthen und Fruchttheilen finden, wie solche ihrer äusseren Erscheinung nach bereits oben in dem morphologischen Abschnitte ausführlicher geschildert worden sind.

. . . .

§. 17. Für einzelne Fälle werden nun neuerdings Anschauungen, die bereits früher gleichsam naiv aufgestellt worden waren, von wissenschaftlicher Seite wiederholt, Anschauungen, welche die Aufmerksamkeit besonders fesseln müssen. Bei dem Zusammenschlagen der Blätter von *Dionaea*, *Aldrovanda* u. a. werden der Regel nach die Insekten, die durch unvorsichtige Annäherung einen Reiz ausgeübt haben, vermöge der äussersten Schnelligkeit des Zusammenschlagens gefangen und häufig bis zu ihrem Absterben festgehalten. Hierdurch wird neuerdings die Ansicht zu begründen gesucht, dass es den Pflanzen dabei auf den Genuss der thierischen Substanz ankomme. Die Rapidität der Handlung, welche diese Blattorgane ausführen, spricht freilich, so zu sagen, für die böse Absicht. Aber der Umstand, dass dadurch ein Novum in die ganze bisher geltende Auffassung der pflanzlichen Haushaltsführung hineingebracht würde, erregt Bedenken. Bestätigt sich jedoch die Ansicht von wirklicher Raublust und Aneignung von Thierkörpern um der eigenen Ernährung willen, so gipfelte alsdann die ganze hier abgehandelte Reihe von Schutz-, Vertheidigungs- und Wehr-Maassregeln in dem Auftreten einer Angriffsbewegung, mit der alsdann die individuelle Reaktion einzelner Pflanzen und Pflanzentheile sich zu einer Aktion und Provokation hinaufschwingt. Freilich müssen dann auch die inneren Einrichtungen dem entsprechend complicirter sich gestalten und neben den kunstreichen Bewegungspolstern noch viel feinere

Differenzirungen der betreffenden Organe ausgebildet werden, wie sie zur Zeit noch nicht hinreichend bekannt sind.

§. 18. Die Gesammtheit der vorstehenden Erscheinungen stellt nun die für die Auffassung der organischen Naturkörper allerwichtigste Thatsache ins Licht, dass die Bildung dieser Körper nirgends einem unabänderlichen Formungsgesetz, welches Atom für Atom nach Zahl und Maass und Richtungswinkel an seine Stelle zwingt, unterliegt.

Die Form der anorganischen Naturkörper hängt so genau mit ihrer chemischen Zusammensetzung zusammen, dass nach heutiger Auffassung der Atomtheorie kaum Jemand daran zweifeln kann, dass die Zusammenfügung der Atome selbst durch ihre eigenste Natur bedingt und daher für jedes Zusammensetzungsverhältniss unabänderlich ist. Krystallisirt eine Verbindung in zweierlei Form, so nehmen wir an, dass die der Zahl nach gleichen Molekeln in beiden Fällen in verschiedener Weise aus Atomen zusammengefügt seien. Ebenso hängt die verschiedene Neigung, Verbindungen mit anderen Atomen einzugehen, dem Atome als inhärente Eigenschaft an. Aus welcher Verbindung immer ein einzelnes Atom freiwerden mag, so besitzt es seine ursprüngliche, scheinbar wählerische Anziehungskraft zu anderen Stoffen in gleichem Maasse wieder. Und ebenso ist sein specifisches Verhalten gegen Schwerkraft, Wärme, Licht, Elektricität durch alle Schicksale, die es erlitten hat, hindurch dasselbe geblieben. Wiederum gleichen Umständen ausgesetzt nimmt jedes Atom und jede Molekelgenossenschaft ausnahmslos dieselbe Form wieder an. Und endlich nehmen die einmal zu einer einfacheren oder complicirteren Verbindung zusammengeschlossenen Atomgruppen niemals ohne neuen äusseren Anstoss oder neue stoffliche Zuthat eine Aenderung ihrer einmal geformten Umgrenzung und ihrer einmal erlangten Gestalt vor. Dem gegenüber besitzen die organischen Körper eine in bestimmten Grenzen bewegliche Gestaltungsfreiheit. Insofern sie überhaupt nicht in irgend einer, ein für allemal geformten Umgrenzung zur Ruhe kommen, sondern die einmal gewonnene Gestalt selbstthätig wieder ändern, behalten sie ihre Massentheile, so zu sagen, unter Fluss. Im allgemeinen der arteigenen Regel in wiederkehrendem Formenkreis folgend, behalten sie doch die Macht, diesen Formenkreis auf gewisse Zeit und in gewisser räumlicher Ausschreitung zu verlassen.

Alle obigen Fälle zeugen für die Fähigkeit, aus dem der Art zustehenden Gebiet von Formen — denn niemals handelt es sich hier um eine einzelne unveränderliche Gestalt — verschiedene Gestaltungen in abweichender Ordnung und Folge, an ungewohnter Stelle und zu regelwidriger Zeit zur Erscheinung zu bringen, wenn es eben die Erhaltung des individuellen Lebens und seine Vertheidigung gegen Angriffe von aussen erheischt. Stengel, Blätter, Wurzeln treten an Orten eines Sprosses auf, die dazu nicht bestimmt waren. Zellgewebe, die längst zur Dauerform und in Ruhe gekommen, erzeugen von Neuem nicht nur ihres Gleichen, sondern sogar ungleichartige Nachkommen. Blastogengruppen entwickeln eine Thätigkeit, die dem bisherigen Bauplan fremd ist und dabei oft sehr ergiebig sein kann. Kein blindes Wiedererzeugen des Verlorenen oder Heilen des Verletzten wird angestrebt. Keine einfache Reaktion an der betroffenen Körperstelle wird sichtbar. Im Einklang vielmehr entstehen an verschiedenen Stellen ungewohnte Neubildungen, geeignet, um durch ihre Thätigkeit, sobald sie fertig ausgebildet sind, die geschädigte Pflanze wieder zu sichern oder den abgetrennten Theil zur neuen Pflanze zu vervollständigen.

V.

Zusammenwirken allgemeiner und besonderer Kräfte bei der Gestaltung der Pflanzen.

1. Veränderlichkeit und Erblichkeit.

§. 1. So alt die Versuche sind, die organische Natur wissenschaftlich zu beobachten, so alt ist auch das Bestreben, die Einzelkörper derselben nach Arten zusammenzufassen. Es ist das einfach die Folge der Wahrnehmung, die sich der menschlichen Erkenntniss allgemein aufdrängt, dass die Formenkreise, in welchen sich die Organismen gestalten, nicht ein schrankenloses Durcheinander von Gestalten vorstellen, sondern für gewisse Gesellschaften derselben fest begrenzt sind. Die Stabilität dieser Entwicklungskreise, in welchen die Gestalten solcher Gesellschaften von Individuen sich bewegen, war von jeher auffallend genug, um sich — zumal für die der menschlichen Beobachtung näher gerückten Organismen — instinktmässig und ohne Weiteres in der Zusammenfassung unter einem Artnamen widerzuspiegeln. Das Festhalten irgend einer bestimmten Gestalt in planmässig wiederholter Ausbildung ist daher schon Eingangs als eine wesentliche Eigenschaft der organischen Körper besprochen worden.

Nichts desto weniger giebt die vergleichende Beobachtung zahlreiche Thatsachen an die Hand, die leicht dazu führen könnten, an besagter Constanz oder wenigstens an ihrer Gesetzmässigkeit zu zweifeln. Schon oben ist bei Gelegenheit der Schilderung der feineren Zellplastik im Aufbau sowohl der vegetativen, als auch der fruktifikativen Sprosse auf die grosse Freiheit, die sich in diesen Vorgängen bekundet, hingewiesen worden. Alsdann ward in den vorhergehenden Besprechungen gezeigt, wie die Artgestalt den Eigenthümlichkeiten des Standorts, veränderten Ernährungsverhältnissen, mechanischen Störungen nachgiebt und von ihrer angestammten Aufbauweise mehr oder weniger ablässt. Dann ist ferner der Befähigung eines jeden Individuums, sich gegen gewaltsame Eingriffe zu wehren, gedacht und endlich die Freiheit klar gelegt worden, mit der jedes einzelne Organ einer Pflanze sich den in der Zeit wechselnden äusseren Umständen immer wieder anzupassen im Stande ist. So wird die Beobachtung der auffallenden Constanz der Artgestalt durch die Beweise ihrer ebenso augenfälligen Befähigung zur Umänderung gewissermaassen gekreuzt.

Es wird nützlich sein, an Beispielen darzuthun, wie weit diese Veränderlichkeit, dieser Mangel an Festhalten der bisherigen Artgestalt in der Pflanzengestaltung überhaupt geht. Und zwar kommt es dabei auf die Betrachtung von Individuen an, die nicht durch fassbare äussere Umstände zu Abweichungen veranlasst sind.

Nirgendwo prägt sich das Bild specifischer Constanz so scharf aus, als in dem Gebiet einzelliger Thallophyten. Die Schwesterzellen der Diatomeen, Desmidiaceen, Palmellaceen u. s. w. sind genau nach derselben Schablone gebaut und besitzen unter einander Portraitähnlichkeit. Auch mehrzellige derartige Organismen verhalten sich noch ebenso.

Unter den Moosen giebt es Arten, die über einer constanten Anzahl von Blättern stets die männliche Blüthe oder die Kapsel zur Erscheinung bringen. Unter den Farnen liefern die jährigen Sprosse der Ophioglosseen, die der Regel nach über einem einzigen Laubblatt zur Fruchtentwicklung schreiten, gute Beispiele weitgehender Constanz der Gestaltung.

Aehnliche Beispiele liefern die Monokotylen in noch zahlreicherer Menge. Die Gattungen *Paris* und *Trillium* tragen an ihren Jahressprossen jene 4×6, diese 3×6 Phyllome, welche sich in 6 Kreisen zu je 3 oder 4 als Laubblätter, Erst- und Zweit-Kelchblätter, Staubblätter und Fruchtblätter über einander ordnen und über diese Zahl der Regel nach nicht hinausgehen. *Majanthemum bifolium* trägt schon über 2 Laubblättern, *Allium ursinum* schon über einem einzigen einen Blüthenstand. Auch *Narcissus, Galanthus, Gagea* und noch viele andere Zwiebelgewächse zählen an ihrem Jahreszuwachs die Blattorgane in ihren verschiedenen Kategorien genau ab und halten an der Zahl constant fest.

Auch unter den Dikotylen sind viele Stauden- und Holzgewächse durch genaues Festhalten der Blattzahlen an den Jahressprossen ausgezeichnet. *Anemone nemorosa* trägt ihre Einzelblüthen oberhalb dreier stengelständiger und eines grundständigen Laubblattes. *Asarum* begnügt sich in seinem Jahreswuchs mit je 2 Laubblättern und 3 Niederblättern an jedem Sprosse.

. . . .

Erwägt man nun neben der hervorgehobenen Constanz der Laubblattanzahl die ja fast überall constanten Zahlen der Blüthentheile, so wird dadurch eine in der That auffallende Beständigkeit der specifischen Form bei diesen Gewächsen deutlich ins Licht treten.

Neben dieser Reihe von Beispielen, die man noch bedeutend vermehren könnte, scheinen nun freilich auf den ersten Blick die meisten anderen Gewächse sich an derartige Zahlengrenzen nicht zu binden, sondern überall beliebig viele Blätter und Blüthen an ihren Stöcken zu entwickeln. Und wenn so nicht einmal die Anzahl der einzelnen Organe übereinstimmt, so dürfte von genauer Form-Aehnlichkeit zweier Individuen ja überhaupt nicht mehr die Rede sein. Man muss sich indessen bei diesen Beobachtungen zunächst vor der Fehlerquelle hüten, die eben das Hinzutreten individueller Standortsanpassungen mit sich bringt. Ist aber einmal klar gelegt, dass das Individuum in allen seinen Theilen äusseren Umständen Rechnung zu tragen im Stande ist, so ist klar, dass alle möglichen hemmenden oder fördernden Umstände der Ernährung oder Insolation auf Zahl und Stellung der Organe älterer Pflanzenstöcke einzuwirken Gelegenheit finden müssen. Nicht allein die Individuen derselben Species, welche von einander entfernt auf verschiedenen Standorten leben, können unter einander abweichen, sondern selbst die nächsten Nachbarn. Nicht zwei neben einander lagernde Kubikcentimeter Erdboden, sei derselbe noch so gut gemengt, können ganz gleiche Zusammensetzung haben. Mithin brauchen keine zwei noch so nahe benachbarten Individuen gleich ernährt zu sein. So leben denn auch nicht nur keine zwei Nachbarbäume im Walde, sondern keine zwei Graspflänzchen auf der Trift unter genügend gleichen Bedingungen, um Aussicht zu haben, ihre Gestaltung ganz gleich durchführen zu können. Hiervon ist also zunächst abzusehen und vor allem die Forderung zu stellen, dass möglichst gleiche Bedingungen für eine Gesellschaft von Pflanzen hergestellt werden, deren Gestaltbeharrlichkeit festgestellt oder deren Veränderlichkeit erwiesen werden soll.

Annähernd erreicht man diese Forderung bereits, sobald man bei grossen, ausdauernden Gewächsen statt auf den Gliederbau der ganzen Stöcke zunächst einmal nur auf die einzelnen Sprosse achtet, welche ja doch als Prototypen der ganzen Pflanzengestalt anzusehen sind. Eine Anzahl auf ein und demselben Stamm oder Wurzelstock erwachsener Sprosse, welche gleichmässig in Licht und Luft vertheilt sind, können als nahezu unter gleichen Umständen auf gleichem Boden entwickelt angesehen werden. Die Betrachtung solcher führt nun bei einer sehr grossen Anzahl von Pflanzen zu Zahlen- und Vertheilungs-Verhältnissen der Glieder, welche den oben als der Regel nach constant bezeichneten ausserordentlich nahe kommen.

. . . .

Nur bei einer Minderzahl von Gewächsen ist das Erscheinen der gleich- und ungleichwerthigen Theile in ihrer faktischen Folge ein ganz (oder doch anscheinend ganz) unbestimmtes.

. . . .

Gelingt es endlich, für eine Gesellschaft von Keimlingen möglichst gleichartige Wachsthumsbedingungen zu gewinnen, wie es z. B. bei Kulturen in künstlicher Nährlösung oder im Mistbeete wohl möglich ist, so ergeben sich noch günstigere Resultate.

. . . .

Aber trotz alledem sind alle diese Constanzen und Aehnlichkeiten der Individuen einer einzelnen Art in ihrer Ausgestaltung doch nur approximativ und, wie sogleich erhellen wird, in keinem einzigen Falle wirklich nach Zahl und Maass vollkommen, geschweige denn, dass es Congruenzen wären. Und wie sollten sie das auch? Die Erscheinungsform individueller Ausgestaltung ist ein Produkt der individuellen Anlage der Pflanze, des Keimes, und der gegebenen Standortsumstände. Nehmen wir nun auch völlige Gleichheit der letzteren an, ist es denn denkbar, dass wirklich zwei Schwesterkeime einander ganz gleich sein könnten?

Bei vielen Pflanzen ist, wie so eben schon erwähnt, die architektonische Aehnlichkeit überhaupt nicht auf Zahl und Maass genau. Die Blattanzahl der Sprosse und die Grösse sämmtlicher Gliederungen bewegt sich in, wenn auch oft nicht grossen, so doch immer bemerkbaren Abständen. Gehen wir aber auch zu den Beispielen zurück, in denen die Sprosse oder Stöcke oder Jahreswüchse der Regel nach genau gleich viele Glieder besitzen, so ist doch auch dies nur immer der Regel nach der Fall, aber nicht ausnahmslos. Es giebt z. B. *Paris*-Exemplare mit 5-, 6- und mehrzähligen Kreisen von Blättern, es giebt dreiblättrige Individuen von *Majanthemum*, *Platanthera* und *Asarum* u. s. w. So geht es durch alle erwähnten Typen hindurch. Was aber gar die Grösse der einzelnen Individuen und ihrer Organe betrifft, so würde selbst der günstigste Fall nicht vollständige Gleichheit erkennen lassen.

Wenn man ein Beet mit möglichst gleichen Pflänzchen von Astern, Zinnien, Levkoyen oder sonstigen Sommerblumen in möglichst gleichen Abständen bepflanzt, den Boden möglichst sorgfältig mengt und nun Licht, Luft und Bewässerung so gleich als möglich vertheilt, so erfreut man sich wohl an dem überraschend hohen Ebenmaass, welches solche Geschwisterschaften bei der Ausbildung aller ihrer einzelnen Theile erkennen lassen. Aber selbst hier ist die Ueberraschung nur eine Contrastwirkung. Die Gewohnheit des Anblicks scheinbar vollkommenster Ungebundenheit in der Pflanzengestalt lässt uns hier den Gegensatz schärfer empfinden. Vergleicht man aber genauer, so sucht man nach völliger Gleichheit der Individuen vergeblich. Die Länge und Breite der Laubblätter, die Grösse der Stengelglieder, ebenso wie später die Grösse der Blüthen, die Art und Weise der Vertheilung und Anordnung aller einzelnen Theile geben in ihrer Verflechtung so zahllose Möglichkeiten zu Variationen auf das gemeinschaftliche Thema, dass auch nicht zwei Pflanzen einer solchen Aussaat in ihrem Umriss auch nur entfernt an eine mathematische Congruenz erinnern.

So geht es bis in die kleinsten Einzelheiten hinab; überall ist die oben als auffällige Aehnlichkeit gepriesene Formannäherung der Einzelwesen, mit mathematischer Schärfe betrachtet, doch nur Schein. Endlich sind selbst keine zwei *Closterium*-, *Euastrum*-, *Navicula*- oder *Fragilaria*-Individuen einander gleich. Formen, die noch so ähnlich erscheinen, sind doch niemals congruent. Bei den Diatomeen können sie es schon der Entwicklung nach nicht sein, welche geringe Grössenunterschiede unvermeidlich macht. Aber wären sie es wirklich auch im Aeusseren, so wäre doch von einer inneren Congruenz durchaus keine Rede. Man bedenke nur die stete Bewegung jedes lebendigen

Protoplasmaleibes und frage sich dann, welcher Zufall eintreten müsste, damit zwei derartige überbewegliche Gebilde parallele und fortdauernd gleiche Bewegungen ausführen sollten. Können sie aber dies nicht, so können auch die Resultate der inneren Bewegung, der Aufbau der Zellschale aus ihren festen Molekeln, niemals congruent ausfallen.

Was aber nun hier an den einzelligen Gewächsen mit Evidenz hervortritt, gilt ebenso von den sämmtlichen Gewebezellen der mehrzelligen Pflanzen. Es brauchen demnach keine zwei Schwesterzellen in irgend einem Pflanzentheil, selbst in einer der am regelmässigsten gebauten Pflanzen, einander in allen feinsten Theilen congruent zu sein. Also brauchen es selbstverständlich am wenigsten die am Schluss der ganzen langen Zellbildungskette entstandenen Keimzellen. Wenn aber von vorn herein keine zwei Keimzellen, keine zwei Schwester-Protoplasten irgend einer Geburtsstätte einander congruent zu sein brauchen, mithin gerade diese Faktoren schon von Anbeginn an ungleich zu sein pflegen, wie sollen dann, da die anderen Faktoren, welche die Standortsunterschiede liefern, erst recht nirgends für zwei Pflanzen ganz gleich sein können, irgendwo zwei congruente Pflanzenindividuen auftreten?

Wie deutlich zeigt sich dies schon auf sehr niedriger Stufe in der Gestaltungs-Mannigfaltigkeit der einzelligen Vaucherien, der so ausserordentlich einfach gestalteten Volvocineen und Pediastreen, der so regelmässig erscheinenden Sciadien, Bryopsiden, Coleochaeten u. s. w.! Von Krystallformen ist nirgends die Rede: nirgends Congruenz der Gestalten, nicht einmal Aehnlichkeit im mathematischen Sinne des Wortes.

Da nun die Unmöglichkeit oder doch die äusserste Unwahrscheinlichkeit einer Gleichheit zweier organischen Schwesterbildungen einer Art auf die angegebene Weise sich scharf erweisen lässt, so wäre genau genommen die ganze vorhergehende vergleichende Uebersicht unnöthig gewesen. Allein es kommt gerade bei Hervorhebung dieser biologischen Thatsache zunächst auf die Anschauung einer langen Reihe übereinstimmend greifbarer Thatsachen an. Auf eine scharfe und mehr minutiöse Beweisführung ist weiter unten erst einzutreten.

Demnach kann darüber kein Zweifel obwalten, dass die Möglichkeit einer Veränderlichkeit der Formen jeder Art bereits in den Grundzügen der Organogenesis selbst gewährleistet ist, diese Veränderlichkeit durchaus nicht erst durch Unterschiede in den äusseren Bedingungen veranlasst zu sein braucht.

§. 2. Zugleich aber geht aus dem Vorstehenden hervor, wie äusserst schwierig es ist, die infolge äusserer Einwirkungen eingetretenen Veränderungen in der Gestaltentwicklung von denen zu unterscheiden, denen lediglich innere Bildungsschwankungen zu Grunde liegen. Ja man könnte noch immer im Zweifel sein, ob nicht doch vielleicht trotz aller Wandelbarkeit des Blastogens sämmtliche faktisch auftretenden Abwandelungen durch irgend einen, wenn auch noch so geringen äusseren Anstoss hervorgerufen werden. Um dies zur völligen und scharfen Entscheidung zu bringen, müsste man nun nicht allein den Faktor der von aussen wirkenden Kräfte ganz eliminiren können, sondern vor allem auch von durchaus gleichen inneren Bedingungen ausgehen, d. h. vollkommen gleiche Keime in Behandlung nehmen, welche aber, wie gesagt, unerreichbar sind.

Es bleiben daher dreierlei ursächliche Momente für die Entstehung der Formabwandlung, deren Grenzen nicht genau festgestellt werden können: 1) Die äusseren Differenzen des Standortes oder der Einwirkungen der natürlichen Kräfte, resp. der menschlichen Thätigkeit, 2) die angeborenen Strukturdifferenzen der Keime und endlich 3) noch unbestimmt viele andere Differenzen, die in der Fortbildungsthätigkeit des Blastogens während der individuellen Entwicklung jeden Augenblick auftreten können und dadurch begründet sind, dass in den Bildungsgeweben äquivalenter Organe je zwei Schwesterzellen ebensowenig einander gleich zu sein brauchen, als es die schwesterbürtigen Keime im Ganzen sind. Denn wenn es ein Gesetz für vollendete Gleichtheilung der Zellen überhaupt nicht geben kann, so gilt das für jede einzelne Generation von Zellen in gleicher Weise. Obwohl nun, wie oben gezeigt ist, ein scharfer Beweis dafür nirgends erbracht werden kann, wie weit jede einzelne Abwandlung von einem äusseren oder inneren Anlass herrührt, so wird man doch immerhin unter gewissen, oben schon angeführten Verhältnissen wenigstens mit annähernder Sicherheit den grossen Rest von Gestaltungsfreiheit, der nach Abzug der Wirkungen der äusseren Kräfte übrig bleibt, feststellen können. Was dagegen von diesem theils auf Rechnung der angeborenen Differenzen der Schwestergewächse zu setzen ist, theils auf Verschiedenheiten, die während des Wachsthums neu entstanden sind, zurückgeführt werden muss, das bleibt einstweilen noch sehr ungewiss.

Wohl aber erweisen die erwähnten Verschiedenheiten der angestammten Eigenschaften und der im Entwicklungsgang erworbenen (welche als „Allotropien“ des Gestaltungsvermögens bezeichnet werden mögen) eine nicht geringe Labilität der pflanzlichen Eigengestalt.

In drei Instanzen vollzieht sich nun die Einwirkung äusserer Umstände auf die Gestalt der Einzel-Pflanze oder, mit kurzem Wort, die Erziehung oder Zucht derselben. Zunächst kann, wie oben besprochen ist, eine schon erwachsene Pflanzengesellschaft, deren Individuen sämmtlich, ob sie gleich nichts weniger als congruent zu sein brauchen, doch im Species-Typus genau übereinstimmen, durch Aenderungen der Standorts-Natur selber in der Fortbildung ihrer Gestalt ungleich beeinflusst (z. B. verkümmert oder gefördert) werden, wodurch Verschiedenheiten in der Ausbildung der einzelnen Individuen sich ergeben. Zweitens können Schwesterpflanzen, welche schon an sich erheblichere Verschiedenheiten der Gestaltung erlangt haben, durch hinzutretende Standorts-Wandelungen noch ungleicher gestaltet werden. Endlich können drittens Schwestergewächse, die schon aus verschiedenen Keimen erwachsen und daher von Anbeginn an different sind, indem sie von vorn herein verschiedenen Standorten eingepflanzt werden und somit von klein auf eine ganz verschiedene Erziehung erfahren, schliesslich am allerverschiedensten ausgestaltet werden.

Damit ist schon für das Individuum die Möglichkeit einer sehr eingreifenden Zucht gewährleistet. Die oben besprochenen Beispiele des Düngens, Beschneidens, Ringelns, Vervielfältigens u. s. w., ebenso des Versetzens in andere Temperatur und Beleuchtung liefern für solche Erziehungs-Resultate die schlagendsten Beispiele. Wie hier die Kunst im Kleinen, so erzieht sich die Natur im Grossen ihre Standorts-Bestände zu wohl angepassten Genossenschaften.

§. 3. Die dritte Instanz der Beeinflussung der individuellen Gestaltbildung durch erziehende Kräfte ist es nun aber, auf welcher noch viel durchgreifendere Einwirkungen fussen.

Nehmen wir an, dass zwei an sich nicht sehr verschiedene Keimmutterzellen bis in ihr Alter hinauf unter vollkommen gleichen Verhältnissen zur Ausgestaltung gelangen, so werden sie, wenn nicht spontan innere zufällige Schwankungen hinzutreten, voraussichtlich nicht sehr verschieden werden. Je verschiedener aber der Entwicklungsort ist, dem sie eingepflanzt werden, desto mehr kann sich ihre Verschiedenheit steigern (es sei denn, dass entgegengesetzte Schwankungen wiederum die Abwandlungen zufällig corrigiren). Nach Vollendung des Entwicklungskreises der betreffenden Art bildet nun jedes der beiden verschiedenen Schwester-Individuen abermals Nachkommenschaft. Sehen wir einstweilen ganz von der Kreuzung beim Befruchtungsvorgang ab und nehmen Selbstbefruchtung der Blüthen an, so können die neugeborenen Töchter ihren Müttern gleichen, d. h. die Differenzen auf das der Mutter angeborene Maass mit Eliminirung der anerzogenen Standorts-Zuthaten wieder zurückführen, oder sie können diese Differenz zufällig vermindern, oder sie können endlich — und das ist wieder eine Thatsache von hervorragender Wichtigkeit — die anerzogenen Differenzen mit in sich aufnehmen und als „Transport" sofort in die neue, eigene Wirthschaft-Führung und Gestaltbildung übertragen. Nun aber ist leicht einzusehen, dass von zwei Schwester-Individuen, die schon ungleich stark angelegt waren, das stärkere, wenn es nun auch noch stärker ernährt wird, wiederum n o c h s t ä r k e r e Nachkommen hervorbringen wird, während das schwächer angelegte und dazu noch schwächer ernährte nun noch kümmerlichere Keime erzeugen dürfte. Und ganz das Analoge gilt ebenso von je zwei Schwester-Individuen, die in irgend einer Gestaltungs-Eigenthümlichkeit unter einander verschieden sind. Alles dies aber genügt, um darzuthun, dass bei solchen erziehenden Einflüssen, die sich durch Generationen hindurch in gleicher Weise häufen, auch die Erziehungs-Resultate sich steigern müssen.

Noch grössere Wirkungen aber werden erzielt, wenn noch ein weiteres Moment zu den besprochenen hinzutritt. Bekanntlich ist es die Aufgabe der geschlechtlichen Zeugung, das Kartenspiel glücklicher Fortentwicklung für die ganze Individuen-Genossenschaft einer Species immer wieder von Neuem zu mischen und damit dem Auslaufen einzelner Generations-Reihen in unerspriessliche Abwege immer wieder entgegen zu arbeiten. Aber das Ergebniss des Kartenmischens ist eine Sache des Zufalls und, was herauskomme, unbestimmt. So können denn auch bei aller Heterotopie und Heterotypie der beiderlei Geschlechtszellen dennoch in aufeinanderfolgenden Generationen Form-Eigenschaften auftreten, die viel mehr in eine noch extravagantere Richtung hinausgerathen, als dass sie ein mittleres Ebenmaass herzustellen geeignet wären. So kann in verschiedener Weise die Einrichtung der Zeugung selbst, während sie die Individuen des Species-Kreises möglichst im Gleichgewicht halten soll, ihrerseits noch zu extremeren Verschiedenheiten unter denselben die Hand bieten. Ja sie vermag selbst, wie nun zu zeigen sein wird, diese aufs äusserste steigern zu helfen. Individuelle Zucht und generative Veränderlichkeit, zufällig oder absichtlich mit einander in Wechselwirkung gebracht, vermögen die Gesammtwirkung bei Abänderung der pflanzlichen Gestalten auf die Spitze zu treiben.

§. 4. Die zahlreichen Fälle von Abänderungen, welche in den vorigen Abschnitten Gegenstand der Erörterung gewesen sind, stellen nun aber sämmtlich nichts anderes dar als Abirrungen von der Regel, dass jede organische Art einen eigenen, fest umgrenzten Formenkreis für das wiederkehrende Wechselspiel ihrer Gestaltbildung festhält. Diese partielle und mehr oder minder starke Negation einer der Grund-Eigenschaften des Organischen liess nach Kräften suchen, welche dieselbe veranlassen. Musste man besondere Kräftewirkungen zu solchen Abweichungen voraussetzen, so muss man gleichzeitig auch eine Kraft annehmen, gegen welche diese eben abändernd anzukämpfen haben. Denn, bedarf es der Annahme angreifender Kräfte für Form-Abwandlungen, so bedarf es doch zunächst auch einer Kraft, welche eben den Formenkreis als solchen festhält. Sehen wir, dass die organischen Körper gesellschaftsweise die gleichen Formen durchlaufen, und dass stets ihre Nachkommen ihnen dies nachmachen, wie sie es ihren Vorfahren nachgemacht haben, so müssen wir schliessen, dass es zu dieser Beharrlichkeit des Formen-Cyklus für ganze Generationen von Einzelwesen eine Ursache gebe, deren Wirkung jenen Abänderungen gegenüber selbstverständlich als das Prius zu denken ist. Weil nun in dieser Wirkung das Fortbestehen über die schmale Existenz-Brücke der einzelnen Keimzelle hinüber auf die Kinder und Kindeskinder der auffälligste Zug ist, so hat man auf sie den den menschlichen Gesellschafts-Verhältnissen entnommenen Ausdruck „Erblichkeit“ mit Recht übertragen. Die organische Erblichkeit ist also diejenige charakteristische Eigenschaft aller Organismen, vermöge deren die Nachkommen theils die gesammten Gestaltenkreise ihrer Vorfahren möglichst genau zu wiederholen trachten, theils besondere vereinzelte Züge, selbst aus sehr alter Vorahnenschaft her, wiederum von Neuem zur Ausgestaltung bringen. Erblichkeit nennen wir die Ursache, welche die Constanz der Species durch die aufeinanderfolgenden Generationen hindurch bedingt und somit die Festhaltung des Artbegriffs überhaupt erst möglich macht.

Aus der Reihe der Thatsachen, welche dies Kampfspiel der beiderlei Kräfte zu verrathen scheinen, hat man daher zunächst die Erscheinungen von Beharrlichkeit auf die Rechnung der Erblichkeit, die Abwandlungen dagegen auf diejenige der Veränderlichkeit oder des Abwandlungsvermögens zu setzen. Jene leistet Gewähr für die „Idiotypie“, diese ermöglicht die „Allotropie“. So sorgt die Erblichkeit dafür, dass jedes Paar Schwesterzellen von *Protococcus*, jedes Zwillingspaar von Diatomeen, Desmidiaceen u. s. w. einander und ihrer Mutter möglichst ähnlich werden, während die dem Protoplasma inhärente ewige Unstätigkeit als Veränderlichkeit das völlige Gleichwerden derselben verhindert. So lässt die Erblichkeit die Mehrzahl aller *Paris*-Pflanzen 4, aller Majanthemen und Platantheren 2 gleichartige Blätter entwickeln, während die Veränderlichkeit ihnen dennoch mancherlei Grösse, mancherlei Umfangs-Abweichungen zugesteht und sogar mehrblättrige Exemplare dazwischen streut. So hält die Idiotypie die Individuen der Sommerkräuter dazu an, die ganzen Summen ihrer Laub- und Blüthen-Phyllome, so wie ihre Wiederholungssprosse innerhalb gewisser Grenzen in Bezug auf Zahl, Anordnung und Umfang auszubilden, während die Allotropie die Grenzen, innerhalb deren diese Bildungen schwanken dürfen, möglichst zu erweitern trachtet. So setzt sich der gleiche Antagonismus durch die mehr oder minder grossen Schwankungen der Sprosse der Stauden- und Holzpflanzen fort, um endlich den Individuen unserer vornehmsten Pflanzenformen, der grossen Bäume, die zahllosen unterschiedlichen individuellen Physiognomien aufzuprägen, die sie uns oft gradezu in persönlicher Eigengestalt erscheinen lassen.

§. 5. Man kann sich also für die Summe der vorerwähnten Thatsachen als Quelle der Einfachheit wegen einstweilen zwei einander antagonistisch wirkende Kräfte oder Kräftegruppen vorstellen, deren Widerspiel die einzelnen thatsächlichen Erscheinungen zum Ergebniss hat. Wie alle anderen bisher beleuchteten organischen Befähigungen, so sind auch diese alsdann auf die verschiedenen Arten ungleich vertheilt zu denken. Die eine thut sich mehr durch Beharrlichkeit, durch Festhalten am Ererbten hervor, die andere überlässt sich leichter der Strömung der Veränderlichkeit. Wenn nun schon oben nachgewiesen ist, wie die Benutzung der individuellen Wandelbarkeit ausgiebige Hülfsmittel darbietet, um den Pflanzenkörper künstlich, fast willkürlich umzugestalten, so liefert jetzt die Hinzunahme der Zeugungs-Wandelbarkeit noch kräftigere Hebel, um die einfache Kette der planmässigen Formen-Folge zu unterbrechen. Die specielle Beobachtung muss dabei nachweisen, wie weit man sich bei den einzelnen zu behandelnden Arten einerseits auf die Zähigkeit der Idiotypie verlassen, andererseits das kühne Ausspiel der Allotropie in Rechnung setzen kann. Oft erscheint das Hervortreten der letzteren so überwiegend, dass es scheinen will, als wäre die ganze Species-Constanz aus den Angeln zu heben.

Diese Erfahrung hat nun die Pflanzenbauer seit Jahrtausenden in die Lage gesetzt, nach dem eigenen menschlichen Bedürfniss auf die möglichst dauernde Umgestaltung ganzer Pflanzen-Arten ebenso einzuwirken, wie es oben von der Umformung einzelner Pflanzen-Individuen berichtet worden ist. Und ebenso hat die Natur selbst im Grossen vollendet, was das Menschengeschlecht im Kleinen auszuführen von ihr gelernt hat. Die Standortsbestände können bis zu einem gewissen Grade durch Benutzung sowohl individueller, als auch genereller Abwandlungsfähigkeit umgestaltet und dadurch für ihre örtliche Aufgabe erzogen werden. Auf künstlichem, wie auf natürlichem Wege unterliegt die Pflanzenwelt nicht nur individueller Sonder-Erziehung, sondern auch einer durch Generationen hindurch andauernden Zucht.

Wir haben oben nur von derjenigen natürlichen Auswahl für den Standort gesprochen, welche aus etwas verschieden gestalteten Saat-Individuen diejenigen gedeihen lässt, welche zufällig am passendsten für den Standort sind, während die unpassender begabten verkümmern. Nun aber tritt hinzu, dass, wie oben gesagt, durch wiederholte Zeugung die dem Standort angemessenen Eigenschaften sich steigern können. Damit steigert sich dann ebenso auch die Schärfe der Auswahl. Aus dem bunten Gemenge wird erst das Nützliche, aus dem Nützlichen das Passendere und aus diesem schrittweise zuletzt nur das Allerpassendste ausgewählt und zurückbehalten. So macht es die individuell verschiedene Standorts-Natur und wiederum ebenso auch der Pflanzen-Züchter. Und so entsteht, wie aus der individuellen die generative Zucht, so aus dieser die natürliche oder künstliche „Zuchtwahl."

Die Beobachtung dieser Thatsachen und ihrer erfolgreichen Wirkungen seit ältesten Zeiten hat dann zur Aufstellung besonders durchgreifender Ansichten über das Zustandekommen aller organischen Formen überhaupt geführt, die heut zu Tage eine so weite Geltung gefunden haben, dass es erforderlich ist, bevor wir diese selbst theoretisch beleuchten, einen noch grösseren Apparat begründender Thatsachen zusammen zu bringen.

§. 6. Zuchtwahl also ist das Verfahren, durch natürliche Zwangsmittel oder durch menschliche Kritik in organischen Individuen gewisse, dem Artkreis angehörende Sonder-Eigenschaften durch Erziehung und durch parteiische Begünstigung der Brut- oder Saat-Generationen möglichst sicher zu stellen oder auch möglichst ins Extrem zu treiben. Sei dies an Beispielen klar gelegt.

. . . .

2. Kreuzung und Ueberschreitung der Artgrenzen.

§. 7. Es ist eine auffallende Thatsache, dass, lange bevor die jetzt als so allgemein gültig anerkannte Regel der Fremdbefruchtung der Individuen innerhalb der Art-Gesellschaft erkannt war, die Erscheinung der gegenseitigen Befruchtung solcher Einzelwesen, die zu verschiedenen Arten gehören, schon genau beobachtet und zur Feststellung der wissenschaftlichen Ansicht über die Zeugung benutzt worden war. Kaum dass man ernsthaft begonnen hatte, die Frage über die Bedeutung der Antheren und Pistille zu diskutiren, so wurden hier und da Versuche angestellt, Pflanzen verschiedener Species mit einander zu befruchten. War das Resultat eine Mittelform zwischen den Pflanzen, welche die beiderlei angeblichen Zeugungs-Substanzen geliefert hatten, so war nach Analogie der thierischen Vorkommnisse ein pflanzlicher Bastard anzunehmen. Und damit war dann zugleich der Werth der fraglichen Theile als Sexual-Organe erst recht erwiesen. Dieser Umstand führte endlich zu Kölreuter's ausgezeichneten Versuchs-Reihen, wodurch er das Wesen der kreuzenden Zeugung klar legte. Unzweifelhaft ist die Erzeugung von Bastarden oder Hybriden auch im Pflanzenreich schon früh, wenn auch unbewusst, hier und dort als gärtnerische Kunst ausgeübt worden, wie ja auch die Erzeugung der Maulthiere und Maulesel in vorhistorische Zeit zurückgreift. Sieht man aber, da man nichts Genaueres darüber weiss, hier davon ab, so ist diese Erzeugung von Bastarden erst in den letzten Jahrhunderten von grösserer praktischer Wichtigkeit geworden.

In der Natur giebt es Anlass genug zur unrechtmässigen Befruchtung. Das durch den Wind verwehte Pollen einer Pflanzen-Art findet die Befruchtungsräume von Hunderten anderer Arten empfängnissverlangend offen stehen. Die Insekten-Schaaren besuchen allerlei Blumen in bunter Reihe und verschleppen das Pollen der verschiedenen Arten, nicht nach Art ordnungsmässiger Packet-Beförderung gesondert und adressirt, sondern wie es eben kommt, in buntem Durcheinander von Standort zu Standort. Da ist also nicht sowohl zu fragen, wie dies oder jenes Pollen an die falsche Ablage gelangen möchte, sondern vielmehr, wie eine grenzenlose Verwirrung und Durcheinander-Mengung aller möglichen Pollen-Arten auf allen möglichen Empfängnissstätten verhindert werde.

Thatsache ist indessen, dass trotz der schrankenlosen Vermischungs-Möglichkeit die Befruchtung durch falsches, nicht den Individuen der eigenen Art angehöriges Pollen zwar an sich betrachtet oft genug, aber im Verhältniss zur Möglichkeit des Vorkommens recht selten stattfindet. Es ist dies um so auffallender, als die möglichst weite Kreuz- und Querbefruchtung zwischen den Angehörigen eines Art-Kreises durch die künstlichsten Veranstaltungen gewährleistet wird.

Es ist nun sehr zu beachten, dass die Fähigkeit zur Bastardirung bei Verwandtschaften verschiedenen Grades in sehr ungleicher Weise sich zeigt. Die Individuen gleicher Art, deren Verwandtschaftsgrad als allernächster zu betrachten ist, sind auf Befruchtungskreuzung in den meisten Fällen gradezu angewiesen. Keineswegs aber ist es so bei den ferneren Verwandtschaftskreisen. Einzelwesen, deren Formenkreise so weit von einander abweichen, dass sie eben sogenannte verschiedene Species-Gesellschaften darstellen, vermögen sich der Erfahrung nach in äusserst zahlreichen Fällen — wohl in der Mehrzahl aller — gegenseitig zu befruchten. Die Natur bringt Species-Bastarde freiwillig hervor, und dasselbe erzielt die Pflanzen-Zucht durch Nachhülfe oder Zwangsverfahren. Je ferner aber die Species-Typen innerhalb der Kreise, die wir Gattungen nennen, einander stehen, desto schwerer pflegen sie Kreuz-Befruchtungen zu concipiren. Die Natur zeigt bei solchen fernerstehenden Arten dergleichen selten, und die Kunst bedarf grösserer Sorgfalt zur Hervorbringung von Bastarden, die trotzdem hier leicht fehlschlagen. Von noch ferner stehenden Typen, solchen nämlich, die wir der systematischen Methode zufolge schon verschiedenen Gattungen zurechnen müssen, finden sich in der Natur kaum irgendwo freiwillig entstandene Bastard-Nachkommen, und auch die künstliche Befruchtung hat sie bisher nur in sehr wenigen Fällen zu erzielen vermocht. Bastarde zwischen verschiedenen Familien, Ordnungen oder gar noch weiteren Typen-Differenzen sind zur Zeit noch nicht bekannt.

Die dichotopische und dichotypische Befruchtung innerhalb der Artgesellschaft hat die Species-Qualitäten immer von neuem zu mischen, die Gestaltsamkeit der Art vor dem Erstarren und einseitigen Hinauslaufen zu schützen und dieselbe in immer regem Fluss zu erhalten. Mittelst dieser Einrichtung wird die endlose Zersplitterung des Art-Typus in immer kleinere Unter-Typen bis in individuelle Besonderheiten hinein und die Stabilisirung derselben bis zu endlicher Verkümmerung und Erlöschung ihrer Entwicklungsfähigkeit verhindert. Darnach sollte man also meinen, es müsste nun jede über die Art-Grenzen hinausgehende Qualitäten-Combination, wie sie die Species- oder gar die Gattungs-Vermischung zur Folge haben, eine weitere Bereicherung des Besitzstandes einer gegebenen Art an angestammten Fähigkeiten bewirken. Und so sollte man weiter meinen, dass die Gestaltsamkeit und Produktivität durch Art-Kreuzung im Ganzen nur noch mehr gewinnen müsste. Um so auffallender ist aber, dass über die Art hinaus fast jeder unberechtigte Befruchtungsversuch in der Natur ebenso bestimmt abgelehnt zu werden pflegt, als die Individuen-Kreuzung innerhalb der Art angestrebt wird.

Zeugt nun das regelrechte Auftreten der heterotopischen Befruchtung innerhalb der Artkreise deutlich genug dafür, dass eine erspriessliche naturökonomische Gesammtwirkung der Pflanzen-Arbeit dieser morphologischen Garantie-Einrichtung nicht wohl entbehren kann, so beweist das auffallend schnelle Aufhören der Kreuzzeugung fast unmittelbar jenseits der Gattungsgrenzen, dass die fernere Erweiterung dieses Verfahrens eine der Leistung des Pflanzenreiches nachtheilige Wirkung haben müsste.

Diese Beschränkung der Kreuzungen verschiedener Pflanzen geht nun aber noch weiter.

Die oben erwähnten zahlreichen künstlichen Befruchtungs-Versuche lehren, dass, wie schon gesagt, die Schwesterarten sehr vieler Gattungen sich miteinander kreuzweis befruchten lassen, Samen erzeugen und Bastarde hervorbringen, welche verschiedene Gestalten, die zwischen den Eltern die Mitte halten, zur Schau tragen. Kultivirt man die in dieser Weise entstandenen Individuen, so geben sie leicht bei ihrer Doppel-Begabung glänzendere Resultate, als die Kultur der Eltern selbst. Viele gelangen namentlich bei kräftigerer Ernährung zu besonders umfangreicher und massiger körperlicher Entwicklung. Was dagegen die sexuelle Fortpflanzung betrifft, so tritt hier meist ein ganz anderes Verhältniss ein. Schon Kölreuter stellte fest, dass die Bastard-Pflanzen nur eine mangelhafte Zeugungsfähigkeit besitzen. Besonders die männlichen Gamoplasten bleiben eigenthümlicher Weise in der Mehrzahl der Fälle unausgebildet und impotent. Die weiblichen Organe sind dagegen zwar meist conceptionsfähig, aber auf die Empfängniss des Pollens einer der Eltern-Arten angewiesen. Dann vermischt sich natürlich die Qualitäten-Summe dieser letzteren mit der Begabung der hybridisirten Form, und es entsteht ein Gemisch von reinen und gemischten Eigenschaften. In diesem Gemisch werden dann die Qualitäten der einen Elternpflanze ungefähr zu $^2/_3$, die der anderen zu $^1/_3$ hervortreten, so dass man solche Formen Drittel-Mischlinge oder Terzeronen nennt. Dieselben haben wiederum dieselben Befruchtungsmängel und können wiederum nur durch eine der beiden Elternpflanzen befruchtet werden, denen sie dabei Generation für Generation begreiflicher Weise wieder immer näher kommen. Terzeron + Elternpflanze giebt einen Quarteron, dieser ebenso den Quinteron u. s. f. Damit erlischt allmählich der Misch-Typus überhaupt, und wir erblicken wiederum die unvermengten Züge der einen Grundform. Freilich kann man künstlich durch kreuzende Beeinflussung des Mischlings bald durch diese, bald durch jene der beiden Elternpflanzen eine Mittelform erhalten. Auch giebt es einzelne Fälle von Bastarden, deren männliche Sexualorgane ebenfalls vollkommen ausgebildet sind. Abgesehen von diesen wenigen Fällen aber haben die Hybriden in der Natur sehr wenig Aussicht auf Bestand.

Wird eine der Geschlechtspotenzen gar nicht reif, so ist leicht einzusehen, dass die Bastardform sich nicht halten kann. Wird eine bestimmte Kreuzbestäubung durch mechanische Verrichtungen unausführbar, so kann eine Bastardform überhaupt nicht zu Stande kommen.

Dadurch ist in vielen Fällen die Dauer der Vermischung der Arttypen oder auch schon deren Entstehen ausgeschlossen. Was geschieht nun aber, um in der freien Natur die überall mögliche Kreuzung zu verhindern, oder doch so selten als möglich zu machen?

Denken wir an die bekannten Beispiele von *Lythrum*, *Oxalis*, *Primula* u. s. w., so tritt uns dabei schon schroff und räthselhaft die Thatsache entgegen, dass die verschieden gestalteten Griffel und Staubgefässe jeder einzelnen Art nicht kreuzweis, sondern nur nach bestimmter Regel einander befruchten, dass Abweichungen von dieser Regel, wenn auch nicht unmöglich, so doch äusserst selten sind. Finden nun Befruchtungen zwischen verschiedenen Arten in der Natur noch seltener freiwillig statt, so kann man eine ähnliche Ursache hier voraussetzen. Dieselbe ist dann aber immerhin nur von theoretischem Werthe, in ihrem thatsächlichen Zustandekommen bleibt die eine Erscheinung noch ebenso unerklärlich und räthselhaft wie die andere. Ein Wahlvermögen liegt vor Augen, aber die technischen Mittel seiner Ausübung bleiben zur Zeit in Dunkel gehüllt.

§. 8. Bei der Entwicklung der Lehre von der geschlechtlichen Zeugung geht man am zweckmässigsten davon aus, dass die beiden Gamoplasten die materiellen Träger der Qualitätensummen der beiden Eltern-Organe oder Eltern-Pflanzen seien. Darnach begreift es sich ohne Weiteres, dass ihr Zusammenschmelzen ein Substrat erzeugt, welches den beiderlei Fähigkeiten zum Entfaltungsboden dient. Dass aber dies nicht die einzige Weise ist, die Kräfte und Befähigungen getrennter Individuen in der Pflanzenwelt zu gemeinsamer Aeusserung aufs Innigste zu vereinen, dafür zeugen noch andere Thatsachen. Wie im Innern des Pflanzenkörpers sich Einzelzellen in Paaren oder in beliebiger Anzahl vereinigen und als Sammelindividuen weiterwirken können, so können in der Kryptogamenwelt mehr als zwei Gamoplasten, die mehr als zwei Heimstätten haben, zur Begründung eines neuen gemeinsamen Eigenwesens zusammentreten. Die grossen Ooplasten von *Fucus*, *Vaucheria*, *Oedogonium* können sehr wohl mehrere der kleinen Spermatozoiden in sich aufnehmen. Aber noch schlagender zeigen dies die Amöben der Myxomyceten, welche sich in beliebiger Zahl zum Sammelgespross, das wir Plasmodium nennen, vereinen. Nicht viel anders machen es die Keimschläuche vieler Pilzsporen, wenn sie, ebenfalls zu mehreren verwachsend, grösseren Mycelrasen den Ursprung geben. Und endlich bleibt selbst zur Bildung der Fruchtkörper der höheren Pilzformen dies Verfahren, wie es scheint, in sehr allgemeinem Gebrauch.

In anderer Weise vereinigen selbst Individuen verschiedener Pflanzenarten, ja sogar solcher, die kaum eine Verwandtschaft untereinander besitzen, ihre Arbeit zu gemeinsamem Gewinn. Die Genossenschaftswirthschaft der Pilze und Algen, die unter der Firma der Flechten geführt wird, ist allgemein bekannt. Nach ungleichem Gewinn bei unbillig vertheilter Arbeit streben die pflanzlichen Schmarotzer, die ihre Körper denen anderer Pflanzen aufzwängen, einkeilen oder aufs innigste einfügen, um die Nährsäfte derselben für sich zu gewinnen.

Von diesen hat nun wohl die Kunst die wiederholt schon zur Erwähnung gekommenen Veredelungsweisen gelernt. Sie setzt ihrerseits Edelreiser als Schmarotzerzweige künstlich auf Wildlingsstämme, d. h. sie verbindet individualisirte Theile verschiedener Arten zu einem Consortium, damit sie nun Leiden und Freuden der Lebensarbeit mit einander theilen. Der Stamm einer Art, schnellwüchsig, langlebig, von grosser Wurzelkraft, schafft die Rohstoffe. Der aufgesetzte fremde Spross, von werthvollerer Fruchtbildung, aber von zarterer Vegetation, bildet unter der Pflege jenes Stammes die Laubkrone, Blüthen und Früchte aus. Beiderlei Eigenschaften sind zu gemeinschaftlichem Gewinn vereint, nur dass anstatt eines Mischwesens ein Sammelwesen (Consortium) durch die Pfropfung entstanden ist.

Hier tritt dann schliesslich eine in neuerer Zeit auffällig gewordene Thatsache als Krönung besagter Erscheinungsreihe hinzu. Wie zwei oder mehrere Monoplasten mit nacktem Leib sich zu einheitlichem Wesen vereinigen, wie selbst verschiedene umwandete Zellen das Gleiche vollführen, ist so eben erwähnt worden. Auch vielzellige Pflanzen können, wie aus den Consortien erhellt, ihre Qualitäten summiren, nur dass sie in den erwähnten Fällen einfach nur ihre Körper in innigste Berührung bringen, nicht aber durch eigentliches Atomgemisch mit einander zu einem zusammenschmelzen lassen; dasselbe ist auch die Regel bei Veredelungen. Allein wir kennen jetzt auch noch weiter gehende Fälle. Es ist wiederholt beobachtet worden, dass nach irgend einer der besprochenen Veredlungsweisen die beiderlei idiotypischen Qualitäten, die für gewöhnlich lokal auf beiden Seiten der Veredlungsnarbe durchaus getrennt bleiben, sich mit einander auch räumlich vermischen. Zunächst ziehen sich die Fähigkeiten des Edelreises tiefer in den Wildlingsstamm hinab. In einzelnen Fällen entspringen unterhalb der Veredlungsstelle Sprosse, die dem Edelreis gleichen. In anderen Fällen geht die Vermischung der beiderlei Eigenschaftsgruppen noch weiter, wie sich z. B. bei der Veredelung gewisser Knollen (Kartoffeln) deutlich zeigt.

So zeigen sich also Mischungen von arteigenen Begabungen nicht allein in sexuellen, sondern auch in vegetativen Combinationen verschiedener Individuen. Und während diese Thatsachen einerseits ein Schlaglicht auf die Mischungs- und Befruchtungsfragen überhaupt werfen, so sind sie hier zugleich ein deutlicher Hinweis auf das, was die Pflanzennatur hier leicht erzielen könnte, aber der Regel nach zu gewinnen verschmäht, während allein der Züchtungskunst einige Vortheile dadurch zufallen.

§. 9. Das Vorkommen von Bastarden in der Natur und die Erzeugung derselben in der Kultur giebt dem Pflanzenzüchter neue Fingerzeige für seine Thätigkeit. Und ebenso bieten sich aus dem natürlichen Consortismus und Parasitismus, wie aus dem künstlichen Wandlungsverfahren und aus der daraus resultirenden vegetativen Hybridisation neue Hülfsmittel zur Zucht und Umgestaltung dar. Wenn die individuelle Erziehung am Einzelwesen selbst Aenderungen hervorzurufen vermag, so bietet, wie oben erörtert, schon die Veränderlichkeit jeder Saatgeneration ohne Weiteres Gelegenheit, durch Formauswahl und wiederholt wechselnde Erziehung die arteigene Gestaltungsweite zu vergrössern. Nun aber bietet die Möglichkeit, beliebig durch Kreuzzeugung oder sonstige Verschmelzung differente Formen, ja geradezu neue Gestaltungen zu schaffen, die bei Weitem ausgiebigste Gelegenheit zur Artbereicherung dar. Der Pflanzenzüchter braucht sich nicht mehr damit zu begnügen, die aus gleicher Aussaat erwachsenen geschwisterlichen Verschiedenheiten getrennt zu kultiviren, die Eigenform einer jeden zu pflegen und durch wiederholte Sonderung und Förderung immer neuer Aussaaten nach Kräften zu begünstigen (ein Weg, auf dem er aus der Macht des Zufalles nicht hinaus gelangt); sondern er kann nun zu den gewünschten Gestaltungsneuerungen fast nach Belieben selbst die Formen und Farben mischen. Eine erwünschte Qualitätencombination braucht nicht vom zufälligen Auftreten einer Saatabänderung erwartet, sie kann durch Befruchtung solcher differenten Species, die zusammen das Erheischte leisten, vorsätzlich herbeigeführt werden. Unter den künstlich gewonnenen Zeuglingen können wiederum die zufällig am günstigsten ausgefallenen Geschwisterindividuen ausgelesen, durch passende Kultur in ihrer absonderlichen, vom Züchter gewünschten Beschaffenheit gefördert und durch abermalige richtig ausgewählte Kreuzbefruchtung zu immer weiter gehender Entfaltung ihrer Idiotypie getrieben werden. Bestimmte Form-, Farben- und Grössenverhältnisse der Blüthen, gewisse innere Vorzüge der Früchte, manche Eigenschaften der Stämme, wie der Belaubung und Bewurzelung können nicht allein durch Erziehung und Auswahl gefördert, sondern auch durch erdachte Combinationen neu ins Leben gerufen und fortentwickelt werden. Durch Kreuzung individueller, specieller oder auch nur subspecieller Eigenschaften werden täglich neue und prachtvollere Objekte der Blumen- und Fruchtliebhaberei geliefert, die gradezu planmässig und in vorgefasster Absicht angestrebt waren. So kommt also zur Erziehung und Zuchtwahl als kräftigstes Mittel, das Ziel zu erreichen, die Züchtung selbst, d. h. die Möglichkeit, erstrebte Form- und Eigenschafts-Combinationen zu schaffen, hinzu. Und es ersteigt die erziehliche Macht des Pflanzenzüchters damit die höchste Stufe ihrer technischen Leiter, während die Idiotypie der Pflanze, an der Grenze ihrer Zuverlässigkeit angekommen, jedwedem ändernden Willküreingriff preisgegeben scheint. Selbst die Natur wählt aus der zufälligen Hybridisation gewisser Arten durch Standortseinflüsse extreme Abweichungen aus und scheint nicht minder wie die bewusste That des Züchters die so sicher scheinenden Grenzen der organischen Arten durch beliebiges Ueberschreiten zu nichte zu machen.

Allein es ist schon oben gesagt, dass in der Natur das Weitergehen der Befruchtungs-Bastardirung über die Artgrenze hinaus nur ausnahmsweise, über die Gattungsgrenze hinaus gar nicht vorkommt. Ebenso ist dargethan, dass die Einrichtungen, die derselben Widerstand leisten, so wenig sie zur Zeit bekannt sind, unübersteiglich sein müssen, und dass in der Pflanzengestaltung in der freien Natur nur die Kreuzung innerhalb der Species-Idiotypie erspriesslichen Erfolg liefert. Ebenso ist schliesslich auch die Thatsache bereits erwähnt worden, dass auch die künstliche Befruchtung über diese Grenzen nur ausnahmsweise und selten hinausgelangt ist. Der Nutzen der heterotopischen und heterotypischen Erzeugung neuer Artmitglieder besteht darin, dass dadurch mittelst Erhaltung eines möglichst constanten

Reichthums an Artbefähigungen der Art selbst Dauerhaftigkeit und Widerstandskraft gesichert werden, welche durch die Zersplitterung der Arteigenschaften auf immer kleinere Individuengruppen untergraben werden müssten. Fände statt dessen in der Natur maass- und schrankenlose Mischzeugung zwischen allen beliebigen Art-, Gattungs- und Familientypen statt, so wären alle die complicirten Einrichtungen, welche die Befruchtung verschiedener Individuen derselben Art zu erzwingen bestimmt sind, unverständlich. Die beliebige Wechselbefruchtung aller Pflanzen mit allen würde statt existenzfähiger Einzeltypen ein Chaos ungezählter Formen erzeugen müssen, innerhalb dessen die Artschranken werthlos wären. Eine Kreuzbefruchtung innerhalb der Art ist eine Versicherungsanstalt ihres Typus, während eine allwärtswendige Mischzeugung ein principielles Aufgeben des Typus bedeuten würde. Es ist ersichtlich, dass ein Bestehen beider Verfahrungsweisen neben einander in der Natur unbegreiflich sein müsste.

§. 10. Es besitzen also diejenigen Gesellschaften von Einzelwesen in der Natur, welche die sogenannten Artverbände bilden, übereinstimmende Einrichtungen, durch welche ihr gemeinschaftlicher Formenkreis und ihre Qualitätensummen möglichst rein und vollständig bewahrt und zur erspriesslichen Bewirthschaftung ihres Standorts geschickt gemacht werden. Die künstliche Behandlung der Gewächse dagegen macht es möglich, auch über die Artschranken hinaus Mischungen zu erzielen, die Bedeutung dieser Schranken somit aufzuheben. Wie weit diese Möglichkeit geht, das zu erörtern ist so wichtig, dass ausser den obigen allgemeinen Bemerkungen hierüber noch genauere Angaben und Beispiele erforderlich erscheinen.

Seit ältesten Zeiten ist die Kunst der Bastardirung im Thier- und Pflanzenreich geübt worden, und wahrscheinlich ist auch die künstliche Zuchtwahl nicht viel jünger. Besonders die Kreuzung der Unterarten oder Varietäten und die Benutzung besonders begabter Individuen dürfte fast so alt sein, wie die Zucht der Hausthiere selbst. Für die Pflanzenwelt konnte sie, wie schon oben angedeutet, mit wesentlichem Erfolg nicht in Gebrauch kommen, bevor nicht die Sexualität allgemein in Theorie und Praxis anerkannt war.

3. Atomistische Kräfte und individuelle Erscheinungsformen.

§. 11. Die vorstehenden Abschnitte sollten die Thatsachen-Reihe vorlegen, welche beweist, wie weit einerseits die Constanz und andererseits die Variation, welche die Pflanzen-Species in der Natur zeigen, reichen kann. Sie beleuchten die der unmittelbaren Anschauung offen liegenden Erscheinungen der Erblichkeit und Veränderlichkeit. Die Quellen der einander entgegenwirkenden Kräfte, die man hier vermuthen muss, sind nun im Folgenden ins Feinere hinein zu untersuchen.

Dem Wortlaut nach ist Atom und Individuum dasselbe, allein der wissenschaftliche Sprachgebrauch hat diese Worte mit verschiedenem Sinn ausgestattet. Während wir heutzutage eine völlig untheilbar gedachte, allerkleinste materielle Einheit nur unter dem Ausdruck Atom begreifen, so nennen wir jeden beliebigen, noch so grossen Complex solcher Atome Individuum, insofern derselbe nur in scharf ausgeprägtem Gegensatz zur gesammten Umgebung eine einheitliche Form gewinnt und zu einheitlicher Kräfte-Aeusserung gelangt. Den Grundkräften aller materiellen Substanz weisen wir die Atome als Sitze an und können nicht umhin, jedem Atome ein unveräusserliches Eigenthum an einem bestimmten Theil jener Kräfte zuzusprechen. Nach der Qualitäten-Differenz der Atome unterscheidet die Chemie die Elemente und ist dabei genöthigt, die Fähigkeit eines jeden Atomes, bestimmte Aeusserungen auf andersgeartete Atome auszuüben, als inhärentes und unveräusserliches Besitzthum demselben zuzugestehen. Aus allen Vereinigungen, die ein Atom eingeht, kehrt dasselbe — so scheint es — ungeschmälert in seinem Antheil an Kräften allgemeiner und specieller Art in unveränderlicher Integrität zurück. Die Zahl sämmtlicher Atome und die Summe der speciellen wie der gemeinsamen Kräfte können wir uns zur Zeit für die Materie als solche nur als eine unveränderliche denken.

Nun sind die allgemeinen Eigenschaften, von denen jedes materielle Atom seinen Antheil behauptet, wie wir anzunehmen nicht umhin können, einerseits die Beharrlichkeit und andererseits die Beweglichkeit. Jeder Aenderung in dem Zustande oder dem Orte eines Atoms im Raume legen wir eine Kräftewirkung zu Grunde, ohne welche, wie wir annehmen müssen, jedes Atom in seiner Lage verharrte. Ebenso vermag jedwedes Atom auf jedes andere in irgend einer Art so einzuwirken, dass beide einander räumlich näher kommen. Die Anziehungskraft in allen ihren Formen, in der kleinsten wie in der grössten Entfernung wirkend, wohnt in jederlei Stofftheilchen gleichmässig. Andere specifisch verschiedene Anziehungskräfte, unter dem Namen der chemischen Affinität begriffen, üben zwischen verschiedenen Atomen verschiedene Wirkungen aus. Die Anziehungskraft ist die allgemeinste Bewegungsursache, allein sie bringt wiederum auch das bewegte Atom zur Ruhe. Das Beharrungsvermögen dagegen hält conservativ den einmal gewonnenen Standpunkt des Atomes fest, allein es erhält das Atom auch in der Bewegung, in welcher es sich einmal befindet. Je nachdem im gegebenen Augenblick die Atome der Materie sich nach Zahl und Eigenartigkeit im Weltenraum vertheilt befinden, ziehen sie einander im verschiedensten Grade und in den verschiedensten Richtungen an, und so spinnt sich eine unaufhörliche Störung des Gleichgewichtes in unendlicher Ruhelosigkeit fort.

Wir wissen von den Anziehungskräften bisher weiter nichts, als dass sich die Atome in nächster Nähe vermöge derselben packen und festhalten können, aus der Entfernung aber — ihrer eigenartigen Energie gemäss — sich zwingen, einander näher zu kommen. Wie sie das ausführen, ist unbekannt. Kein Atom entbehrt dieser Kraft, oder besser, man würde begrifflich keine Substanz als Materie gelten lassen, deren Atome dieser Eigenschaft entbehrten. Nur, was sich wägen lässt, ist Materie. Da nun die Organismen aus den gleichen Elementen aufgebaut sind wie die anorganischen Körper, so müssen sie selbstverständlich dieselben Kräfte-Wirkungen in sich erleiden. Es giebt keinen Grund, anzunehmen, dass irgend ein Atom Sauerstoff, Wasserstoff, Kohlenstoff, Schwefel, Phosphor, Eisen u. s. w. auf seinem Wege durch einen organischen Körper hindurch sich seiner sonst unverlierbaren Eigenschaften entäussern könnte. Folglich stehen alle Atome, die jeweilig einen Organismus ausmachen, unter dem Gesetz derjenigen Kräfte-Wirkungen, die ihnen eigenthümlich sind. Bei den Wirkungen solcher einfachen atomistischen Kräfte können wir im vollsten Sinne des Wortes von Gesetzen reden, denn wir kennen keinerlei Ausnahmen in den Erscheinungsformen, unter denen sie sich stets wiederholen. Dass der frei fallende Körper in bestimmter Progression zunehmende

Geschwindigkeit erlangt, das ist keine Regel, die Ausnahmen hätte, sondern gilt unverbrüchlich in allen Fällen.

Die einzelnen Wirkungsweisen der atomistischen Anziehungskraft lassen sich denn auch unschwer in den Pflanzen nachweisen, und die Gesetzmässigkeit ihrer Wirkungen innerhalb des Pflanzenkörpers tritt leicht ins Licht. Wie im Mineral die Atome verschiedener Elemente zu complicirten Molekeln vereint vorgestellt werden, so passt diese Vorstellung ohne Weiteres auf die chemische Constitution des Pflanzenleibes. Wie in den anorganischen Körpern hält die intramolekulare Anziehungskraft — also die atomistische — auch in den Organismen die Atome, welche die Molekeln ausmachen, in bestimmter Lage aneinander fest, giebt diesen Molekeln selbst die Form und Massenvertheilung und bedingt ihre nach verschiedenen Richtungen auswärts wirkende Zugkraft. Diese hält in intermolekularer Wirkung nicht allein die complexen Molekeln in gegenseitiger Stellung und Annäherung fest, sondern zieht auch, je nach der speciellen Affinität, andere Atome oder Atom-Gruppen von geringerer Masse in die Molekular-Interstitien hinein und füllt deren Räume aus. Wie in den anorganischen, so bedingen mithin auch in den organischen Körpern die inter- und intramolekularen Anziehungskräfte die Cohäsion der Molekeln, die Adhäsion der Flüssigkeiten an die Molekeln und ihre Imbibition zwischen dieselben und endlich auch die Biegungsfestigkeit, die Quellung, den Spannungszustand und mithin die gesammte Festigkeit der pflanzlichen Zellmembran und somit der gesammten Pflanzentheile. An die Aufnahme flüssiger und gasförmiger Nährstoffe in das Innere oder an den plastischen Aufbau eines irgendwie gestalteten, beständigen Pflanzenleibes wäre ohne die in kleinster Entfernung wirkenden atomistischen Kräfte nicht zu denken.

Die in die Ferne greifende Anziehungskraft ist nicht minder im Pflanzenkörper wirksam. Ebenso wie jedes kleinste Stofftheilchen des kleinsten Sandkornes helfen muss, den Mond an die Erde und diese in ihrer Bahn um die Sonne festzuhalten und jeden über die Erdoberfläche emporgehobenen Körper auf dieselbe zurückzuziehen, ebenso bleibt jedes den Pflanzenleib bildende Atom der Mutter Erde zu gleicher Hülfeleistung seinerseits dienstbar und zugleich von ihrer Seite her durch Milliarden ziehender Einzelkräfte mit unerbittlicher Nothwendigkeit an ihren Umfang gefesselt. Auf die Anordnung verschieden schwerer flüssiger Substanzen, auf die Einfügung neuer Molekeln fester Substanz zwischen die älteren übt die Schwerkraft ihre Wirkung und hilft beim Aufbau des Pflanzenleibes. Andererseits zwingt sie zur Halt- und Tragbarkeit aller Theile des Gebäudes, eines jeden nach seiner Last. Die Aequilibration vieler Pflanzenkörper, besonders schwimmender oder schwebender, die Richtung von Theilen, die herabhängen, und der Transport von Säften, die herabfliessen sollen, ist ihrer Wirkung überlassen.

Statt der einfachen Bewegung, welche die attraktiven Kräfte bewirken, veranlassen die sogenannten schwingenden ihre Objekte, die Atome, zur Vibration. In irgend einer Stofftheilchen-Gesellschaft erregt pflanzen sie sich zu anderen fort. Schwingende, wogende oder taumelnde Wechselbewegung wird von einem Atom der Reihe dem anderen mitgetheilt, und jedes folgende übernimmt sie und giebt sie weiter, während das vorhergehende wieder zur Ruhe kommt. Die Befähigung, den Anstoss weiter zu geben, also die Bewegungsursache oder Kraft selbst, wird von Atom zu Atom entäussert. Die Kraft an sich ist übertragbar und nicht als atomeigen für immer demselben Substrat inhärent. Die schwingenden Einzelatome, durch grösseren Kraftantrieb zu weiteren Bahnen gezwungen, drücken und stossen auf die Nachbarn und setzen ganze Massen in Bewegung. Die an sich nicht wahrnehmbare feine Einzelbewegung der Atome wird zur gleichlaufenden Bewegung zusammenhängender Massen, deren lebendige Kraft nun durch neuen Zusammenstoss neue Arbeit leistet oder neue Schwingungen erzeugt, die wie die ursprünglichen als Wärme in die Erscheinung treten und als solche sich mitzutheilen fortfahren. In unendlichem Wechselspiel setzt sich die feine Bewegung der Wärmeschwingungen und die gröbere Arbeit von Stoss und Druck als lebendige Kraft bewegter schwerer Massen in einander um. Was die Anziehungskräfte in allen ihren Wirkungsformen zu immer stabilerer Ruheform zusammenzufügen suchen, das bringt die Kraft der Schwingungen wiederum aus der Ruhe und wirft die von Neuem bewegten Atome zu erneuter Arbeit und Unruhe auseinander.

Dasselbe Widerspiel treiben dieselben Kräfte wiederum ebenso im Organismus. Vor allem sind es die Wärmeschwingungen, welche in allen Zellen arbeiten, starre, zur Ruhe gekommene Molekel-Gesellschaften lockern und in Bewegung versetzen und die gewonnenen Flüssigkeiten der Schwere zur Umlagerung, der Imbibition zum Transport, der Affinität zu neuer Bindung überweisen.

Noch feiner wirken die Schwingungen des Lichtes innerhalb des Chloroplasmas. Sie vermögen die trägen Molekeln der Kohlensäure und die über Alles beharrlichen Atompaare des Wassers zu zerschlagen und aus ihren Elementen die hoch complicirten Atomgenossenschaften der fundamentalen organogenen Substanzen zusammen zu ordnen. Ihnen liegt die feinste Bewegungsarbeit ob.

Wie also die Anziehungskräfte die Haltbarkeit und Dauer der Gestalt bewirken, so leisten die schwingenden Kräfte die stets und aller Orten in den Organismen erforderlichen Bewegungsarbeiten. Jene binden die Substanz zum Bedarf des Aufbaues, diese lösen und mobilisiren sie zum Transport; jene erhalten das Gebildete, diese reissen es stets von Neuem fort in den Strudel der Ummischung und Umbildung, in den Strom der Neugestaltung und der über das alte hinaus stets fortschreitenden Entwicklung.

In- und ausserhalb der Organismen arbeiten also mit gleicher Nothwendigkeit ihrer Wirkung die atomeigenen, wie die übertragbaren Kräfte. Beiderlei Naturkörper, organische und anorganische, sind in gleicher Weise Gegenstände ihrer Gesammtwirkung. Das Weltkapital der anziehenden Kräfte ist unter die gesammte Menge aller Einzelatome völlig und ohne Rest ausgetheilt zu denken. Einem jeden Stofftheilchen ist von Anbeginn sein Eigenthumsrecht nach Qualität und Quantität des ihm verliehenen Attraktionsantheils verbrieft und verbleibt ihm unveräusserlich, sei es Mitglied einer felsaufbauenden oder einer im kreisenden Lebenssafte der Organismen umhertreibenden Genossenschaft. Die schwingenden und übertragbaren Kräfte dagegen sind zwar auch ihrer ganzen Summe nach im Niessbrauch der Gesammtanzahl aller die Welt constituirenden Atome, allein anstatt dass diese einzeln ein Eigenthumsrecht auf einen Antheil an dieser Summe besässen, ist vielmehr die Vertheilung der gesammten Kräfteäusserung in jedem gegebenen Augenblick der Weltexistenz eine andere. Hin- und hergeworfen fluthet die Atomschwingung hierhin und dorthin, wechselt von Ort zu Ort als Wärme oder mechanische Arbeit, verlässt diese Atome und ergreift jene, zerschlägt die eine Gesellschaft von Elementar-Atomen und zwingt die andere zu neuen Körpern zusammen.

Mithin erhält dann auch jedes organische Individuum seinen Antheil. Im Verhältniss der Quantität und Qualität seiner Atomsumme befindet es sich im bestimmten Besitz einer Summe atomeigener Anziehungskräfte, die ihm bleiben, so lange diese Summe bleibt, mit Aufnahme und Abgabe neuer Atomgruppen aber verändert wird. Die übertragbaren Kräfte hingegen senden ihre beweglichen Wellen durch die Körper der Organismen hin und verleihen sie ihnen gleichsam zu zeitweiser Ausnutzung.

Darnach fragt sich nun, ob und wie die Pflanzengestalt durch die Einwirkungen dieser beiderlei Gruppen physischer Kräfte zu Stande kommt, und es verlohnt sich, die möglichen Leistungen derselben für die verschiedenen Gestaltungsaufgaben zu untersuchen. Die einfachste dieser Aufgaben ist die Arbeit des fertigen organischen Apparates, der Ernährungs-Vorgang. Schwieriger dürfte die Umgestaltung des Arbeitsgeräthes, die Fortentwicklung der Gestalt und die erste Anlage derselben sein und vor Allem die Neuzeugung, bei der nicht bloss das Einzelwesen von Anfang an zu begründen, sondern auch mittelst Erblichkeit und Veränderlichkeit zur freien Gestaltung der planmässigen arteigenen Form auszustatten ist. Schliesslich handelt es sich dann noch um die Anpassungs- und Wehrarbeiten des nach ererbtem Plan begründeten Eigenwesens zur Einfügung in neue und veränderte Verhältnisse. Für alle diese Leistungen ist freilich schon oben bei Gelegenheit der morphoplastischen Herstellung ihrer Werkzeuge die Einwirkung verschiedener Kräfte berührt worden. Immerhin aber bleibt die Frage noch genauer zu beantworten, auf wie wenige und auf welche einfachen Grundkräfte alle in dem Gestaltungsverfahren vorkommenden Leistungen zurückgeführt werden können und dürfen.

§. 12. Der fertige Apparat zur Aufnahme von Nährstoffen in die Pflanze wird durch Zellen, die zur Einnahme tropfbar flüssiger Nahrungsmittel bestimmt sind, und durch Oeffnungen für den Einlass gasartiger Substanzen gebildet. Die Zellen der Wurzeloberfläche, theilweise zu Haaren verlängert, besitzen einen stark quellbaren, aus colloidalen Substanzen bestehenden Inhalt ihres Protoplasmaschlauchs und eine leicht permeable Cellulosemembran als Wand. Es ist oben erläutert, dass der Eintritt der Bodenlösungen in die Molekular-Interstitien der Zellwand, ebenso wie ihr Durchtritt durch dieselben einfach durch intermolekulare Anziehungskraft bewirkt wird, dass diese Lösungen dann durch dieselbe Kraft zwischen die Protoplasmamolekeln des Primordialschlauches befördert und endlich wiederum durch dieselbe Kraft als Theile der Inhaltsflüssigkeit der Zelle in deren Inneres hereingezogen werden. Die als Diffusion und Imbibition zusammengefassten Erscheinungsformen der atomeigenen Anziehungskräfte reichen hin, diesen Vorgang ohne Rest zu erklären.

Für die Weiterbeförderung der Flüssigkeiten treten die dazu geeigneteren Langzellen, besonders die mit dicken Wänden versehenen, ein. Das Wesentliche leistet in ihnen wieder die Imbibition der hierzu besonders geeigneten verholzten Cellulose. Die sogenannte Capillarität, die Oberflächenanziehung sehr enger Räume, tritt helfend hinzu, und der zu gewaltsamer Filtration gesteigerte Turgor des Wurzelzellinhaltes presst von unten. Die vorhandene Vertheilung der verschieden starken Widerstände lässt keine Wahl über den Weg. Verdunstung in den Laubtheilen erzeugt in den oberen Theilen Molekularlücken, in die von unten nothwendig neue Ausfüllung hereingesaugt werden muss. Auch das Aufsteigen des Saftes erscheint mithin im fertigen Apparat als einfache Wirkung atomistischer Kräfte, die von den wirkenden Kräften anorganischer Körper nicht verschieden sind. Wie ein poröser Thonkörper, so saugt sich das Zellstoffgerüst des Pflanzenleibes mit Flüssigkeit voll bis in die äussersten Enden der Blätter und anderen Auszweigungen hinein.

Die Luft findet überall hin ihren Weg, wo Thüren offen stehen. Zu den Spaltöffnungen tritt sie herein, sobald diese geöffnet sind, und vertheilt sich in den sämmtlichen, damit in Verbindung stehenden inneren Höhlen, Kammern und Kanälen einfach nach dem Gesetz der Gasdiffusion. Mechanische Stösse, welche diese wechselnd erweitern und verengern, helfen, zur Mischung beizutragen. Mit Wasser bis zur Sättigung vollgesogene Zellhäute zwingen die Luftatome, sich nach dem Gesetz der Affinität den Atomen dieses Wassers zwischenzuordnen. So gelangt das atmosphärische Gas ins Innere der Pflanze herein und anderes Gas hinaus, so mischt sich Kohlensäure mit den Bodenlösungen, so finden sich beide endlich in den assimilirenden Zellräumen zusammen, im buntesten Atomwechsel gemischt und zu jeder neuen Verbindung bereit.

Die dadurch gemengten Atome werden alsdann von der Energie der schwingenden Kräfte in diejenige neue Bewegung versetzt, die ihre mannigfachen Neuverbindungen zu erzeugen geeignet ist, indem sie die Atome zu complicirteren Molekeln zusammenschweisst. Im Chlorophyll arbeitet der unserem Auge empfindbare Strahl des Lichtes. Die unsichtbaren Wärmeschwingungen bringen in den Zwischenräumen des farblosen Protoplasmas verschiedener Zellen die verschiedensten Complicationen der Atome, die in den zugeführten Flüssigkeitsgemengen angesammelt sind, zu Stande. Denn was die unbegrenzte Endosmose der Quellstoffe zusammenhäuft, schüttelt eben die lebendige Kraft der sogenannten chemischen Strahlen des Sonnenspectrums durcheinander und giebt der eigenen Affinität der Atome Gelegenheit, sich zu den höchsten und complicirtesten Molekeln, wie sie die feinsten organochemischen Produkte darstellen, zu verbinden. Alles dies vermag durch Zusammenwirken der atomeigenen und übertragbaren Kräfte ohne Weiteres geleistet zu werden.

Der Schluss der Ernährungsvorgänge ist die Verwendung der gewonnenen Baustoffe zur Vergrösserung der Wände der Zelle und zur Verdickung derselben. Der Turgor der das Innere füllenden Quell-Substanzen dehnt die Zellwandung nach allen Richtungen. Der stets steigende Druck der Flüssigkeit zwingt die wandbildenden Molekeln, wenn Raum dazu vorhanden ist, sich ihren eigenen zusammenhaltenden Anziehungskräften entgegen etwas von einander zu entfernen. Der dadurch vergrösserte Zwischenraum erlaubt diesen Molekeln, neue gleichartige Molekeln, die im Zellsaft entstanden sind, zwischen sich herein zu ziehen, während der Druck aus dem Zellinnern dieselben gleichzeitig der Wand einpresst. So erscheint auch das Wachsthum selbst als ein einfaches Resultat der Wechselwirkung einerseits der endosmotisch wirkenden Anziehungskraft des Zellinhaltes, andererseits der molekelbildenden Affinität der im Zellsaft gemengten Atome und endlich der pressenden Wirkung der Spannung des Zellinnern und der intermolekularen Anziehung ihrer Wand.

Und wie das Wachsthum der einzelnen Zelle durch Dehnung der Wand und Einpressung neuer Stofftheilchen in dieselbe vermittelst der Spannung des Innern gegen den Umfang erzielt wird, so findet in dem Fortwachsen ganzer Sprosse ähnliches statt. Das positiv gespannte Mark steht im kräftig ernährten Pflanzenstock unter Säfteüberdruck. Die gesammte durch Holz, Rinde und Oberhaut eingepresste Säftemasse des Markes dehnt die Zellen in der Richtung des geringsten Widerstandes, also in der Längsrichtung, aus, treibt mithin den das Mark krönenden Blastemzellhügel vorwärts, dehnt vorzugsweise seine Zellen aus und befördert so ihr Wachsthum und ihre Vermehrung.

Somit ist der Eintritt, die Umgestaltung und die Verwendung der Nährstoffe des Pflanzenkörpers nicht von der Art, dass nicht dieselben Kräftewirkungen, die den Krystall bauen, die den Thonblock mit Wasser füllen, die die Stoffverbindungen nach Wahlverwandtschaften spalten und neu constituiren, ausreichten, sie zu erklären. Eines freilich bleibt schon hier auffallend, dass nämlich die Lichtschwingung nur im grünen Protoplasma Stärke zu erzeugen vermag, die Wärmearbeit nur im farblosen Protoplasma alle möglichen anderen organochemischen Körper herstellt, welche ausserhalb dieses Stoffes herzustellen noch nicht gelungen ist. Immerhin aber ist zur Zeit nicht bewiesen, dass dies nicht alsbald gelingen könnte, da wir den Grund nicht kennen, warum es eben noch nicht gelungen ist.

§. 13. Die Arbeit im fertigen Zellenbau des Pflanzenleibes scheint darnach durch die einfachen atomistischen Kräfte, durch Anziehung und Schwingung, insoweit erklärt, dass ein Bedürfniss zur Annahme einer anderen Bewegungsursache nicht ohne Weiteres zu Tage tritt. Allein der fertige Apparat hat zuvor aufgebaut werden müssen und bleibt selbst auf der Höhe seiner Arbeitskraft nicht beständig, sondern unterliegt stetiger Um- und Fortbildung der einzelnen Theile. Entweder werden die einmal angelegten Theile vergrössert und vervollkommnet, oder es werden an Stelle solcher, die längere Zeit gebraucht worden sind, für die gleiche Arbeit neue hergestellt, oder die Einrichtung der bestehenden wird zur Vollführung einer veränderten Thätigkeit umgestaltet. In allen diesen Vorgängen bewegt sich die zu leistende Arbeit nicht allein auf dem Gebiet der Aufnahme, Bewegung oder Einlagerung von Stofftheilchen in schon existirende Zellen, sondern es handelt sich hier vielmehr um Abänderung der ersten Entwicklung oder um weitere planmässige Ausbildung der bestehenden geformten feineren Theile der Pflanze selbst. Denn jede grössere, aussen sichtbare Gestaltänderung des Pflanzenkörpers kann ja nur durch Aenderung seiner feinsten morphologischen Elemente, welche sich selbst theils vergrössern, theils umformen, theils vervielfältigen, zu Stande kommen.

Nun ist im Vorstehenden gezeigt, wie die einfache, allwärts gleichmässige Wandvergrösserung einer Zelle durch atomistische Kräfte allein erklärbar erscheint. Die neu eingeführten Molekeln oder einfachen

Atome folgen geradeaus der überwiegenden Anziehung oder dem überwiegenden Stoss. Hier vollzieht sich einfach eine durch die vorhandene Lage der Dinge bedingte, mithin nothwendig gewordene Bewegung. Ebenso wird das von Wärme- und Lichtstrahl erfasste bewegliche Atom seiner Masse und Schwingbarkeit proportional mit Nothwendigkeit ergriffen. Die passend vorbereitete Mischung muss zu dem Ergebniss führen, welches den zusammenstossenden Bewegungsgrössen entspricht.

Die einfachsten Aufgaben der Gestalt-Aenderung bestehen indessen schon in Vorgängen anderer Art. Die blosse Vergrösserung, die sich in einer gegebenen Zelle allwärts und allerorten gleichmässig vollzieht, ist noch keine Umgestaltung. Zur letzteren gehört entweder eine Aenderung des relativen Grössenverhältnisses der Theile einer Zelle oder eine Theilung der einen Zelle in zwei.

Geht man nun von einer in sich selbst in allen ihren Molekeln und also auch den gröberen Zusammensetzungs-Stücken durchaus symmetrisch gebauten, etwa kugelförmigen Zelle aus, so kann durch die im Innern derselben wirkenden atomistischen Kräfte ein ungleichmässiges Wachsthum nicht veranlasst werden. Eine ungleiche Einwirkung von aussen könnte dasselbe indessen bewirken.

Da aber alle Zellen schon an sich in ihrem feinsten Bau nicht durchaus gleich und symmetrisch gefügt sind, so erscheint es wiederum nicht schwer, jedes Ungleichwachsthum derselben als nothwendige Wirkung einfach anziehender Atomkräfte zu verstehen. Drei Fälle sind hier möglich. Entweder ist die Gestaltänderung beim Weiterwachsen das Produkt des unsymmetrischen Molekular-Gefüges und der gleichmässigen Einwirkung der äusseren atomistischen Kräfte, oder umgekehrt der zufällig gleichmässigen inneren Struktur und der, wie gewöhnlich, ungleichen Kräfte-Einwirkung von aussen, oder drittens der ungleichmässigen Wirkung der beiderlei Faktoren zugleich. Indessen müsste alsdann das Resultat ungleicher äusserer Einwirkung auf gleich vorbereitete Objekte ein verschiedenes, und zwar ein zufällig verschiedenes sein. Nur innerlich in bestimmter Weise verschieden angelegte Individuen würden bei gleichen äusseren Kräfte-Einflüssen stets in jedem einzelnen Falle die gleichen Entwicklungs-Verschiedenheiten ausführen. — Denken wir uns beispielsweise zwei Einzelzellen, die unter äusserlich völlig gleichen und in gleichen Richtungen wirkenden Kräfteeinflüssen stehen, im Innern beide nach zwei Seiten hin verschieden stark angelegt, so dass in jeder dem Drange der inneren Quellung nach derselben Seite hin der geringere Widerstand entgegengesetzt wäre, so läge der Fall vor, dass die atomistischen Kräfte in beiden die gleiche Umgestaltung zu Stande bringen müssten. Nehmen wir dagegen für beide nach dem Zufalle verschiedene äussere Bedingungen an, etwa verschieden reichen Wasserzufluss oder verschiedenen äusseren Widerstand gegen eine örtliche Ausdehnung, so muss eine mannigfaltig wechselnde, aller Gleichheit Hohn sprechende Unregelmässigkeit das Ergebniss sein. Und dies muss auch dann noch stattfinden, wenn die innere Molekular-Struktur beider Zellen mit mathematischer Genauigkeit übereinstimmt.

Thatsache ist nun, dass bei Zell-Individuen gleicher Art, gleicher Generation und gleichen Entwicklungs-Stadiums zu gleicher Zeit gleiche Gestaltänderungen einzutreten pflegen, obgleich fast niemals eine grössere Gesellschaft derselben sich gleicher äusserer Bedingungen, gleichen Wassers, gleichen Druckes, gleicher Luft und gleichen Lichtes zu erfreuen hat. Die Keimzellen der Farne und ebenso die Pollenzellen der Phanerogamen sprossen aus ihrer Aussenhülle hervor und senden, gleichviel in welcher Richtung dies geschehen ist, die eine Extremität des Keimschlauches alsbald in den Nähr- oder Empfängniss-Boden hinab. Der Zufall hatte vorher den Zellen jederlei Lage und ihren Sprossungen jederlei Richtung gegeben. Die nothwendig auf alle in verschiedener Richtung einwirkenden äusseren atomistischen Zug- oder Schwingkräfte können nun allein dies Resultat nicht zu Wege bringen, weder unter der Annahme einer in sich vollkommen symmetrischen Molekular-Struktur, noch bei der Annahme, dass die unter sich gleichwerthigen Zellen auch alle dieselben Verschiedenheiten ihrer inneren Anlage besässen.

Es bleibt also nur übrig, anzunehmen, dass zur Erreichung gleicher Endprodukte die durch die Verschiedenheit der äusseren Bedingungen veranlassten Abirrungen durch speciell denselben entgegenwirkende innere Faktoren-Differenzen ausgeglichen werden. Die Individuen müssen, um gleiche Abänderungen zu erleiden, sämmtlich selbst mit solchen Differenzen ausgestattet sein, die den Unterschieden der äusseren Einflüsse genau das Widerspiel halten.

Am deutlichsten lehren dies die Form-Differenzen neu gebildeter Zellen, die im Innern gleichmässigen Muttergewebes auftreten. Sowohl bei der Ausbildung einer Keim-Anlage, als einer Knospe tritt zu bestimmter Periode eine Aenderung in der bis dahin gleichmässig fortschreitenden Zelltheilung ein. Gleicherzeugte Schwesterzellen bringen plötzlich ungleiche Nachkommen hervor. Von einem neu gebildeten Zwillingspaar streckt sich die eine Zelle in die Länge, während die andere sich quer zu theilen fortfährt. Mitten im gleichmässigen, durch Allwärtstheilung der Zellen fortentwickelten Meristem entstehen dadurch plötzlich Gruppen von Langzellen. Ein Querschnitt durch diesen Entwicklungszustand zeigt alsdann eine kreisförmige Genossenschaft polyedrischer Zellen, von der geschlossenen Kreislinie der Epidermis umgeben, im Innern mit einem Kranz von inselartigen kleinen Gruppen von Zellen, die in der Durchschnittsansicht sehr klein erscheinen. Auf Längsschnitten werden dieselben als Stränge von Spaltzellen zwischen Reihen quergetheilter parenchymatischer Zellen sichtbar.

Man könnte sich nun wohl denken, dass, wenn irgend eine fertig constituirte Zelle, deren Inhalt durch Quellbarkeit, deren Wand durch Imbibitions-Fähigkeit Substanz anzieht, ein gewisses Uebermaass von Masse erworben hat, dieselbe nach mechanischen Gesetzen des Gleichgewichtes zur Theilung kommen müsste. Die durch zufällig verschiedene, äussere Einflüsse zufällig verschieden gewordene innere Massen-Anhäufung könnte statt eines Anziehungs-Mittelpunktes nun die Bildung zweier solcher veranlasst haben, um welche die Molekel-Gesellschaften sich stärker anhäuften. Zwischen ihnen wäre dann ja auch vielleicht die chemisch-mechanische Entstehung einer neuen wandbildenden Cellulose-Schicht vorstellbar. So könnten in einer Zelle nach zufälliger Einwirkung äusserer und innerer Differenzen in sehr verschiedener Richtung wiederholte Theilungen entstehen, und der Vorstellung eines in solcher Weise entstandenen Meristems stände ebenso wenig entgegen, wie der anderen Annahme, dass in ähnlicher Weise auch aus freien *Protococcus*-Zellen Heerde von neuen Zell-Generationen sich erzeugen.

Dann aber wäre jede neue Theilung das zufällige Produkt der zufälligen Einflüsse, die auf ihre Mutterzelle gewirkt haben, und eine ununterbrochene Kette von Zufälligkeiten schliesst die Möglichkeit aus, dass daraus irgend eine regelmässig vorher bestimmbare Form zu bestimmter Zeit hervorgehe. Stellen wir uns daher zwei an sich —

wie stets in der Natur — nicht mathematisch congruent geformte und nicht symmetrisch aus Molekeln gefügte Urzellen eines *Protococcus* vor, welche, von äusseren Kräften, die, wie es ebenfalls in der Natur stets der Fall zu sein pflegt, nicht durchaus symmetrisch einwirken, beeinflusst werden, so wird das Resultat in zwei, nach Tausend Zufälligkeiten verschieden geordneten und verschiedenzähligen Zellfamilien bestehen, wie dies gleichfalls stets in der Natur der Fall ist. Sollen aber, wie im Knospen-Meristem, nach Entstehung einer gewissen Zellmasse bestimmte Formänderungen auftreten, so können diese unmöglich das Resultat äusserer und innerer zufälliger Verschiedenheiten sein.

Vielmehr bleiben wieder nur zwei Möglichkeiten. Entweder zwei Knospen- oder Keim-Urmutterzellen unterliegen solchen überwiegenden Aussenkräften, die auf beide durchaus symmetrisch einwirken: dies kann wohl in keinem Fall angenommen werden, da weder zwei Knospen noch zwei Keimzellen gegen Schwere, Licht, Wärme und Feuchtigkeit vollkommen gleichgelagert sind. Oder die beiden Zellen sind nicht allein aus gleichviel gleichgefügten, gleichgestalteten und gleichmassigen Molekeln aufgebaut, sondern auch irgendwie vor der Einwirkung ungleicher Aussenkräfte geschützt und gelangen so durch die Symmetrie der eigenen Anziehungskräfte zu einer wiederum congruenten, wiederum in allen Stücken gleichen Theilung und zur Bildung zweier in allen Stücken vollkommen symmetrisch gefügter Massen von gleichvielen, gleichgrossen und gleichgestalteten Zell-Individuen.

Im ersteren Falle führt dann der Zwang von aussen, im andern der im Innern herrschende mit Nothwendigkeit zu gleichem Aufbau-Ergebniss. Wie in zwei Krystallen, die um gleiche Kerne in gleicher Mutterlauge nach gleicher Richtung anschiessen, müssten sich alle neu herangezogenen Atome den schon vorhandenen unter gleichen Winkeln in gleichen Stellungen genau symmetrisch anfügen, und das Resultat wären zwei congruente Körper.

Zunächst aber bleibt wieder der gänzliche Ausschluss verschiedener äusserer Einflüsse ebenso unannehmbar als die gleiche Anlage der Urzellen solcher Gewebekörper. Ausserdem aber trifft auch selbst nur der Schein einer solchen Möglichkeit in keinem bisher bekannten thatsächlichen Falle zu.

So lange der Krystall Stoff findet, baut er nach atomeigenem

Struktur-Gesetz sich gleichmässig fort. Weder allmählich, noch plötzlich ändert er seine Formbildung, seine Winkel, seine Grundgestalt. Mechanisch gestört oder chemisch ohne Zufuhr gelassen hört sein Wachsthum auf. Nach Zwischenlagerung anderer Stoffe und Formen, welche die Continuität der seinigen unterbrechen, ist diese verloren, und eine Rückkehr zu wieder übereinstimmender Fortbildung tritt nicht ein.

Ganz anders die fraglichen gleichen Zellfamilien. Nicht zwei derselben gehen aus übereinstimmenden Theilungsweisen hervor. Jeder Zellhaufen entsteht, allseitig beeinflusst, auf seine Art. Nach dem Krystallisationsgesetz müsste jedes Paar gleichliegender Quer- oder Längsschnitte zweier gleichwerthiger Knospen zwei in allen Theilen, Zelle für Zelle, Wand für Wand, congruente Bilder zeigen. Die Schlusssteine des gesetzmässig genauen Zergliederungs-Verfahrens wären dann ebenso genau congruente Mutterzellen für jene Tochter-Langzellen, welche nun ebenfalls als aus mathematischer Nothwendigkeit folgend gedacht werden könnten. In der Natur aber sehen diese Mutterzellen als letzte Descendenten langer Generations-Folgen verschiedener Individuen einander oft so unähnlich wie nur möglich. Trotzdem bilden sie plötzlich, übereinstimmend unter sich, aber im Gegensatz gegen ihre übrigen Schwestern, jene differente Zellform in sich aus. Kein mechanisch-geometrischer Zwang liegt hier vor. Ein solcher Zwang könnte niemals nach Unterbrechung der Kette gleicher und symmetrischer Kräfte-Wirkungen diese Kette wieder herstellen. Keine zufällig gleichen Umstände können von aussen her tief im Innern der Zellhaufen plötzlich eine Uebereinstimmung, die längst verloren ist, wieder neu hervorrufen.

Weder scharfe, mit Nothwendigkeit zwingende mechanische Gesetzmässigkeit, noch ein sonderbares Zufallsgefüge liegen thatsächlich vor. Für jene fehlt das Kennzeichen, die Congruenz des ganzen Verfahrens. Diesem fehlt überhaupt die Möglichkeit, zur Wirkung zu gelangen. Also weder Gesetz, noch Zufall liegen dieser Erscheinung zu Grunde. Vielmehr folgt sie einem Plan, der nach den mannigfaltigsten Verschiedenheiten der Ausführung dennoch zu gleichem Ziele hinführt. Die Summen der atomistischen Kräfte, die von so verschieden gelagerten Atomen ausgehen und so verschieden angreifen, vermögen unter keiner Bedingung zu einem übereinstimmenden Schluss-

Ergebniss der Molekular-Aktion zu führen. Nur strengste Gesetzmässigkeit in ihrer ganzen Folge könnte durch Tausende und aber Tausende von Einzelbewegungen dennoch zu derselben Schlussbewegung zwingen.

Eine für das Ziel einer Bewegungsreihe planmässig vorgezeichnete und dennoch in allen zwischenliegenden Ausführungs-Stadien durch keinerlei gesetzmässige Gleichheit vorher erkennbare Schlussbewegung bleibt dagegen für alle denkbaren Combinationen der atomeigenen und ziehenden und der schwingend und stossend übertragbaren Kräfte-Summen ein für alle Mal unausführbar.

Demnach sind also schon die einfachsten Fälle der Umgestaltung und Entwicklung aus diesen Kräfte-Wirkungen allein nicht mehr zu verstehen. —

Die ganze vorstehende Erörterung aber lässt sich etwa folgendermaassen kurz zusammenfassen:

Die Aufnahme, der Transport, die Assimilation der flüssigen Nährstoffe des Pflanzenkörpers finden in den in einfachen Richtungen mit den bekannten Intensitäten wirkenden anziehenden und schwingenden Atom-Kräften ihre vorläufig ausreichende Erklärung.

Ebenso lässt sich die Einlagerung neuen Materiales zu einfach symmetrischer Vergrösserung einer fertigen Zelle auf die atomistischen Kräftewirkungen des quellenden Inhaltes und der gedehnten Wandung zurückführen.

Um dagegen in zwei Zellen oder grösseren organischen Individualitäten lediglich durch molekulare Kräfte symmetrisch geordnete Gestalt-Umänderungen herbeizuführen, wäre vollkommen congruente Molekular-Struktur im Innern und ebenso symmetrische Einwirkung übereinstimmend angeordneter Kräfte von aussen für beide Individuen erforderlich. Nur in diesem Falle könnte eine mathematisch genau übereinstimmende Gestaltungskette, die durch mehrfache Umgestaltungen oder auch durch mehrere Generationen von Zellen hindurch sich fortsetzte, zu einem genau gleichen Schlussergebniss führen.

Es ist indessen den Thatsachen gegenüber unstatthaft, eine Gleichheit der beiden Anlagen im Innern und eine Gleichheit der äusseren einwirkenden Kräfte anzunehmen.

Auch findet thatsächlich ein mathematisch genaues, mit der Krystallisationsweise übereinstimmendes Aus- und Aufbau-Verfahren bei der Gestalt-Umänderung niemals statt; vielmehr tritt übereinstimmend bei den verschiedenen Schwester-Individuen zur bestimmten Entwicklungs-Periode eine ebenso übereinstimmende Umänderung der Gestalt nach vielen dazwischen liegenden, anscheinend zufälligen Verschiedenheiten des Ausführungsverfahrens ein.

Mithin findet ein mechanisch-gesetzmässiges Zwangs-Verfahren, das allein die Annahme einer Verkettung von atomistisch einfachen Kräften rechtfertigen würde, thatsächlich nirgends statt. Und ebenso bleibt die Annahme eines Ausgleiches der Verschiedenheiten äusserer Kräfte-Wirkungen durch entgegenwirkende Verschiedenheiten der inneren Atomkräfte als absurd ausgeschlossen.

Mithin ist die in verschiedenen gleichartigen Individuen zu gleicher Entwicklungs-Periode nach unterschiedlichen Zwischenstufen wieder eintretende gleichartige Neubildung keine gesetzmässige, sondern eine planmässige und vermag aus den atomeigenen und übertragbaren atomistischen Kräften allein bisher nicht erklärt zu werden, es sei denn, man nähme an, dass gleiche Atom-Kräfte auch einmal verschiedene, verschiedene auch einmal gleiche Wirkungen hervorbringen könnten, was die heutige Wissenschaft nicht zulässt.

§. 14. Die einfachen Vorgänge der Ernährung und des Wachsthums schienen zu versprechen, dass man die Gestaltungs-Vorgänge vielleicht doch aus Molekular-Kräften werde ableiten können. Die vorstehende Erörterung der ersten Umänderungen der Gestalten sind dieser Aussicht nicht mehr günstig. Nun drängen aber schon die ersten Entwicklungsstadien eines neu zu begründenden Organismus auf noch feinere Prüfung der Umstände hin. Thatsächlich sieht man heutzutage organische Individuen ja nur aus vorgebildeten Protoplasma-Portionen entstehen. Von dieser Thatsache sei hier zunächst ausgegangen. Solche Protoplasmakörper erscheinen theils als Kriechsporen oder Amöben, Schwärmsporen der Algen und Pilze, als Spermatozoiden oder sonstige protoplastische Wanderformen, theils als Theilprodukte älterer Protoplasma-Leiber innerhalb der Umhüllung derselben. Die Umkleidung mit einer einfachen Zellwand ist ihre erste, die Ausbildung einer Querwand ihre zweite Aufgabe, der dann weiterhin noch ähnliche folgen. Wir nehmen einstweilen den nackten Protoplasten als gegeben an.

Ein solcher, von welcher Art immer er sein mag, besteht aus

dem Plastin-Albuminat in theils körnigen, theils zähen, theils flüssigen Antheilen und aus beigemengtem körnigen und flüssigen Metaplasma verschiedener Zusammensetzung. Wasser erfüllt, wie in jedem lebendigen Pflanzentheil, die Molekular-Interstitien. Die zur Hautschicht zusammengedrängten Plastin-Molekeln des Umfanges halten dem Wasser unter Umständen den Durchtritt offen, anderen Stoffen in sehr verschiedenem Maasse, manchen gar nicht. Ein lösliches Amyloid, etwa Zucker, darf in jedem Protoplasten anwesend angenommen werden, sei es als Mitgift aus dem mütterlichen Zellsaft, sei es aus den Stärkekörnern des festen Metaplasmas durch leichte Umformung oder Umlagerung der Molekeln nach Bedarf hergerichtet. Die colloidalen Substanzen, welche die Protoplasma-Haut einschliesst und festhält, saugen Wasser von aussen auf. Diese Haut wird durch die stetig zunehmende Quellung gedehnt, ihre Molekular-Zwischenräume erweitert. Die Zucker-Molekeln werden darauf durch den Druck der wahrscheinlich schwereren und grösseren Molekeln der Colloidal-Stoffe des Inhaltes durch diese erweiterten Durchgänge hinaus gepresst und, vielleicht durch den Druck der Plastin-Molekeln, in die Atomgruppe, die wir Cellulose nennen, umgeformt. So auf die Oberfläche der Plastinschicht gebracht, gerinnen sie daselbst zu einer Niederschlags-Membran, da ihre Affinität zum Wasser in dieser chemischen Form zu gering ist, um sich in demselben zu vertheilen (in demselben löslich zu sein). Zugleich haften sie der Protoplasmaschicht durch Adhäsion an und halten sich durch die eigene gegenseitige Anziehung an einander fest, gelangen so zur Cohäsion und bilden, genügend vermehrt, die Zellstoff-Umhüllung des ganzen Körpers. Das Einsaugen von Wasser, das gewaltsame Auspressen der Amyloid-Molekel durch den Protoplasmaschlauch und ihre Ansammlung auf der Oberfläche desselben scheinen wieder so einfache Resultate der atomistischen Anziehung zu sein, und die Umformung des flüssigen Amyloids in ein festes scheint so leicht auf Rechnung einiger Wärmeschwingungen gesetzt werden zu können, dass nichts leichter erscheint, als auch diesen Vorgang für ein einfach nothwendiges Ergebniss molekularer Kräftewirkungen zu betrachten.

Allein die Atom-Kräfte sind mit den Atomen allgegenwärtig und in ihrer Wirksamkeit momentan und gleichartig. Die Turgescenz des ins Freie gelangten Protoplasten müsste augenblicklich beginnen, sobald die Berührung der das Wasser durchlassenden Protoplasmafläche mit dem Wasser eintritt. Die Cellulose-Ausscheidung müsste die alsbaldige, langsam, gleichmässig und allmählich fortschreitende Folge sein und müsste in der Mehrzahl der ähnlich gebildeten Schwesterzellen nahezu gleichzeitig beginnen. Dies geschieht aber nicht; vielmehr tritt die Membran-Bildung der nackten Sporenzellen sehr verschieden und dabei plötzlich ein. Stunden und Tage lang kann das Schwärmen des nackten Monoplasten ohne Turgor und Membran-Ausscheidung dauern. Die Zahl der Stunden ist für die Zellen, die in gleichem Momente geboren sind, beträchtlich verschieden. Der Hautbildung geht meist ein Zurruhekommen auf irgend einer Unterlage vorher, aber die Berührung mit dieser Unterlage ist keineswegs das sichere Signal zum Beginn der Hautbildung. Mithin bleibt die Einleitung und Regulirung dieser Vorgänge, die an sich aus atomistischen Kräften allenfalls erklärbar wären, durch dieselben unerklärt. — Die noch schwierigere, räthselhafte Umgestaltung des Monoplasten aus ruhender Masse in ein beweglich infusorienähnliches Wesen und die Rückkehr desselben zur Zellform, die vielen dieser Körper eigen ist, sei späterer Erörterung vorbehalten, ebenso wie die complicirten Erscheinungen, die das Protoplasma an sich dabei noch zeigt. —

Für die Bildung einer neuen Zellmembran im Innenraum einer älteren Zelle ist der einfachste Fall die einfache Zweitheilung der Zelle. Stellen wir uns den gesammten Zellleib nun als eine Anhäufung einer Masse proto- und metaplasmatischer Substanzen vor, so könnte, wie schon oben erwähnt, die Massenvertheilung derselben jeweilig infolge irgend einer Gleichgewichts-Störung, statt wie bisher gegen ein einiges Centrum zu gravitiren, sich nun nach zwei Richtungen um zwei verschiedene Centra auseinander begeben. Ueberwiegendes Längenwachsthum der Zelle oder ungleiche Endosmose von Wasser aus der Umgebung dürften als Anlässe dazu gedacht werden. Dann könnte man denken, dass nach irgend einer Molekulartechnik ähnlich der oben vorgestellten Art der Membran-Bildung in einer mittleren Protoplasmaschicht geringerer Dichtigkeit eine Cellulose-Lage, die aus den beiden beiderseits getrennten dichten Plasma-Massen ausgestossen würde, sich abschiede. Dies wäre vorstellbar, wenn in der That die sich theilenden Zellen keinen anderen Inhalt hätten als gehäufte Massen von ungeformten Substanz-Gemengen.

Dies trifft aber wiederum nirgends zu. Die Minderzahl der sich theilenden Zellen ist so inhaltsreich, dass dieselben der Vorstellung amorpher Molekelanhäufungen Vorschub leisten können. In der Mehrzahl der Zellen sind dagegen Differenzen zu erkennen, die jene Auffassung nicht begünstigen. Ein an sich stets veränderlicher Protoplasmaleib, dessen Glieder durch ihre Beweglichkeit den passiven Inhalt beliebig verschieben, beseitigen jede Vorstellung eines zufälligen Zerfallens oder Auseinandertretens der Massen. Die Annahmen ferner, welche das Abscheiden einer Niederschlags-Schicht von Cellulose auf der Aussenfläche einer frei von Wasser umgebenen Zelle erklärbar machten, führen hier zu keinem Ergebniss. Ein Ueberdruck, der Stofftheile mit Gewalt nach aussen filtrirte, kann im Innern nicht zu einer Ausscheidung führen, am Wenigsten zu einer solchen, die grade die Mitte durchsetzt. Entsteht die Membran allein durch Berührung mit dem Wasser, so fehlt ebenfalls jeder Grund, der ihre Entstehung im Innern der Zelle veranlassen könnte. Die Bedingungen im Innern sind ja denen auf der Oberfläche der Zelle gerade entgegengesetzt.

Thatsächlich aber geht der Bildung einer Zellstoffscheidewand stets die Bildung einer stärkeren Protoplasmaschicht, welche die Lage der Scheidewand vorher andeutet, vorher, einer Protoplasmaschicht, die ihrerseits nicht hier entsteht, sondern vielmehr durch Hinbewegung der Protoplasma-Substanz des Zellleibes selbst hergestellt wird. Innerhalb dieser Protoplasmalage bildet sich eine Ablagerung von Cellulose in Gestalt einer äusserst feinen Lamelle, welche jene selbst in zwei Schichten zerspaltet und dann ihrerseits an Dicke allmählich zunimmt. Nähme man nun als Sitz der Pression, welcher der obigen Annahme gemäss die Amyloid-Molekeln ausgesetzt werden, die Protoplasma-Platte selbst an, so ist ganz und gar nicht einzusehen, wie diese Platte die geformten Cellulose-Partikeln, statt sie aus sich hinaus in die unter geringerem Druck stehenden Theile des Zellraums hinein zu versetzen, vielmehr in ihre innerste Mitte hineinzwängen sollte. Turgescenz oder Attraktion können dies nicht mehr leisten, oder wir müssen wiederum annehmen, dass die gleichen Ursachen entgegengesetzte Wirkungen haben können. Wärme-Schwingungen vermögen dies auch nicht zu thun, denn wie sollten sie zu so differenter Kräfte-Aeusserung auf benachbarte Atome kommen?

Wollte man aber dennoch auf eine noch unaufgedeckte Wirkungs-Weise atomeigener Anziehungskräfte rechnen, so träten wiederum die

Thatsachen entgegen, dass mitten im Gewebe zwei gleichbürtige, in gleicher Umgebung gelagerte, gleichen physikalischen Einflüssen, so wie gleichen chemischen Zuflüssen offen liegende Schwester-Zellen sich genau entgegengesetzt theilen, die eine der Länge, die andere der Quere nach. Und zwar thun sie das ohne Beeinflussung von aussen. Behufs Ausführung des specifischen Bauplanes vollziehen gleichwerthige Zellen in gleichartigen Individuen eine solche folgenreiche Differenzirung, gleichviel ob sie gleichen oder ungleichen äusseren Bedingungen ausgesetzt sind. Schwerkraft und Affinität, Licht und Wärme wirken auf die beiden Schwesterzellen, die sich entgegengesetzt theilen, durchaus gleich, wenn sie auch auf zwei ganze Pflanzen- oder Spross-Individuen, in denen solche Paare von Schwesterzellen zur Entwicklung und Fortbildung gekommen sind, dem Zufalle nach durchaus verschieden einwirken mögen. Dennoch geschieht in beiden Individuen gleichzeitig das Gleiche. Dadurch wird für diesen Fall wiederum erwiesen, dass hier nicht eine Wirkung der Molekular-Kräfte allein vorliegen kann.

Somit ist die Aufgabe gestellt, schon für die einfachsten Umgestaltungs-Erscheinungen ausser den genannten Bewegungsursachen, welche ausreichen, um die einfachen stofflichen Umlagerungen bei der Gestaltung der Pflanzenzellen zu bewirken, noch nach anderen Ursachen zu suchen. Es handelt sich dabei um solche Bewegungs-Ursachen, welche geeignet sind, diejenige Lage der Molekeln vorzubereiten, in welcher die atomeigenen Anziehungskräfte jene *rein mechanische* Seite der Bau-Technik in Angriff nehmen und zur Ausführung bringen *können* und mit Nothwendigkeit ausführen *müssen*.

§. 15. Es sind im Vorstehenden zur Erläuterung, dass die atomistischen Kräfte nicht ausreichen, alle Vorgänge der Zellgestaltung zu erklären, wesentlich solche Fälle ins Auge gefasst worden, in denen unter *gleichen* Umständen *Verschiedenes*, unter *verschiedenen* aber *Gleiches* sich vollzieht. Daraus erhellte, dass solche Wirkungen nicht die Produkte von Kräfte-Faktoren sein können, für welche nach ihrer bisher bekannt gewordenen Natur bei *gleicher* Einwirkung nur *gleiche* Ergebnisse vorausgesetzt werden dürfen. Es wird sich daher nun empfehlen, zuletzt noch einmal einen Blick auf die oben wiederholt geschilderten Gestaltungs-Vorgänge zu werfen, in denen Schwere, Licht oder Wärme ganz augenscheinlich die Veranlassung zur Gestaltänderung hergeben. Denn es ist oben noch unerörtert geblieben, ob diese Kräfte hier direkt und zwangsweise wirken, oder ob sie in irgend einer anderen Weise die erwähnten Bewegungen verursachen.

Aus den fundamentalen Vorgängen der Zellbildung und Zelltheilung setzen sich die complicirteren Umgestaltungen zusammen, welche zur Erbauung der pflanzlichen Lebenswerkstatt hinführen und das technische Geräth zu den Arbeiten, welche in derselben auszuführen sind, herrichten. Die Aufstellung des ganzen Pflanzen-Gebäudes in der Weise, dass jeder Theil die für seine Aufgabe richtige Stellung erhält, alsdann die von den einzelnen Theilen auszuführenden normalen Bewegungen theils allgemeiner, theils specifischer Natur und endlich die individuellen Verrichtungen zur Wiederherstellung nothwendiger, aber verloren gegangener Zustände werden bei ihrer Analyse Gelegenheit bieten, die obigen Fragen zu noch weiterer Lösung zu bringen.

Gehen wir zunächst auf den Fall einer Einzelzelle zurück, welche, auf festem Grund zur Ruhe gekommen, sich nun mit einer Zellstoffwandung umkleidet und sich damit als Anfangszelle eines neuen Organismus constituirt hat. Als Beispiel diene *Vaucheria*, deren Sporen auf feuchter Erde in feuchter Luft zu keimen und zu einem langen Schlauch auszuwachsen pflegen. Die Zellhaut der Spore, die durch Turgor die Sporenhülle sprengt, wächst ungleich aus. Eine schlauchförmige Ausstülpung sendet sie in den Erdboden hinein, eine andere, häufig unter schwacher Neigung ein wenig ansteigend, über diesen hinweg. Diese letztere entwickelt im Protoplasmaschlauch reichlich neues Chloroplasma aus dem mitgebrachten, jene erzeugt nur wenig davon oder gar nichts. Denken wir uns die Zelle im Augenblick des Ausschlüpfens, so ist zuzugeben, dass der vom Druck des Exosporiums zuerst befreite Theil der herausquellenden Zellhaut infolge momentaner Steigerung der Wasserimbibition des Inhaltes stärker gedehnt werden kann als der übrige Theil. Dadurch werden die Molekeln, welche diesen Theil zusammensetzen, mehr von einander entfernt als die des anderen Theiles und geben dem Eintritt neuer Cellulosetheilchen, die von innen her in die Wand hineingepresst werden, leichter nach. So wächst dieser Theil stärker als der andere. Bei steigendem Wasserdruck von innen verbleibt in der einmal gedehnten Zellhälfte ein Ort geringerer Widerstandskraft und wird immer wieder aufgetrieben, und immer weiter reckt sich dadurch die ursprünglich rundliche Zelle zu cylindrischer Gestalt aus. Je länger aber der Zellkörper sich nun ausstreckt, desto ungleicher kann sich die an seiner Oberfläche neu eintretende Wassermenge vertheilen. Damit kann nicht allein der Wachsthumspunkt am Schlauchende selbst in etwas verschiedener Richtung aufgetrieben werden, sondern es können auch in der immer länger gedehnten Cylinder-Mantelfläche noch neue, schwächer cohärirende Stellen sich bilden, welche als neue Punkte geringeren Widerstandes nun ihrerseits zu neuen Wachsthumsscheiteln aufgetrieben und fortgeschoben werden. So entstehen die Zweige des Schlauches. — Das Baumaterial zu allen diesen Bildungen stellt gleichzeitig am Licht das sich gleichmässig vermehrende Chlorophyll fertig, worauf sich dasselbe nach dem Diffusionsgesetz durch den Zellraum vertheilt.

Wir sehen somit vermittelst der Erscheinungen der Diffusion und Turgescenz, der Zwangsinfiltration und Cohäsion den Aufbau eines *Vaucheria*-Stöckchens allein durch einfache Atomkräfte ausgeführt, sobald wir eine Keimzelle, eine genügende Wasser- und Luftmenge, Licht und Erdboden als gegeben voraussetzen. Wir sehen ferner auch die Anfangs oft in die Luft, dem Lichte zugewandt, emporstrebenden Sprösschen durch die Schwere auf den Boden zurückgezogen und über denselben hingestreckt.

Dies trifft nun zu, so lange die schlauchförmigen Pflänzchen noch klein und von ziemlich gleichmässig vertheilter Substanz sind. Die Saugkraft schwellt den Umfang und lässt wachsen, die Schwere richtet, der Sonnenstrahl assimilirt, der Zufall giebt die Form der Verästelung, und Alles scheint fertig. Nun aber treiben nach unten die erwähnten dünneren, stoffärmeren Wurzelschläuche hervor. Wie kommen diese zum Austrieb? Die Turgescenz des Saftes dehnt die Zellwand an den Stellen geringeren Widerstandes, d. h. geringerer Cohäsion, resp. geringerer Molekulardichtigkeit. Woher entstehen solche Stellen an der unteren Seite, nach welcher die Schwerkraft vielmehr den Stoff häufen und die Molekeln dichter zusammendrängen müsste? Oder zieht die Schwerkraft hier in überwiegender Energie ihrerseits die eng gelagerten Stofftheilchen nach unten auseinander, so dass sie eine beutelförmige Aussackung bilden? Könnten dann gleichzeitig jene ganz analogen Zweigausstülpungen solcher energischen Wirksamkeit gerade entgegen nach oben emporgehoben werden? Was bewirkt, dass hier die Schwellkraft über die Schwerkraft, dort die Schwerkraft über die Schwellkraft den Sieg davon trägt? Ferner bleiben die Wurzelschläuche stoffarm, obgleich die Schwere sie mit reichlicherer Substanz vollfüllen müsste als die aufstrebende Stammspitze mit ihren Zweigen. Auch bleiben trotz der Schwerewirkung die Wände der absteigenden Wurzelschläuche selbst schlaff und dürftig, während die aufsteigenden kräftig ernährt und straff werden.

Noch weitere Momente ergiebt das längere Auswachsen der Schläuche. Je höher die Wachsthumsspitzen sich erheben und je länger sie sich strecken, desto mehr drängt sich die Hauptmasse sowohl des Protoplasmas, als auch des ganzen Säfteinhalts der Spitze zu, während von rückwärts her der Schlauch sich der dichteren Stoffe entleert. Der hydrostatische Druck des Zellsaftes könnte durch den ganzen Raum, den er erfüllt, nur völlig gleichmässig wirken. Die Quellstoffe an sich müssten vermittelst der gleichmässigen Einziehung des Wassers ebenfalls gleichmässig durch den ganzen Raum sich zu vertheilen suchen. Der Schwere gerade entgegen die grössere Stoffmasse anzusammeln, ist die Quellkraft an sich ebenfalls nicht im Stande, wenn sie nicht rückwärts auf Widerstand sich stützen kann. Hier entbehrt sie desselben aber gänzlich, und damit verliert dann zugleich die oben noch zugegebene Vorstellung von einem Austreiben der Wachsthumsorte mittelst Turgescenz wieder ihre Basis und wird hinfällig. Oder sollen Wärme- oder Lichtschwingungen die Stoffe aufwärts heben und sammeln und über die Grenzen des bisher von ihnen erfüllten Raumes hinausdrängen? Wir kennen bisher keine ähnlichen Wirkungen beider Kräfte.

Noch auffallender tritt dann die Bildung neuer Wände mitten in den nach vorn und oben fortwachsenden Schläuchen auf. Die vorwärtsrückende Stoffmasse schliesst sich rückwärts gegen einen zurückgelassenen, inhaltsarmen Theil des Schlauches ab, der nachmals häufig abstirbt. Dadurch gewinnt das vordere Stück für seine Quellkraft rückwärts einen neuen Stützpunkt. Welche Wirkung der Atomkräfte hebt nun nicht allein fast den ganzen plastischen Zellinhalt aus der Basis des Schlauches hinaus, der Schwerewirkung direkt entgegen, sondern bewirkt auch noch die Ausscheidung einer Zellmembran mitten im Schlauchraum unter völlig ungleichem Druck, während die Stofftheilchen dieser Membran von oben durch die Quellstoffe gepresst, von unten von der Schwere gezogen werden? Welche Molekularwirkungen gebieten diesen Zellstoffatomen, hier Halt zu machen, und lassen sie zu einem festen Schutzwall erstarren und sich befestigen?

Es fehlt mithin wiederum an der Ursache zur Bildung der Zellwandausstülpungen zu Wurzelschläuchen, zur Stoffansammlung zunächst den wachsenden Spitzem, zur Erbauung neuer Zwischenwände, wozu insgesammt ein genügemder Anlass aus den Atomkräften nicht hergeleitet werden kann.

Bei *Vaucheria* ist jedoch wenigstens die Unregelmässigkeit der ganzen Gestalt und zumal der Verzweigungsweise der Annahme des Zustandekommens aus den alleinigen Wirkungen von Atomkräften zum Theil günstig. Dies ist aber nur bei sehr wenigen Pflanzen der Fall. Schreiten wir in Gedanken nur bis zu *Bryopsis* oder *Caulerpa*, zu *Bulbochaete* oder *Cladophora* vor, so fällt auch dieses günstige Moment der äusseren Gestaltung hinweg. Bei diesen erscheinen meist in regelmässiger Alternation, bald rechts, bald links die neuen Zweige an dem oberen Ende der Gliederzellen ihrer Stämmchen. Der Schwerkraftrichtung widersprechen sie direkt. Die innere Turgescenz aber bedarf, um sie an planmässig vorbestimmter Stelle auszutreiben, einer vorbereitenden, lockernden Bewegung, die sie nicht ohne besondere örtliche Ursache bewerkstelligen kann. Auch das Licht hat keine unmittelbare Macht über solche Regelmässigkeit, zumal auch die Stämmchen in ihrer Verzweigung alle möglichen Richtungen gegen das Licht aufweisen, besonders im reichlich durchleuchteten Wasser. Die Wärme endlich hat ebensowenig eine Eigenschaft, welche diese Erscheinung zu erklären vermöchte.

§. 16. Zahlreiche Beispiele aus den einfachsten Zellaufbaumethoden stehen jedem, der solche analysiren will, zu Gebote. Sie lassen sich leicht dem Vorstehenden anpassen. Je höher wir dann im Pflanzenreich aufsteigen, desto deutlicher tritt das Postulat einer regelnden Bewegungsursache hervor, welche der Wirkung der atomistischen Kräfte, die schliesslich überall die eigentlich schweren Arbeiten leisten, die Lasten heben und schieben und das Mauerwerk fügen müssen, die Richtung ihrer Wirksamkeit anweist und ihnen die zu bewegenden Massen, so zu sagen, in die Hände liefert.

So kriecht das Protonema, das aus der Moosspore erwächst, träge auf dem Boden hin, als wäre es unfähig, der Schwere widerstehende, aufrechte Zellstoffbauten zu errichten. Sobald aber die Laubknospe zum Moosstämmchen sich zu entwickeln beginnt, werden die Cellulosemolekeln mit Leichtigkeit gerade aufwärts gehoben, und der neue Wachsthumspunkt treibt mit Energie seinen Scheitel stetig in die Höhe.

Am deutlichsten indessen giebt uns der phanerogamische Stammaufbau von der Lücke in dem Kreise der Kräftewirkungen Zeugniss, zumal schon gleich der erste Anfang der phanerogamischen Pflanze, die Entwicklung des Keimes. Jeder weiss, dass, wenn die Samen auf oder in den feuchten Boden gestreut werden, sich die heraustretenden Wurzelenden der Keimlinge alsbald abwärts, die Stammenden aufwärts richten. In welche Lage dabei der Zufall die Samenkörner geworfen haben mag, ob ihre Mündung schon von selbst nach unten oder sonst wohin gewandt sein mag, das bleibt dabei ganz gleichgültig. Gerade gestreckt oder mit der erforderlichen Krümmung wendet sich die Wurzelspitze meist direkt nach abwärts. Nichts scheint augenscheinlicher die unmittelbar zwangsweise wirkende Schwerkraft vor Augen zu stellen als dieser Vorgang. Zahllose Versuchsreihen sind denn auch in der That angestellt worden, um hier die direkte Einwirkung der Schwerkraft zu erweisen. Nicht allein, dass leichtkeimende Samen in jedweder Lage zur senkrechten und horizontalen Richtung zum Keimen gebracht wurden, hat man vor allem bei solchen Versuchen die anderen mitwirkenden Momente fern zu halten und selbst die Schwerkraft durch übereinstimmend wirkende Bewegungsursachen, z. B. die Schwungkraft, zu ersetzen gesucht. Ueberall trat dabei der Einfluss der Schwerkraft deutlich ins Licht.

Es fand sich dann weiter der Bau der wachsenden Keimwurzelspitze bei manchen Pflanzen so eingerichtet, dass der Einwirkung der Schwere der passende Angriffspunkt zu Gebote stand. Nahe unter der wachsenden Spitze erhielt sich das junge Zellgewebe, das den walzenrunden Keimwurzelkörper zusammensetzt, besonders zart und nachgiebig. Mittelst des Hebelgewichtes der fortwachsenden Spitze selbst biegt nun die Anziehungskraft der Erde die wachsende Wurzel so lange abwärts, bis sie senkrecht hängt und so direkt in den Grund hinabsteigen kann. Dieser Einfluss der Schwere ist durch Versuche in oder auf verschieden schweren Medien zur Genüge festgestellt worden. — Was für die Keimwurzeln beobachtet wird, gilt auch in vielen Fällen für die Seiten- und Beiwurzeln der ausgebildeten Pflanzenstöcke, wie ja grade die Wurzeln auch sonst in Bau und Benehmen sämmtlich sehr übereinstimmen.

Es stellen sich indessen auch andere Thatsachen den bisher erwähnten gegenüber. Zunächst sieht man unter vielen Keimwurzeln, die an der richtigen Stelle hinter der wachsenden Spitze der Schwere gehorsam sich beugen, einzelne, die es nicht thun. Wenn man die Samen an einer senkrecht stehenden feuchten Wand befestigt keimen lässt, so krümmen sich sehr viele Keimwurzeln gar nicht nach unten, sondern nach der Seite zur Wand hin. Wenn man ebenso einen Behälter mit durchbrochenem Boden, mit feuchter Erde gefüllt, hoch hängt und die Samen unterhalb desselben anbringt, so senden viele ihre Wurzeln der Schwere genau entgegen aufwärts in die Erde des Behälters hinein. Oder wenn die Samen in die unterste Schicht eines solchen Erdbehältnisses eingebettet werden, so wachsen viele Wurzeln zwar zuerst, der Schwerkraft folgend, durch den Boden ins Freie, kehren aber dann mit den Spitzen um, ohne sich um die Schwere weiter zu kümmern, und begeben sich in den feuchten Erdboden zurück. Oder man beobachtet auch, dass von den seitwärts ausbrechenden Wurzeln von Stecklingen, Zwiebeln oder anderen Pflanzenkörpern, die leicht Wurzeln aussenden, ebensoviele schräg oder fast horizontal wachsen als senkrecht. Sehr häufig zeigt die vermeintliche Stelle geringsten Biegungswiderstandes hinter der Wurzelspitze nicht die geringste Nachgiebigkeit gegen die Schwerkraft. Stecklinge, die man nicht in Wasser oder Erde, sondern in feuchter Luft wurzeln lässt, senden nicht selten einige der Wurzeln schief oder gerade aufwärts. Besonders kräftige Wurzeln nehmen überhaupt an keinem ihrer Theile bemerkbare Notiz von der Schwere. Schliesslich jedoch kehrt sich die Mehrzahl aller derartigen Wurzeln, wenn sie weder seitwärts, noch oberhalb Nahrungsboden finden, bald früher bald später wieder nach unten hin.

Für die Fälle nun, in denen die seitwärts oder oberhalb angebrachte feuchte Erdschicht die Wurzeln auf sich ablenkt, hat man wohl eine direkte Einwirkung der Feuchtigkeit selbst als Bewegungsursache annehmen wollen, die dann in diesem Falle die Schwerkraft an Energie überträfe. Allein durch welche Art von Kraft soll die einer Erdmenge beigemischte, immerhin unbedeutende Wassermenge eine Anziehungswirkung überhaupt und besonders eine von solcher Stärke ausüben, dass sie der Schwerkraft überlegen wird?

Die Gesammtübersicht der vorstehend aufgeführten Thatsachen, die durch ähnliche in beliebiger Menge vervielfältigt werden könnten, lehrt, dass die Wurzeln einer Zwangswirkung der Erdanziehung in Bezug auf die Richtung ihres Wachsthums gegen den Ernährungsgrund gerade so viel und gerade so wenig unterworfen sind wie die Laubsprosse in ihrem Aufwärtsstreben. Sie wachsen eben, wenn das vorhandene Material dazu ausreicht, so lange, bis sie einen Ernährungsgrund gefunden haben, und nehmen dazu gewöhnlich früher oder später die Abwärtsrichtung an. Geben wir auch zu, dass ein Ort geringerer Festigkeit hinter der Spitze manchen Wurzeln eigen ist, so fehlt doch bei den meisten Wurzeln jedes Anzeichen, dass derselbe der Schwerewirkung unterliegen müsse. Wo er derselben nachgiebt, müssen wieder andere Ursachen vorhanden sein, die gerade diesem Orte die Zufuhr reichlicheren Nahrungsmateriales gerade deshalb abgeschnitten haben, damit er längere Zeit schwach bleibe und erst allmählich erstarke. Denn die Schwerkraft selbst ist zur Herstellung eines solchen Schwächeortes erst recht machtlos. Sollte sie die Substanzzufuhr regeln, so müsste bei abwärts geneigten Wurzelspitzen gerade die gesammte Spitzengegend am kräftigsten, bei Aufwärtsrichtung die Spitze selbst am allerschwächsten ernährt werden, was Beides doch nicht zutrifft.

Am deutlichsten aber tritt die schwache Stelle der Theorie hervor, wenn man die Gewalt betrachtet, mit welcher sich die Wurzelspitzen, wenn sie endlich den Erdboden berühren, in denselben einbohren. Die Mechanik dieses Einsenkens beruht zuerst auf Längenwachsthum des ganzen Wurzel-Cylinders und sodann auf der Möglichkeit, sich fest gegen die ruhende Masse des oberen Keimtheiles und des Samens, in dem dieser steckt, anzustemmen. Befände sich nun dicht hinter der Spitze eine schwache Stelle, so müsste statt des Einbohrens ein Umbiegen oder Knicken eintreten. Eine Zellgewebsstrecke von so geringer Haltbarkeit, dass sie die geringe Last der Wurzelspitze nicht einmal in der Luft ausgestreckt tragen kann, vermag ja noch viel weniger die Wurzelspitze in die widerstandskräftige Erde hineinzutreiben. Welche Bewegungs-Ursachen haben denn also jetzt in jener schwachen Gewebspartie — wenn sie bestand — die Schwäche der Zellwände durch plötzliche und schleunigste Stoffzufuhr in eine besondere Festigkeit umgewandelt?

Wo aber wirklich die Wurzelspitzen am allerreichlichsten ernährt werden, wie an den gewaltigen Luftwurzeln der Pandanaceen, mancher Palmen, Orchidaceen u. s. w., sind diese am alleraugenfälligsten der Schwere nicht mehr unterworfen, als jeder andere schwebende Pflanzentheil. Und wiederum gilt dasselbe für den Gegensatz dieser massiven Gebilde, die zarten schlauchförmigen Wurzel-Haarzellen selbst, die in feuchter Luft aus der Oberfläche der Wurzeln hervorbrechen, aber, statt nach der Richtung der Schwere zu fragen, vielmehr ringsum in jeder Richtung gleichmässig auseinander spreitzen.

Man hat auch wohl hierfür wieder die Lichtstrahlen als Zwangs-Helfer herangezogen, die diese verschiedenen Wurzeln und die denselben ähnlichen Gebilde in die Flucht zu schlagen scheinen. Wo packen aber die feinen Aetherwellen die schweren Zellstoffmassen der besagten Wurzelkörper, um sie zu zwingen, in einer bestimmten Richtung zu wachsen?

Weit entfernt also, dass wir hier im Benehmen der Keimlingswurzeln oder der Seitenwurzeln der höheren Pflanzen die Zwangswirkung der Schwere oder einer anderen Molekular-Kraft entdeckt hätten, finden wir darin wiederum denselben Mangel eines Erklärungsgrundes für diejenige Bewegung, welche die Wurzeln gerade so abwärts zu wachsen veranlasst, wie es für ihre Verrichtung erspriesslich ist. —

Wie die Wurzel sich der Regel nach abwärts in den Erdboden begiebt, so strebt das Stengelende des Keimes aufwärts gegen das Licht. Aber auch wo das Licht fehlt, im Finstern, unterlässt dasselbe nicht, die gleiche Richtung einzuschlagen. Diese Erscheinung fällt indessen mit den analogen Vorgängen, die sich beim Aufbau des ganzen Stockgebäudes stets wiederholen, durchaus zusammen und sei deshalb zugleich mit diesen näher besprochen.

§. 17. Der Hochbau, den die Mehrzahl der vornehmeren Pflanzengestalten in der Regel befolgt, macht die bedeutendsten Stoff-Bewegungen nöthig. Die Masse des Wassers, das von der Wurzel zur Krone hinaufgeschafft werden muss, theils um als Baustoff in der Zellwand, theils um als Transport-Vehikel zu dienen, erreicht ungemein hohe Maasse. Die Gewichtsmenge des aus der Luft gewonnenen und in der Pflanze hin und hergeworfenen Kohlen- und Sauerstoffes ist kaum geringer. Alle diese Arbeit fällt den Anziehungs-Kräften der organischen Molekeln als phytophysische Aufgabe zu. Die im Gebäude bereits vorhandenen verstärken dabei ihre Zahl und Macht, so zu sagen, durch Cooptation. — Allein, wie kommen die anziehenden Kräfte in die Lage, dem arteigenen Bauplan gemäss solche Massen heben, hin und herbewegen und schliesslich an dem richtigen Orte ablegen und einfügen zu können?

Wir erinnern uns dabei der oben besprochenen Vorgänge beim Aufbau der *Vaucheria,* deren typisch einfache Zelle zu einem verzweigten Stöckchen auswächst, ferner der Vorgänge der ersten Umwandung und der Theilung einer Anfangszelle und endlich der Ungleichtheilung einer Zelle im Innern des Gewebes.

Das erste Hervortreten der beiden Keimspitzen aus dem Samen kann nur durch Streckung und Vermehrung der Zellen in der Längsrichtung erfolgen. Nun könnte man vielleicht diese erste Längsstreckung der Zellen des Keimes aus einfachem Turgor, der durch Wasseraufnahme entsteht, erklären. Denn ein solcher müsste ja das Wachsthum in der Richtung des geringsten Widerstandes ausführen, und als derartige Richtung möchte wohl ohne Bedenken für das zunächst auszustreckende Wurzelende die Richtung gegen den Samenmund anzunehmen sein. Dann möchte die Quellung des oberen Keimtheiles zu seiner Befreiung aus dem Rest der Samenschale genügen. Nun aber tritt die Geradreckung des ganzen Keimes aus Hundert verschiedenen möglichen Schief- und Krummlagen als nothwendiges Erforderniss ein. Und demnächst haben die zahlreichen Ungleich-Streckungen und Ungleich-Theilungen einzelner Zellen im Innern zu beginnen, welche, wie in jenen besprochenen einfachsten Fällen, in völliger Gleichgültigkeit gegen die von aussen einwirkenden Umstände, wie gegen die inneren Schwere- oder Quellungswirkungen planmässig sich einleiten und durchführen. Damit ist man abermals bei der Frage nach jener Bewegungs-Ursache angelangt, die durch die Molekularkräfte selbst nicht gegeben wird, diesen vielmehr ihre richtige Wirksamkeit erst ermöglicht.

Könnte denn das Aufwärtsstreben des Pflanzenstockes nicht doch irgendwie als ein Produkt der Molekularkräfte aufgefasst werden, wenn wir es noch einmal hier in aller seiner Einfachheit analysiren? Könnte nicht in der Combination der Zellgewebsschichten, die den Stamm aufbauen, ein Zwangsmittel zu immer weiterem Empordrängen der Wachsthumsstoffe liegen? Was die Turgescenz des Spross-Inneren und sonstige Molekular-Wirkungen dabei zu leisten vermögen, ist bereits früher erwähnt worden. Alles übrige aber beruht allein auf der planmässigen

Gestaltungsfolge der verschiedenen Zellformen. Der Turgor des Markes kann das Scheitel-Wachsthum nicht begünstigen, wenn die Markzellen nicht von widerstandskräftigen Holzlagen umgeben sind; und eben so wenig vermag dies der Turgor der Rinde, wenn diese nicht von den zähe und fest ausgebildeten Epidermis- und Korkzellen umpanzert und von ihnen in ihrem Druck nach oben gestützt wird. Die stetige Zufuhr genügenden Saftes kann nur gewährleistet werden, wenn ausreichende imbibirende Zuleitungen vorhanden sind. Die Gestaltung dieser und ebenso aller übrigen vorbereitenden Einrichtungen aber ist von den Molekular-Attraktionen nicht abhängig.

Schon in der Keimmutterzelle der Phanerogamen vollzieht sich die erste Theilung gleichgültig gegen die Lagerung innerhalb des Samens, oft selbst gegen die Lage im Keimsack selbst, lediglich dem auszuführenden Bauplane entsprechend. Ebenso geschieht es bei den folgenden Theilungsschritten. Fort und fort gelangen aus derselben Mutterzelle ungleiche Tochterzellen zur Erzeugung. Zug um Zug, ohne Rücksicht auf die Richtung von Schwere, Wärme und Licht und den Zutritt der Feuchtigkeit vollzieht sich die Differenzirung der Zellgenerationen. Keine vis a tergo zwingt die Molekeln zu einer Anhäufung zusammen, aus der hier eine Parenchymzelle, dort eine Holz- oder Gefässzelle, da eine Rindenzelle mit Nothwendigkeit gleichsam herauskrystallisiren müsste. Die Formenfolge lässt keinerlei unmittelbar greifbare Ursache erkennen. Aus der wechselnden Gruppirung der Zellgeschlechter aber folgt die gesammte Gestalt, Aufstellung, Haltung und Richtung aller Theile des Pflanzenstockes.

§. 18. Die ernsthaftesten Versuche, die Gestaltung des Pflanzenkörpers ganz auf Schwere und Lichtwirkung zurückzuführen, haben indessen diejenigen Pflanzen veranlasst, deren seitlich gerichtete Sprosse gegen die Richtung dieser Kräfte eine symmetrische Stellung der Auszweigungen und dem entsprechend des inneren Baues erkennen lassen. Desgleichen gaben jene Erscheinungen des Wiederaufrichtens niedergelegter Sprosse von Pflanzen, die sonst aufrecht stehen, reichlichen Anlass dazu. Die Blätter an den seitlichen Sprossen vieler Bäume, z. B. der Buchen, stehen abwechselnd in zwei seitlichen Reihen, während sie an den aufrechten Hauptsprossen in regelrechter Wendellinie erscheinen; und dem entsprechend sind die untere und obere Seite solcher seitlichen Sprosse im Innern anders gebaut als jene Hauptsprosse, wie sie ja auch einer verschiedenen Vertheilung ihrer Belastung gerecht werden müssen. Durch Versuche, bei denen sich die aus ihrer Lage gebrachten Spross- und Laubsysteme wieder der Schwere entsprechend ordnen, schien sich zu bestätigen, dass die Schwere schon in den seitwärts gerichteten Laubknospen die Entstehung der Blasteme an der Vegetationsspitze beeinflusste. Einerseits aber besitzen die jugendlichen Blattanlagen in den Knospen selbst keinerlei gegen die Richtung der Schwere constante Configuration, die eine wirkliche Zwangswirkung dieser Kraft bekunden könnte, andererseits sind nur einzelne Baumarten mit diesem gegen die Vertikale symmetrisch geordneten Bau begabt, während die meisten Bäume sich begnügen, spiralig angelegte Blätter durch Drehung der Stiele dem Lichte zuzukehren. Bei diesen aber behalten derartig gebaute Zweige, aus ihrer Lage gebracht, ihren Bauplan bei.

Endlich geben sowohl die mit zweizeiligen Blättern versehenen Sprosse, als diejenigen, deren spiralig gestellte Blätter in zwei Reihen gegen das Licht gekehrt sind, die horizontale symmetrische Lage ihrer Blattspreiten alsbald auf, sobald sie nicht mehr von oben, sondern von anderer Seite her beleuchtet werden. Hängende oder an Wänden aufwärts oder abwärts kriechende Sprosse des Epheus und anderer Pflanzen stellen ihre Blattflächen der Lichtquelle aufrecht entgegen. Sprosse, die gewöhnlich in geneigter Stellung entstehen und dabei ihre Blattanlagen anscheinend unter dem Zwang der Schwere symmetrisch anordnen, thun genau dasselbe, wenn man sie ihre Knospen in aufrechter Stellung anlegen lässt. Umgekehrt stellt jeder noch so ebenmässig nach allen Seiten hin mit spiralig gestellten Blättern besetzte Spross, wenn er einseitig beleuchtet wird, diese Blätter aufrecht in zwei Reihen gegen das Licht, ohne irgendwie im Innern oder Aeusseren durch den Zwang der Schwere dazu vorbereitet zu sein.

Ist es also wirklich die Schwerkraft, welche die Symmetrie der Blattstellung und des inneren Gefüges erzwingt, so thut sie es nicht bei allen Pflanzen und ferner auch nicht bei jeder Pflanze, wo sie wirksam ist, unter allen Umständen, und ausserdem stellen sich dieselben Symmetrieverhältnisse auch dann ein, wenn die Einwirkung der Schwere unmöglich gemacht ist. Mithin ist die Schwere durch eine Kraft zu ergänzen, welche ihre Einwirkung durch andere vorbereitende anatomische und molekulare Anordnungen bald zulässt und bald verhindert, und welche ausserdem — was recht sehr zu beachten ist — auch ohne die Schwerkraft oder selbst der Richtung derselben entgegen ganz denselben Bau zu Stande bringt. Man hat diese ergänzende Kraft wohl in der Lichtwirkung gesucht. Allein schon oben ist erwähnt, dass ein derartiges mechanisches Eingreifen der Lichtwellen zur Zeit unverständlich ist, also seine Annahme eine in der Luft schwebende Hypothese bildet. Ausserdem aber wäre dann doch immer noch nach der Kraft zu suchen, die im einen Falle dem Lichte, im anderen Falle der Schwere die siegreiche Einwirkung ermöglicht.

Besonders schlagend beleuchten noch die schwachen, am Boden liegenden Stengel vieler Pflanzen diese Frage. Die Schwere scheint diese allzu schwachen Stengel am Boden zu fesseln und die Blattspreiten auf demselben niederzulegen. Allein ändert man den Lichtzutritt, so richtet sich der Stengel auf, vergisst, so zu sagen, seine dem Zwang der Schwere unterworfene Schwäche und bietet sofort seine Blattspreiten in der nützlichsten Stellung dem Lichtstrahl dar. Die schlaffe *Lysimachia* hält, seitwärts beleuchtet, ihre Stengel in aufrechter Richtung, sodass sie, den Lichteintritt fast winkelrecht kreuzend, die Blätter dem Lichte zuneigt. Ebenso machen es die Epheusprosse und die schwachen Stengel mancher anderen niederliegenden Pflanzen. Doch sind die hierher gehörigen zahlreichen Fälle in allen Stücken den anderen, im Vorhergehenden schon so vielfach beleuchteten so ähnlich, dass die überall gleiche Folgerung auf der Hand liegt. Die Schwere, die Anziehungskräfte aller Art üben ihre Macht, aber einen zwingenden Einfluss auf den Aufbau des Pflanzenkörpers selbst vermag keine derselben auszuüben. Vielmehr bleibt überall dieselbe Frage nach einer weiteren Bewegungsursache bestehen.

§. 19. Das oben erwähnte, jedem Gärtner und Pflanzensammler geläufige Aufwärtskrümmen niedergelegter Pflanzensprosse, die im Wuchs begriffen sind, gab durch einige sehr schlagende Erscheinungsformen den besonders dringlichen Anlass, dasselbe als eine reine Zwangswirkung der Schwerkraft aufzufassen. Im niederliegenden Stengel sorge die Erdanziehung für ein Niederziehen der assimilirten Inhaltsmolekeln nach der unteren Seite, welche nun, stärker ernährt, auch stärker wachsen und die Wiederaufrichtung der Spitze durch Convexwerden ausführen sollte. So soll es sowohl bei Beleuchtung von oben, als auch bei Ausschluss jeder Beleuchtung geschehen. Wenn jedoch ein Lichtstrahlensystem seitwärts herantritt, so findet keine Aufwärtskrümmung, sondern eine Seitwärtskrümmung dem Lichte entgegen statt. Hier siegt dann die Lichteinwirkung wiederum über die Wirkung der Schwere. Und was noch mehr sagen will, so ist in diesen Fällen besonders bequem nachzuweisen, dass es nicht einmal der vollständigen Genossenschaft der Strahlen des Spektrums bedarf, sondern dass schon die violett-blaue Fraktion derselben allein stark genug ist, die wachsenden Sprossköpfe zu ergreifen und sich entgegen zu ziehen und die sonst so übergewaltige Schwerkraft wirkungslos zu machen. Dazu kommt noch, wie genauere Betrachtungen leicht erweisen, dass die Imbibitionskraft der Zellwände und der das Zellinnere beherrschende hydrostatische Druck an sich schon mehr als ausreichend sind, das Herabziehen der beweglichen Saftmolekeln vorzugsweise in die Molekularinterstitien der unteren Seite solcher Zweige gänzlich zu verhindern. Ueberhaupt aber liegt bei dieser Erscheinung, wie bei den Erscheinungen der Wachsthumsrichtungen im Allgemeinen, sobald man nur eine genügende Anzahl der natürlichen und der künstlich hervorgerufenen Vorgänge vergleicht, klar genug zu Tage, dass in der That das Licht das zunächst maassgebende dafür ist, die Schwerkraft aber nur bei Mangel des Lichtes zur Richtungsbestimmung in merkbare Beziehung tritt.

Ganz besonders sind ferner die oben geschilderten Reparatur-Bewegungen der Blüthen- und Fruchtstiele geeignet, die gegenseitige Unabhängigkeit von Schwere und Licht zu bekunden. Von der Stellung der Blüthen ist oben hervorgehoben worden, dass sie durch die Einrichtung des Befruchtungsgeräthes bedingt wird, von der der Früchte, dass sie mit der Samenausstreuung in genauer Beziehung steht. Das Umbiegen der Stiele und der Hypanthien, selbst sehr dicker und ungefügiger, bald der Richtung der Schwerkraft entgegen, bald derselben entsprechend, die Herstellung der arteigenen, sehr unterschiedlichen Winkelstellung der Blüthen unter freiester Verwendung aller Molekularkräfte stellt die ausschliesslich planmässige Wirkungsweise der zu Grunde liegenden Bewegungsursache in das hellste Licht.

§. 20. Abgesehen von alledem aber lässt sich ein Fundamental-Versuch machen, der so viel einzelne Fälle zugleich umfasst, dass irrigen Anschauungen kein Boden übrig bleibt. Man stelle eine sehr lichtempfindliche Pflanze, z. B. *Coleus*, so auf, dass dieselbe von einer Seite und etwas von oben her (in Fig. 4 in der Richtung des Pfeiles l m) beleuchtet wird, und bringe einzelne ihrer Sprosse nebst geeigneten Blattpaaren zwangsweise in die Stellungen, welche die Figuren 1—4 A

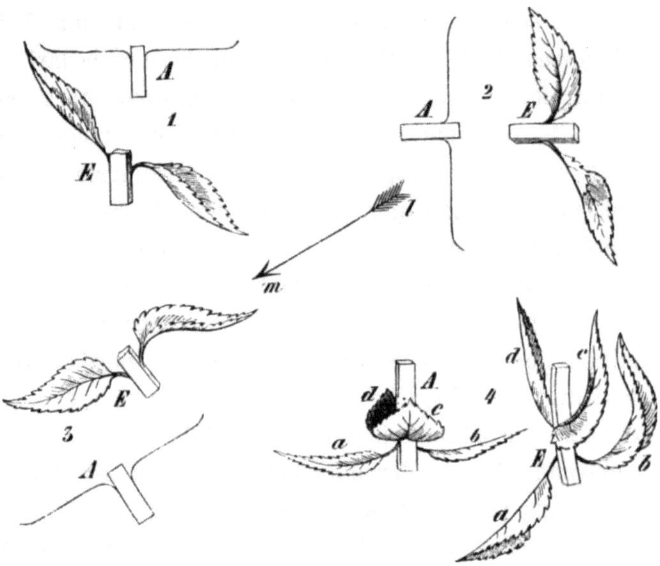

Fig. 4.

andeuten. Nach einer Anzahl von Stunden oder Tagen, je nach der Stärke der Beleuchtung und des Wachsthums der Pflanze, werden sie die Stellungen 1—4 E angenommen haben. In allen diesen Fällen wird, wie man sieht, die Correktion der Stellung so angestrebt, dass die Lichtstrahlen wiederum möglichst rechtwinklich von der Spreitenoberfläche aufgefangen werden.

Wollte man nun annehmen, die Schwere wirke um des Richtens willen auf das Wachsthum der Zellen der Blattunterseite fördernd, auf das der Oberseite hemmend ein und bewirke so die Richtung der Blätter, so betrachte man die Fälle 1 und 3, in denen die Oberseiten (resp. Unterseiten) der beiden Blätter desselben Paares sich gegen die Schwerkraft entgegengesetzt verhalten. Im Fall 2 war der Unterschied der Schwerkraftwirkung auf die beiden Seiten der Blätter überhaupt ganz aufgehoben, und doch trat eine Richtungsänderung beider Blätter ein.

Will man aber aus den Fällen 2 und 3 die Hülfshypothese ableiten, dass die Schwerkraft, wenn sie das wachsende Zellgewebe so fasst, dass die Richtung ihrer Zugkraft mit der Richtung von der Basis des

Blattes nach der Spitze hin (dieselbe sei Wachsthumsrichtung genannt) ganz oder annähernd zusammenfällt, förderlich auf die Blattunterseite, im entgegengesetzten Falle hinderlich auf dieselbe einwirke, so widersprechen dieser Annahme die Fälle 1 und 4, deren Blattpaare, anfangs mit ihrer Fläche gegen die Richtung der Schwere gleichmässig orientirt, gleichwohl die Einzelblätter in entgegengesetztem Sinne krümmen.

Wollte man dagegen das Licht als richtende Kraft nachweisen, so könnte man aus dem Falle 1 etwa herleiten, dass die Schwingungen des Lichtes auf die Gewebe der direkt beleuchteten Blattseite hemmend einwirken, wenn die Wachsthumsrichtung des Blattes mit der Richtung der Lichtwellen zusammenfällt, fördernd dagegen, wenn dieselbe dieser entgegenläuft (umgekehrt auf die nicht beleuchtete Blattseite). Darnach müsste das Paar 1 aus der horizontalen in die vorne abwärts geneigte Stellung übergehen. Allein mit dem Falle 1 stände dann 4 in Widerspruch, da in beiden die Blätter Anfangs gleich horizontal gestellt sind, im einen Falle aber sich das eine Blatt hebt, das andere senkt, im anderen beide das gerade Entgegengesetzte thun. Ausserdem aber wechselt im Fall 4, während die Längsrichtung der Blätter a und b allmählich die Richtung des Lichteinfalles passirt, jede Blattseite ihre Rolle in ihrer Lage zum Lichte, da erst die eine dem Lichte direkt ausgesetzt ist, dann die andere; eine entgegengesetzte Wirkung des Lichtes vorher und nachher aber ist nicht zu beobachten*). —

Nach allen diesen Ausführungen lassen sich die feineren und gröberen Züge der specifischen und individuellen Gestaltungserscheinungen der Pflanzenwelt in keinem Falle als gesetzmässig einfache Wirkungen der atomeigenen oder übertragbaren Molekularkräfte auffassen. Diese Gestaltungserscheinungen folgen keinem Zwange der Schwerkraft, der Imbibition oder Quellkraft, der Licht- und Wärmeschwingungen, wenn diesen auch die letzten Arbeiten dabei zufallen; sie folgen vielmehr einer anderen Gruppe von Bewegungsursachen,

---

*) Anm. d. Herausg. Das geschilderte Experiment zur Erläuterung des Einflusses von Schwere, Licht u. s. w. auf die Richtung der Blätter sollte nach der Absicht des Verfassers noch eingehender erörtert und durch Mittheilung anderer Experimente, die wiederholt in grosser Anzahl zur Prüfung dieser Fragen angestellt worden waren, ergänzt werden.

welche einerseits nach dem specifischen Bauplan, andererseits nach dem individuellen Nützlichkeitsbedürfniss die Arbeiten der Molekularkräfte vorbereiten, in Gang bringen, nach Umständen ändern und in jeder Weise regeln. Dies sei einstweilen festgehalten.

4. Die Hypothese atomeigener Gestaltungskräfte und die Gestaltsamkeit als übertragbare Kraft.

§. 21. Die Thatsachen, welche vorstehend in Uebersicht gebracht sind, haben also wiederholt genöthigt, neben den Bewegungsursachen, die am einzelnen Atom haften, und denen, die von einem Atom zum anderen sich durch Stoss übertragen, noch nach anderen Einwirkungen zu suchen, welche das leisten, was die Leistung jener zu wünschen übrig lässt. Gleichwohl hat man sich in der Hoffnung, diesen Kräfterest doch noch aus solchen Ursachen abzuleiten, die sich den Molekularkräften gleichwerthig zeigen, einstweilen veranlasst gesehen, gewisse Gruppen ähnlicher Erscheinungen auf principiell gleiche Einwirkungen derartiger Kräfte zurückzuführen und diese einstweilen mit Namen zu versehen. So nennt man das Streben der Pflanzentheile, sich gegen die Richtung der Schwerkraft zu orientiren, Geotropismus, das Streben nach richtiger Einstellung gegen das Licht Heliotropismus, die Unterlassung beider Observanzen aber oder den Widerstreit gegen dieselben negativen Geotropismus resp. negativen Heliotropismus. Man nennt die in Uebereinstimmung mit einer dieser Bestrebungen eintretende Förderung der morphologischen Ober- oder Unterseite, Licht- oder Schattenseite beziehungsweise Epinastie oder Hyponastie. Seitliche Krümmung von mancherlei Art und Ursache, die äusserlich unmotivirt erscheint, setzt man auf Rechnung des Nutations-Vermögens.

Man behauptet freilich nirgends, dass man unter diesen Worten wirkliche Bewegungsursachen, Specialgestaltungskräfte verstanden wissen wolle, behandelt dieselben indessen häufig sowohl stylistisch, als auch dem Sinne nach so, als ob sie in der That eigene Kräfte vorstellen sollten, und überlässt dem Leser, was er davon halten will. Damit ist dann ein Anlass gegeben, eine nicht geringe Anzahl von organischen Zugkräften in der Vorstellung erstehen zu lassen, die wegen ihres geheimnissvollen Auf- und Abtretens auf dem Schauplatz der morphologischen Begebenheiten ein nicht geringes mystisches Gepräge verrathen. Immerhin müssen sie einstweilen über die Schwierigkeiten hinweghelfen, bis die rein molekulare Dynamik einst ihre Schuldigkeit thun wird. — Als einfache Bezeichnungen ähnlicher morphologischer Vorgänge mögen solche Ausdrücke immerhin bequem sein, als Erreger mystischer Unklarheit aber dürften sie besser ganz vermieden werden.

Während man nun diese Kräftegesellschaft des Geo- und Heliotropismus und Genossen für die Orientirung der Organe gegen Erdoberfläche und Sonnenlicht sorgen lässt, werden die beiden wesentlichsten morphologischen Erscheinungsgruppen einer selbständigen Behandlung unterzogen. Das planmässige Wiederholen des arteigenen Formenkreises einerseits und das freie Schalten des Individuums mit den zu Gebote stehenden Formen innerhalb des Artbereiches andererseits werden auf Rechnung der Erblichkeit und Veränderlichkeit als Hauptagentien gesetzt. Wie diese Kräfte aber in Wirksamkeit treten und welcher Natur sie seien, das bleibt fast in allen darüber entwickelten Theorien ebenso unklar wie die Wirksamkeit der vorgenannten Kräftegruppen, wenn man auch zuweilen der Frage nach ihrer molekularen Natur etwas näher zu treten versucht hat.

Es steht als Thatsache unwandelbar fest, dass heutigen Tages ein Organismus nur aus einem anderen entspringt. Meist reicht bereits eine einzelne Zelle einer Pflanze unter den entsprechenden Umständen aus, eine neue Pflanze zu erzeugen. Es steht ferner ebenso fest, dass der Zeugling den Erzeugern in allen Stücken möglichst ähnlich wird, dass derselbe in dem allmählichen Vermehrungsverfahren der zu seinem Aufbau bestimmten Zellen ähnliche Zellgenerationen hervorbringt, dieselben zu ähnlichen Formen zusammenfügt und den ganzen Kreislauf der Entwicklung zu ähnlichem Abschluss bringt wie jene. Dabei ist daran zu erinnern, dass weder die erste Zelle der Tochterpflanze, noch sonst irgend eine ihrer Nachkommen, noch eine Genossenschaft derselben, noch ein daraus bestehendes Organ dem entsprechenden Theile der Mutterpflanze geometrisch congruent ist. Auch in der Anzahl und gegenseitigen Stellung herrscht keinerlei mathematisch genaue Gleichheit. Keineswegs ist die Tochter ein Abklatsch der Mutter, wohl aber verhalten sich beide wie zwei äquivalente Ausführungen desselben Bauplanes. Einzelne Bausteine, Balken und Nägel können in beiden sehr verschieden liegen. Die Gesammtgestalten aber sehen sich ähnlich und gelangen zu demselben Gesammtausdruck. Das nennt man ja eben Erblichkeit.

Wie überträgt nun die Natur durch die materiell so enge Brücke der einzelnen Keimzelle den gesammten Gestaltungsplan mit solcher Ausführlichkeit von Mutter auf Tochter? Den Molekularkräften sind, wie oben vielfach nachgewiesen ward, keine Aeusserungen eigen, die eine Gestalt überhaupt planmässig herzustellen, geschweige denn aus den an sich gestaltlosen Anfängen stets in derselben Weise zu wiederholen im Stande wären, ausser den bei der Krystallisation wirksamen Eigenschaften. Diese aber erzeugen stets mathematisch genau gleiche Formen. Zwischen zwei Pflanzenformen derselben Art herrscht jedoch, wie schon oben gesagt, keinerlei mathematische Congruenz. Also ist an einen einfachen Gestaltungsstoff, dessen Krystallform, so zu sagen, die specifische Pflanzengestalt wäre (so dass für jede Art nur ein solcher zu existiren brauchte), nicht zu denken.

Vielleicht wären aber doch die atomeigenen Kräfte noch in etwas anderer Art verwendbar. Am Atom haftend können sie mit demselben wandern. Wo nur immer stofflicher Verkehr herrscht, können sie mit den Atomen transportirt und übermittelt werden. Wohin immer wir uns eine Anzahl Eisen- oder Schwefelatome oder complicirtere Atomgruppen von kohlensaurem oder schwefelsaurem Kalk oder was immer für einer anderen Mineralverbindung versetzt denken, da werden sie sich nach mathematisch gleichen Regeln, ihrer eigenartigen Anziehungsweise entsprechend, zu immer gleichen oder dem gleichen Princip folgenden Formen zusammenfügen. Mit anderen in neue Gruppirungen und Gesellschaften gebracht, werden ihre combinirten Anziehungskräfte gemeinschaftlich neue Formen hervorgehen lassen. Wiederum in die alten Verbindungen zurückgeführt, lassen sie jedoch die früheren Gestalten wieder hervortreten. Wohin auch immer die Atome mit ihrem specifischen Kräftekapital wandern, da müssen sie mit Nothwendigkeit immer wieder zu gleichen Formen zusammentreten. Könnte es nun im Organismus nicht dennoch ebenso sein? Könnten nicht organische Verbindungen, viel zahlreicher, als man sie bis jetzt nach gröberen Differenzen unterscheidet (und zwar jede mit besonderer Atomgruppirung in den Molekeln), Trägerinnen je einer einzigen besonderen Gestaltung sein? Könnten nicht Combinationen neuer Gestaltungsmolekeln zu immer neuen Gestalten führen? Wäre dann nicht dennoch jeder Gestaltungszug eines Pflanzentheiles einfach die molekeleigene Form einer bestimmten Verbindung und als solche übertragbar und mit anderen vereinbar? Wäre nicht alsdann das ganze Pflanzengebäude dennoch erklärbar als zusammengefügt aus einer genügenden Anzahl formgebender Molekeln von bestimmten organischen Stoffverbindungen? Könnte dies Pflanzengebäude nicht vielmehr einem Hause gleichen, das aus Formziegeln, gemeisselten Hausteinen, zugeschnitzten Hölzern und modellirten Eisenstücken gebaut ist, als einem Hause, das aus gleichgestalteten Ziegeln und rohen Holz- und Eisenstücken erst unter der Hand der Arbeiter gestaltet wird? In den Formsteinen, in den mit der Befähigung zu complicirter Krystallgestalt begabten Molekeln läge dann die Gesammtform schon vorbereitet, nur dass alle Formstücke in genügender Zahl an die rechte Stelle kommen müssten.

Trete man der Frage etwas näher. Soll die Gesammtgestalt Ergebniss molekularer, krystallartiger Bildungen sein, so dass jede Molekulardifferenz eine entsprechende Gestaltdifferenz mit gesetzmässiger Nothwendigkeit hervorruft und erzwingt, dafür aber auch nur diese schaffen kann, so muss es in der Pflanze so viel Molekelformen geben, als es Formdifferenzen im Zellenbau giebt. Wir müssen uns die Cellulose und das Plastin in so viele Unterarten, als erforderlich sind, um jede ihrer plastischen Leistungen auszuüben, getheilt und die Molekeln jeder Art in Atomlagerung, Richtung und Stärke der Anziehung eigenthümlich und anders als die anderen construirt denken. Wir brauchen Molekeln oder doch Molekel-Combinationen für jede noch so untergeordnete Formverschiedenheit. Für gestreckte Längswände und kürzere Querwände, für dichtere oder undichtere Zellwandschichten, für Auswuchsbildungen, für Zellkerne, Protoplasmaschläuche und Bänder, für Chlorophyllkörper verschiedener Gestalt und ebenso für Stärke haben wir besonders gebildete Molekeln von Cellulose oder Plastin nöthig. Allein auch dies genügt noch nicht; denn alle diese Unterschiede müssen für jede Zellgewebsart, für jede Organart wiederum verschieden sein. Blattbildende Molekeln können keine Stengel bilden, wurzelbildende keine Blüthen- und Fruchttheile. Parenchymmolekeln können keine verholzten Langzellen des Holzes, noch weniger Gefässzellen verschiedener Art, noch Epidermis- oder Korkzellen zusammenkrystallisiren. Genug, es erhellt, dass man so und so viel Tausende — sagen wir, um Maass zu halten, nicht Hunderttausende — von

Molekelsorten brauchte, um den verschiedenen Formverschiedenheiten, die — nicht etwa im ganzen Pflanzenreich — sondern vielmehr in einem einzigen der vollkommeneren Pflanzenkörper erforderlich sind, gerecht zu werden. Benennen wir diese hypothetischen Sorten der Bausubstanzen einstweilen mit dem Sammelnamen der Mikroplasten.

Machen wir die Annahme, dass es solche Tausende von gestaltbaren Amyloid- und Albuminat-Sorten wirklich gebe, so treten weitere Fragen hervor. Woher bezieht jedes Pflanzengebäude seinen Bedarf an Formsteinen? Es sind drei Möglichkeiten vorhanden. Entweder werden sie bei der Geburt von der Mutter geliefert, oder sie erzeugen sich der Hauptmasse nach in der wachsenden Pflanze selbst; und zwar können sie das letztere entweder durch Einwirkung von Modellmolekeln auf die eingenommenen Nährstoffe und nach deren Bilde thun, oder sie entstehen durch Theilung der von der Mutter ererbten Mitgiftmolekeln. Dass die gesammte Masse des zur Aufführung eines ganzen Pflanzenstocks nöthigen Baumaterials nicht von der Mutter geliefert und nicht mittelst der einen kleinen Keimzelle übermittelt werden kann, liegt so auf der Hand, dass es keines Wortes darüber bedarf.

Was die Cooptation neuer Mikroplasten je nach ihrer Sorte betrifft, so setzt dies zunächst eine Zunahme des auf oben beschriebene Weise in den Chlorophyllkörpern gebildeten Amyloides oder eines im Protoplasma daraus erzeugten Albuminates voraus. Die Molekeln desselben könnten dann (so darf man annehmen) zwischen und neben den vorhandenen Anfangsmikroplasten oder „Archiplasten" durch die attraktive und zwängende Einwirkung derselben in die entsprechenden Mikroplastenformen umgebildet oder zu Mischformen zusammengefügt und dann an die richtige Stelle gebracht werden. Soweit wäre die Sache dann doch als rein atomistische Aktion vorstellbar. Dann genügten einige wenige, von der Mutter überlieferte Modellmolekeln für jede Sorte, um die ganze übrige Menge nach Bedarf zu beschaffen.

Ebenso kann man sich aber auch denken, dass die vorhandenen Archiplasten des Stockes oder der Keimzelle sich durch Theilung vervielfältigen, sich halbiren, die Hälften sich dann mit Hülfe verwandter Nährstoffe wieder ergänzen und so die Zahl ins Unbegrenzte zu vermehren im Stande seien. Da schon in der chemischen Aktion mancher complicirten anorganischen und metaorganischen Verbindungen ausserhalb des Pflanzenkörpers ähnliche Vorgänge vorkommen, die auf wiederholtes Zerfallen und Wiederaufbauen sehr zusammengesetzter Molekeln zu beruhen scheinen, so wäre eine solche Annahme für die Vorgänge im Organismus erst recht plausibel.

Allein damit ist man eben noch nicht am Ende. Sei es, dass Nachbildung oder Theilung den neuen Bedarf an Baustücken aus Modellmolekeln oder aus Muttermolekeln herstelle, so fragt sich weiter erstlich: wodurch wird bewirkt, dass die verschiedenen Archiplasten dem Bauplan entsprechend bald sich vermehren, bald dies unterlassen, also in der Vermehrung richtiges Maass halten und in richtiger Anzahl erscheinen? Zweitens fragt sich, wodurch die neuerzeugten Molekeln zu richtiger Abwechselung ihrer Lagerstatt gelangen, d. h. bald sich den Vorgängern zwischen- oder nebenordnen, bald abgestossen werden, um neue Bildungspunkte anzulegen und fortzubauen. Und drittens ist die Frage, wie an bestimmter Stelle die nöthigen Gemische zu den erforderlichen Uebergängen entstehen. Kurz zusammengefasst also fragt sich, wie bald an gleichen Orten hintereinander verschiedene, bald an verschiedenen Orten gleiche Krystallisationen in Scene gesetzt werden.

Als Hülfskräfte zur Molekular-Krystallisationskraft für Organoplastik brauchen wir also bis jetzt 1) ein Theilbarkeits- resp. 2) ein Nachbildungs-Vermögen der Molekel, 3) eine zahl- und maassregelnde Kraft, 4) eine die Mikroplasten abstossende Bewegungsursache und 5) eine mischungsordnende Hülfskraft.

Nehmen wir aber auch die Mikroplasten mit aller dieser Ausrüstung von Fähigkeiten und unentbehrlichen Hülfshypothesen einmal hypothetisch an, so bleibt immer noch übrig, dass zur Einleitung der Anfertigung aller der erforderlichen Sorten derselben die ganze Zahl von Archiplasten, mögen diese als Muttermolekeln durch Theilung oder als Modellmolekeln durch Hinzubildung wirksam sein, den schmalen Uebergang durch die einzelne Keimzelle passiren müssen. Es führt kein anderer Weg für Materie von der Mutter zur Tochter hin. Das, was der Vater mitzutheilen hat, muss in dem noch viel beschränkteren Vehikel des Androplasten, der möglicher Weise nur ein sehr stoffarmes Spermatozoid vorstellt, Platz nehmen. Alle diese Tausende von Archiplasten müssen somit gleichzeitig in der Keimmutterzelle versammelt sein. — Damit sind wir denn bei der Theorie der Pangenesis als Gipfelung der vorstehenden Hypothesenreihe angelangt und haben sie in ihre letzten Consequenzen hinein zu zergliedern.

§. 22. In dieser Doktrin wird also die besprochene krystalloplastische Auffassung des Pflanzenbaues vollkommen durchgeführt. Jede noch so kleine, in der Pflanze auftretende Eigen- und Einzelgestaltung hat, wie gesagt, ihre bestimmte Molekelform, aus welcher sie krystallisatorisch mit mathematischer Nothwendigkeit hervorgeht. Alle Einzelformationen zusammen bauen den Pflanzenkörper auf. Es kommt darauf an, ihm von Anbeginn an erbweise die gesammte Reihe der erforderlichen Formdifferenzen in Gestalt von ebensoviel Archiplastentypen zu überliefern. Die Form hängt an den Molekeln. Gleiche Molekeln können nur von gleichen hervorgebracht werden. Aus allen differenten Theilen der Mutterpflanze, aus Blättern, Stengeln, Wurzeln, Blüthen- und Fruchtgeräthen, dann aus allen Gewebstheilen derselben, dann aus allen Zelltheilen in diesen, also aus $n \times n \times n$ Formtypen des ganzen Pflanzenkörpers müssen die Archiplasten herbeigeschafft werden. Gleichsam heerdenweise werden diese Gestaltungs-Urtypen der Keimmutterzelle zugeführt, die Hälfte auf den Stoffbahnen im mütterlichen Organismus, die andere Hälfte auf dem kleinen Fahrzeug des Spermatozoids oder im Luftball der Pollenzelle. So finden sie sich im Befruchtungsakt zusammen, werden wohlgeordnet verpackt und im Keimling schon einigermaassen gesondert untergebracht. Jeder Zelltheilungszug im Keimling sortirt sie genauer. Nach der Samenruhe beginnt ihre Neuvertheilung durch den wachsenden jungen Pflanzenkörper, den alsdann alle diese Mikroplasten, jede an ihre Stelle gelangt, zusammenzukrystallisiren haben.

Das ist das Bild des pangenetischen Pflanzenaufbaues; und was lässt es zu wünschen übrig? Auf solche Weise wird die neue Tochterpflanze mit allen Tausenden von Gestaltungsmöglichkeiten ausgestattet, deren sie und ihre ferneren Nachkommen in alle Ewigkeit hin benöthigt sind. Durch die Fülle der Molekeltypen ist sie zu den reichen architektonischen Abänderungen ihres Aufbaues befähigt. Durch ihre Beschränkung ist sie für alle Zeit verhindert, ohne Weiteres aus dem arteigenen Formenkreis herauszutreten. Wir brauchen nichts als diese Annahme einer genügend grossen Anzahl von Archiplasten, und alles scheint durch krystallisatorisch wirkende, einfache Molekularkräfte ausführbar.

Nur das stört, dass man bei aller Bemühung, die Gestaltungskraft bis ins Feinste hinein in Partikelchen zu zerlegen und an den

Stoff zu leimen, immer wieder auf peinliche Querfragen stösst. Welche Bewegungs-Ursache entnimmt allen den tausend verschiedenartigen Formen an ihrer Lager- und Arbeitsstatt im mütterlichen und väterlichen Pflanzen-Gebäude je ein oder einige Modell-Bausteine? Welche Ursache führt sie von hier aus den richtigen Weg einerseits zur Eizelle, andererseits zur Pollen- oder Spermatozoid-Zelle? Welche Kraft ordnet sie in dieser Zelle zum künftigen Gebrauch und verpackt sie zweckmässig für die Reise im Samen? Welche Einwirkung atomistischer Kräfte lässt sie bei erwachender Ausgestaltung des Keimlings von vorn herein die richtige itio in partes finden? Welche Triebkraft sorgt fort und fort, dass zu jeder neuen Zelltheilung die richtige neue Sortirung vorgenommen werde, und dass jede Typen-Molekel in der neuen Zelle an ihre richtige Stelle komme? Welche Kraft heisst die einzelnen Urtheilchen hier oder dort ihre Arbeit sofort beginnen, oder aber, noch lange in Ruhe verharrend, erst Tausende von Zellgenerationen durchwandern und oft erst nach Monaten oder Jahren am rechten Ort und zu rechter Zeit in Thätigkeit treten?

Genug, diese Gesammt-Theorie fängt sich selbst in derselben Schlinge wie die zuvor erörterten Einzel-Hypothesen: Es gebricht an der ordnenden Bewegungsursache, die den Plan des Baues regelnd in Ausführung bringt. Wir könnten neue Hypothesen-Molekeln mit ordnender Kraft begaben, damit sie wie Leit-Individuen die Schaar der zu erkiesenden Typen-Molekeln überall an sich fesselten und mit sich zögen, wie ein Hirt seine Schafe. Welche Kraft weist dann aber diesen den Weg? etwa abermals neue, in der entsprechenden Richtung ziehende Zug-Molekel („Plastagogen") ? Und welche Kraft ordnet nun diese in richtiger Folge? Giebt das nicht eine endlose Kette von Hypothesen und Hülfs-Hypothesen, die das wissenschaftlich Erlaubte weit hinter sich lässt? Und ist es überhaupt gestattet, Angesichts der allein erwiesenen, ausserordentlichen Einfachheit der Wirkung der wissenschaftlich erkannten atomeigenen Kräfte, derartige mystische Thätigkeiten in die Atome hinein zu conjiciren?

Statt dessen ist leicht einzusehen, dass die Annahme einer derartigen endlosen Menge von Formtypen, ihre künstliche Aushebung, Zusammentreibung, Einsargung, Remobilisirung, Sortirung, Versendung, Vertheilung, Reaktivirung und Moderirung mittelst aller erforderlichen Haupt- und Hülfs-Hypothesen, welche, statt das Räthsel der Erblichkeit zu lösen, eine Reihe neuer Räthsel aufgeben, in das Gebiet des Absurden zu verweisen ist. Man wird einsehen, dass diese Vorgänge nach Maass und Zahl, nach Zeit und Raum, nach allem, was man bisher von Molekular-Kräften weiss, thatsächlich unmöglich sind. Und mithin ist zur Zeit diese ganze Hypothesen-Reihe wissenschaftlich so lange unzulässig, bis neue Thatsachen entdeckt sind, die ihre Annahme möglich machen.

Aus dem Grunde, dass zur Zeit der Aufbau des Pflanzenkörpers mittelst atomeigener Kräfte unerklärbar ist, folgert man heutzutage, dass er demnächst daraus erklärbar sein muss. Sollte man nicht besser daraus zu folgern haben, dass er zur Zeit aus der Wissenschaft auszuschliessen und in das Reich mystischen Glaubens-Fanatismus zu versetzen sei?

§. 23. Die Aufführung des Pflanzengebäudes nach dem für die Art einmal geltenden Plane ist durch die unveräusserlich an den Molekeln haftenden Anziehungskräfte nicht ausführbar. Die stets gleichen Wirkungen des gleichbleibenden Kräftebesitzthums jeder Molekel können nur die Arbeit an sich leisten, die Regelung dieser Arbeit bleibt schon bei den allgemeinsten Aufgaben aus diesen Kräften allein unerklärbar. Die Erblichkeit kann keine dem Stoff specifisch inhärente Bewegungs- und Gestaltungs-Ursache, keine Molekularkraft sein. Lässt sich dagegen vielleicht doch die Veränderlichkeit in solcher Weise erklären?

Der Wirkungskreis, der der Veränderlichkeit zugeschrieben wird, ist oben weitläufig besprochen worden. Zunächst gehören ihm alle scheinbar willkürlichen Gestaltänderungen an, die den Artkreis durchschreiten oder seine Grenzen fast überschreiten. Nimmt man die Molekular-Pangenesis an, so ist man in der bequemen Lage, äusseren Einflüssen Wirkungen auf neue Combinationen der typischen Archiplasten zusprechen zu können. Dann entstehen neue Molekel-Modelle zwischen den alten, und die Variation ist fertig. Die neu entstandenen Typen werden mit der nächsten Archiplasten-Heerde dem nächsten Zeugungs-Ort zugetrieben und regelrecht im Vererbungs-Vehikel an den Tochterbau mitgeschickt. Dagegen wäre dann nicht viel weiter zu sagen, als dass die pangenetische Erklärung der Veränderlichkeit mit der der Erblichkeit steht und fällt. Geht eines, so geht auch das andere. Und so kann man sich denken, dass die Varietäten und sogenannten Formen innerhalb der Species-Grenzen der Pflanzen zu Stande kommen. —

Was dagegen die individuelle Wiederherstellungs- und Wehr-Thätigkeit betrifft, so handelt es sich dabei vielfach um ganz neue Gestaltungs-Vorgänge, welche vom Mutter-Organismus, selbst von Jahrtausende langer Ahnen-Reihe nicht ererbt werden konnten, weil sämmtlichen Mitgliedern derselben solche Begebenheiten nicht zugestossen sein können wie ihren jetzt lebenden Nachkommen. Eine eben aus den Urwäldern Amerikas eingeführte neue Art von Pflanzen lässt ihre abgetrennten Stecklings-Sprosse an solchen Körperstellen Wurzeln treiben, wo es in ihrer ganzen Vorfahrenschaft schwerlich jemals vorgekommen sein dürfte. Pflanzen, deren Generationen seit Jahrtausenden an sonnigen Orten, allseitiger Beleuchtung sich erfreuend, nur aufwärts zu wachsen brauchten, wachsen, in Topf und Zimmer versetzt, seitwärts dem Lichte zu. Beugt man die Blumen und Früchte von neuerdings erst kultivirten Gewächsen, deren Voreltern ähnliche Unbill nie erlebt hatten, aus ihrer angemessenen Haltung, so gehen sie so schnell und elegant in ihre Stellung zurück wie die Theile von Pflanzen Jahrhunderte alter Zucht. Eine beliebige Verletzung eines Organs, das in der Natur kaum je einer solchen ausgesetzt ist, vernarbt in der Kultur sofort, ohne dass jenes Organ diese Kunst ererbt haben könnte. Um alle diese Fälle pangenetisch zu erklären, bleibt nur die Annahme übrig, dass ausser dem ganz erklecklichen Kapital der zum Artformenkreis gehörigen Typen-Molekeln noch ein unerschöpflicher Schatz von Reserve-Archiplasten jeder möglichen Form der ohnedies schon überladenen kleinen Keim-Mutterzelle aufgebürdet werde, damit ihr Erzeugniss für alle denkbaren Fällen gerüstet sei; und dazu bedarf es dann auch noch der erforderlichen Anzahl der zugehörigen Leit- und Eintreiber-Molekeln.

Aber was hülfe schliesslich auch selbst diese Annahme? Fassen wir von allen jenen Fällen nur den einen Fall der Korkbildung noch einmal ins Auge. Eine Sprossverletzung, die alle Gewebstheile durchdringt, kann fast jede beliebige Zellform in die Nothwendigkeit versetzen, Korkzellen in sich zu erzeugen. Nun wären aber entweder der Vertheilung der Mikroplasten gemäss die zur Korkbildung bestimmten nur innerhalb der Rinde zu suchen, oder man müsste ausser allen Special-Orten noch eine mit den sämmtlichen verschiedenartigen Archiplasten von der Mutter-Mitgift her ausgestattete Modellkammer annehmen, oder endlich man müsste sogar die Hypothese machen, dass jede Zelle des ganzen

Pflanzenleibes bei ihrer Entstehung sofort von ihrer Mutter mit jeder Art von Archiplasten beschenkt werde. In den ersten zwei Fällen haben wir aber wieder die Kraft zu suchen, welche die Kork-Archiplasten entweder aus den normalen Korkmutterzellen oder aus der Modellkammer herbeiholt. Im dritten Falle fehlt diejenige Kraft, welche die in der Zelle schon vorhandenen Modell-Molekeln an die rechte Stelle schiebt, um mit der Krystallisation nun vorgehen zu können. — Wie künstlich muss aber gar die Plastagogie zu wirken befähigt sein, um auf so vielfach schwierigem Wege die passenden Archiplasten herbeizuschaffen, wenn es gilt, bei der Stecklingsbildung, bei der Veredlung, bei der Ringelung und Beschneidung, zum wechselnden Helio- und Geotropismus, zum Zurechtrücken aus der Lage gekommener Blüthen- und Fruchttheile, zum Winden und Klettern, zur Anlage von Knospen, Wurzeln oder sonstiger Blasteme an ungewohnter Stelle oder auch nur zu verändertem Wachsthum die Einleitung zu treffen! Dazu müsste man allerdings nach hoch begabten Plastagogen ausschauen!

Jeder ähnliche Fall bietet zu ähnlicher Analyse ausreichende Gelegenheit. Nirgends erweist sich die krystallisatorisch-atomistische Gestaltungs-Anschauung unfügsamer als gegenüber der ungemein grossen Freiheit, welche das Pflanzen-Individuum in seinem Wehr-, Wiederherstellungs- und Abänderungs-Vermögen überall bekundet.

Eine aus Molekular-Kräften herzuleitende Erklärung der Erblichkeit und der Veränderlichkeit erheischt aber zum Mindesten die Construktion der vorstehend erörterten Hypothesen. In der Mehrzahl der Lehrschriften begnügt man sich freilich, die Räthselhaftigkeit der Sache zuzugestehen, aber dennoch ihre atomistische Erklärung als bevorstehend vorauszusetzen und das Denkvermögen des Lesers mit deren Ergrübelung zu belasten. Legt man sich die vorliegenden Möglichkeiten nach dem Kenntnissschatz der heutigen Physik und Physiologie sorgfältiger auseinander und sucht die dahinter versteckten mystischen Vorstellungen wirklich fest zu ergreifen und in helles Licht zu stellen, so gleiten jene Annahmen haltlos auf die abschüssige Bahn desjenigen unerlaubten Hypothesirens hinab, das oben beleuchtet worden ist. In anderer Weise aber ist eine Zurückführung der Erblichkeit und Veränderlichkeit oder der früher besprochenen Sondergestaltungen auf die Wirkung atomeigener Kräfte zur Zeit nicht denkbar.

§. 24. Wenn nun die vorstehenden Ausführungen nicht nur zur

Zeit die Erklärung des architektonischen Aufbaues und der zeitlichen Umänderungen des Pflanzenkörpers aus Molekularkräften nicht gestatten, sondern auch kaum irgend eine Hoffnung übrig lassen, dass solches später geschehen werde, so spitzt sich die Untersuchung mehr und mehr auf die Frage zu, welche andere Ursache denn die Bewegungen haben sollen, die den Pflanzenleib aus zahllosen verschieden gestalteten Elementartheilen zusammenfügen. Die in den Lehrbüchern der Physik erörterten Aeusserungen der bekannten Naturkräfte leisten das Gewünschte nicht [1]). Für die Organismen eine eigene Schwester-Naturkraft anzunehmen, wird unerlässlich. Dennoch gilt letzteres bei den Physikern, welche jede Kraft ignoriren zu müssen glauben, die sich dem mathematischen Verfahren noch nicht fügen will, für verwerflich, und viele Physiologen scheuen sich, dem physikalischen Axiom, dass es ausser den bekannten, mathematisch genügend traktirbaren keine anderen Naturkräfte geben könne, den Gehorsam zu verweigern und als Ketzer aufzutreten. Sie glauben der Pflanzenphysiologie das ihr zukommende wissenschaftliche Antlitz nur durch ängstliches Festhalten an den Hypothesen der doch immerhin für organische Fragen nicht sachkundigen Physiker in rechter Schminke erhalten zu können. Sie suchen also jenen zu Gefallen die Natur der Organismen durch Vorgänge zu erklären, die denselben fremd und für sie unwesentlich sind, und unterlassen, dieselben aus ihrer eigensten Eigenthümlichkeit heraus zu erklären. Aus Analogie schliessen, ist zwar in der Naturwissenschaft unvermeidlich, aber die Wirkungen verschiedenster Art und Erscheinung denselben und zwar fremden Ursachen zuzuschreiben, kann nur neben dem Ziele vorbeiführen.

Die mechanischen Arbeiten im Pflanzenkörper leisten die atomeigenen Anziehungskräfte. Die Schwingungen der Wärme und des Lichtes führen wesentlich wohl die chemischen Leistungen aus. Aber die Arbeits-Materialien und arbeitenden Molekeln werden durch die

---

1) Es wird in dieser Schrift gänzlich unterlassen, auf etwaige Wirkungen der Elektricität und des Magnetismus einzugehen. Von dem Einfluss derselben auf die Pflanzengestaltung wissen wir thatsächlich nichts, und einen solchen Einfluss anzunehmen, da die viel wahrscheinlichere Annahme der Herrschaft der Anziehungskräfte sich als unrichtig erwiesen hat, wäre nur ein nichtiges Zurschautragen scheinbarer wissenschaftlicher Gründlichkeit.

andere, räthselhafte, aufzusuchende Kraft zurechtgelegt, vorbereitet und geregelt.

Wie wirkt diese Kraft? wo greift sie an? woher kommt sie? wo hat sie ihren Ursprung und ihr Substrat?

Die atomeigenen Anziehungskräfte sind Besitzthümer der Atome, nach Quantität und Qualität, wie wir annehmen müssen, für alle Zeit unveräusserlich. Die schwingenden Kräfte sind nur als Gesammtsumme beständig, in jedem Atom in ihren Wirkungen nur zeitweise vorhanden, also transitorisch. Durch Anstoss übertragen hören sie in dem einen Atome auf und ergreifen das andere, bis sie auch dies verlassen. Von diesen Sätzen gingen wir schon oben aus.

Am Atom kann, wie ausführlich bewiesen, die planmässig arbeitende, organische Gestaltsamkeit nicht haften. Der Organismus arbeitet nach demselben Plane, oft viele Jahre lang, während sein Besitzthum an Molekeln wechselt, zunimmt oder abnimmt, bald diese, bald jene Menge der Elementar-Substanzen in die Grenzen seiner Wirksamkeit zieht oder aus ihnen entfernt. Alle innerhalb derselben zur Zeit vohandenen Substanz-Massen aber sind der direkten Wirksamkeit dieser Gestaltsamkeit unterworfen und bilden ihre Angriffspunkte. Ausserhalb der Grenzen des Organismus kommen ähnliche Erscheinungen nicht vor. Die Eigenart dieser Gestaltungsbewegungen verharrt in den Grenzen des Organismus, wandert mit dem Gesammt-Individuum von Ort zu Ort, verlässt es aber nicht. Folglich liegt die Quelle dieser Bewegungs-Ursache innerhalb des Organismus selber, ist aber, da die Substanz desselben wechselt, von einer Atom-Genossenschaft auf die andere übertragbar. Die Gestaltsamkeit beruht auf keiner atomeigenen, sondern auf einer übertragbaren, aber dennoch jederzeit an irgend ein materielles Substrat gebundenen Kraft.

Aber die Stoffmasse des Substrates ist veränderlich und unbeständig. Ueberträgt sich nun die Gestaltsamkeit durch Stoss oder Druck oder Schwingung? Verlässt sie ein Atom und bezieht das andere? Dafür sprechen keinerlei Erscheinungen. Die in die Grenzen des Organismus mechanisch eingesogenen Stofftheile werden alsbald und so lange von ihr beherrscht, als sie innerhalb des Organismus verweilen. Die Gestaltsamkeit bewohnt und bewegt grössere Atommengen gleichzeitig und setzt sie in übereinstimmende oder verschiedene Bewegung. Sie entspringt anscheinend ebenso aus allen diesen Atommengen zugleich.

Die Gestaltsamkeit ist somit keine einfach fortschreitende, von Atom zu Atom überspringende, sondern eine gleichzeitig an Massen von Atomen, die einander zeitweise in ihrem Dienst ablösen, gebundene Bewegungsursache. Sie behält ihren Sitz innerhalb der Grenzen einer zum Individuum gestalteten Atomgenossenschaft so lange, bis dies als solches zu existiren aufhört, mechanisch zerstört wird oder aus anderen Ursachen den individuellen Zusammenhalt verliert. Die Wirkungsgrösse der Gestaltsamkeit wächst mit der materiellen Ernährung und dem Wachsthum des Individuums, welches sie selbst erbaut; sie nimmt nicht selten ab und wieder zu und entspricht in keinem Individuum einer constanten Kräftesumme. Die ganze Kräftequelle des Gestaltungsvermögens erlischt mit gewissen Eingriffen in die inneren Zustände des Individuums, die, wie man es nennt, seinen Tod herbeiführen.

Wenn sie erlischt, überlässt sie ihr gesammtes Besitzthum an Substanz den Molekularkräften zur Wiederauflösung. Die complicirten organischen Verbindungen werden nach den überall in der organischen Natur geltenden chemischen Gesetzen schrittweise in immer einfachere zerfällt, die ihrerseits nicht mehr fähig sind, der Gestaltsamkeit fernerhin als Substrat zu dienen. Gewöhnlich wächst die Leistung dieser Kräftequelle vom Keimzustand ihres Substrates bis in dessen Alter hinein, zuweilen Jahrhunderte lang. Woher sie ihre Verstärkung nimmt, wohin sie verschwindet, ist zur Zeit nicht zu sagen.

Keineswegs entsteht zur Zeit eine Quelle organoplastischer Kraft aus anorganischen Körpern oder deren Vereinigung. Nur aus bestehenden Organismen werden neue abgeleitet. Die Gestaltsamkeit kann sich theilen. Sie beherrscht nun zwei oder mehrere Individuen, während sie doch zuvor nur eines bewohnte. In jedem stiftet sie nun einen neuen Gestaltungsmittelpunkt, innerhalb neuer Grenzen ein neues Eigenwesen, in dessen Interesse sie die Molekularkräfte zur Arbeit bringt. Die Mutter giebt aus ihrem Vorrath von Gestaltungskräften für jede Eizelle einen Theil ab, der sich in derselben selbständig benimmt, seine Stoffe neu ordnet und ihre Bewegungen in neuen Richtungen regelt. Umgekehrt können, wie oben entwickelt, getrennte Pflanzen, einzellige oder selbst vielzellige, ihren Leib, ihr Wirthschaftsgebiet zusammenfassen und verschmelzen. Dann werden auch ihre bis dahin getrennten Gestaltungspläne zu einem vereinigt und arbeiten nicht mehr getrennt, sondern als wahre Einheit fort. Im Theilungs- wie im Vereinigungsfall behält die Kraft der Gestaltung stetig ihre Wirksamkeit nach dem bisher befolgten Plane bei.

Also müssen wir zweitens folgern: da die Gestaltsamkeit als übertragbare Kraft, die an ein wechselndes Substrat gebunden ist, im Besitz verschieden grosser Stoffmassen selbst verschieden stark erscheint, und zwar nicht diesen Massen proportional; da dieselbe als individuelle Einheit in der individualisirten Gestalt wirkt; da sie in gegebener Stoffmasse erlöschen, nicht aber selbständig in anorganischen Stoffen zur Erscheinung kommen kann; da sie sich theilen und wiederum aus getrennten Quellen zu einem Wirkungsgebiet zusammenfliessen kann, so muss die Bewegungsursache der individuellen Gestaltungsfähigkeit einer an Wirkungsweise (Qualität) constanten, an Wirkungsgrösse (Intensität) und Wirkungsvertheilung (Dislocation) veränderlichen Kräftequelle entsprechen.

Ist ein neuer Wirkungsmittelpunkt angelegt, so veranlasst derselbe eine Bewegungsfolge, welche diejenige der mütterlichen Gestaltungsquelle wiederholt. Sehr verschiedene Einzelbewegungen lösen in bestimmter Reihenfolge nach erkennbarem Plane, doch ohne gesetzmässige Nothwendigkeit der Einzelschritte einander ab. Bei diesen Einzelschritten können sie abweichen und auf verschiedenen Umwegen das planmässig feststehende Ziel anstreben. Das Schlussergebniss der Bewegungskette aber ist dasselbe, trotz der Verschiedenheit der Glieder. Die Produkte ungleicher Faktoren müssen gleich werden. Also liegt der Gestaltsamkeit keine Kräftequelle für einfach geradlinige, rein mechanisch mittheilbare Bewegung, sondern eine Quelle complicirter, auf ein vorgezeichnetes Ende hinarbeitender Bewegungsreihen zu Grunde. Sie ist also nicht bloss Ursache einfacher Arbeit, sondern Ursache einer Thätigkeit. Der Bewegungsgrund der Gestaltsamkeit ist nicht sowohl eine von hinten zwängende Ursache, sondern ein im Voraus alle Einzelwirkungen beherrschendes Schlussziel. Wir haben also für die hypothetische Gestaltungskraft drittens zu folgern, dass sie in der Zeitfolge nicht gleichmässig, sondern planmässig veränderlich wirkt.

Die gestaltaufbauende Kraft bleibt in ihrer Wirksamkeit nicht nur umgrenzt, sondern theilt ihre Wirkung unter die Stoffmengen, welche ihr als Substrat und Objekt zugleich dienen, in verschiedener

Weise aus. Die erregten Bewegungen laufen weder parallel, noch sonst irgend wie symmetrisch, sondern harmonisch. Sie bewirken mit einander die Mehrung der Substratmasse und die Zusammenstellung derselben zu einem immer neue Arbeiten veranlassenden Apparat. Sie umgrenzen den Apparat in solcher Art, dass alle Theile zusammen eine Gesammtarbeitsstätte herstellen. Sie sichern das so gewonnene Eigenwesen gegen die Umgebung. Sie richten auch nach aussen Bewegungsreihen, die der Stoff- und Kräftemehrung ihres individuellen Gebietes förderlich sind. Mithin enthält viertens die Gestaltsamkeit eine individualisirende Kräftequelle.

Dieselbe löst zu bestimmter Zeit Bewegungen aus, welche einen Substratantheil mit einem Kräfteantheil besonders begaben, von dem Gesammtkörper sondern und in die Lage bringen, eine selbständige Thätigkeitskette zu beginnen, welche ebenso verläuft, wie die des mütterlichen Kräftecomplexes. Dadurch entstehen Substratmassen, die, in bestimmten Grenzen zu Individuen vereinigt, Thätigkeitsursachen bergen, welche dieselben Bewegungsketten abwickeln. Die Summe dieser unter sich stoff- und kraftverwandten Individuen bildet das, was wir eine organische Artgesellschaft nennen. Die organische Gestaltungskraft hat somit die Fähigkeit, „Species" als Individuen höherer Ordnung zu bilden, also (fünftens) als eine Quelle im Kreis umlaufender Bewegungsketten zu wirken.

Was dann die Eigenschaft der Erblichkeit (des wiederkehrenden Kreislaufs der Bewegungsursache) für die Vermehrung individueller Kräftecentren mit gleichen Formenkreisen leistet, das thut für die organischen Stoffmassen, die als Individuen umgrenzt sind, die Eigenschaft, besonderen wiederkehrenden Einflüssen von aussen durch besondere gleiche Bewegungsreihen entgegenzuarbeiten. Dadurch entstehen zwischen den Theilen eines Individuums Entwicklungsähnlichkeiten, die der Erblichkeit gleichen, nur dass sie nicht in Descendenzgenerationen, sondern in Geschwisterorganen auftreten. Die Individuen von Pflanzen, die ein hohes Alter erreichen, gewöhnen sich eigene Thätigkeitsbesonderheiten an, die innerhalb des Artbereiches verbleiben.

Weiterhin verlassen einzelne Bewegungsrichtungen auch die planmässig vorgezeichneten Bahnen und weichen aus. Einzelne Arbeitsleistungen vermögen mehr oder weniger über die Grenzen der dem Plane entsprechenden Umläufe hinaus und abseits zu gerathen. Sie können zu neuen Combinationen individualisirte Massen zusammenbringen und zu abweichenden Gesammt-Gestalten hinführen. Sie sind dadurch im Stande, dem sonst herrschenden Plan der Thätigkeit soweit untreu zu werden, dass eine wiederholbare Abänderung desselben erzeugt wird. So entspricht sechstens die Gestaltsamkeit zugleich einer neubildenden Thätigkeitsquelle.

Ausser der Erblichkeit planmässiger Ausbildung in wiederkehrenden Formenkreisen und der Veränderlichkeit in allerlei scheinbar zufällige Abweichungen hinein äussert sich endlich die Thätigkeit des Gestaltungsvermögens in Bewegungen, welche einzelnen, plötzlich von aussen in den Entwicklungsgang hereintretenden Störungen abwehrend begegnen. Es werden unter den verschiedenen möglichen Stoffbewegungen diejenigen ausgeführt, welche dem organischen Individuum die Fortexistenz am einfachsten und leichtesten sichern. Verschiedene Theile der Körpermasse des Individuums führen übereinkommende Arbeiten aus, welche sich im Ziel der Erhaltung des Gesammtkörpers ergänzen. Einzelne derselben thun am Orte der Störung ungewohnte Verrichtungen, um sich und das Ganze vor dem Tode zu retten. Andere, weit von diesem Ort entlegene thun Aehnliches, um der Folge der Störung auf Umwegen entgegenzuwirken. Jedes Glied wird durch besonders ausgelöste Bewegungsanstösse zu Thätigkeiten getrieben, die alle zusammen die Gefahr, die allen droht, abwenden und die Gesammtindividualität wiederum fördern. Also liegt in dem Gebiete der Gestaltungskräfte die Befähigung, Reflex- und Nützlichkeitsbewegungen in freier Wahl der Mittel auszuführen.

In dem Zusammenwirken dieser Einzelzüge liegt der wichtigste Charakter der organischen Gestaltsamkeit, die nach Zeit, Raum und Form plastisch unbeschränkte, nach freier Selbstbestimmung wirkende Entwicklungsfähigkeit der durch sie zu einem Individuum zeitweise vereinigten Stoffmasse, begründet, eine Fähigkeit, welche von den niedersten bis zu den vollkommensten Organismen in fast continuirlicher Progression zunimmt.

Somit sind die wesentlichen Züge der Wirksamkeit derjenigen Naturkraft, die im Organismus die Gestaltung der Substanz bewirkt, die folgenden: Die Gestaltsamkeit entspricht einer (sei es einfachen, sei es zusammengesetzten) Kräftequelle, welche planmässig geregelte und cyklisch geordnete Bewegungsreihen veranlasst, deren letztes

Ergebniss eine aus dem Stoff zusammengefügte, in sich differenzirte und gegliederte Gestalt ist, die sich nach einer auf die Bereicherung des Substratindividuums gerichteten, freien Selbstbestimmung, gegen die Einflüsse von aussen durch entgegengesetzte Bewegungen reagirend, allseitig fortentwickelt.

Hiernach reihen sich an die Wirkungen der atomeigenen oder anziehenden, an die übertragbaren, atomwechselnden, schwingenden oder stossenden Naturkräfte (wenn wir die Natur der polaren Kräfte dahin gestellt sein lassen) in dritter Linie solche Kräftewirkungen an, die ebenfalls als übertragbare, aber massenwechselnde, gestaltende Kräftewirkungen zu bezeichnen sind. Ohne zur Zeit ermitteln zu wollen, ob die Quelle dieser Kräftewirkungen eine einfache oder mehrfache sei, halten wir für diese Schrift einstweilen den Namen der Gestaltsamkeit für die Summe ihrer Aeusserungen fest.

Die Reaktions- und Nützlichkeitsbewegungen, welche die Freiheit der Selbstbestimmung in Verwendung dieser Kraft in das hellste Licht setzen, drücken derselben in ihrer Gesammterscheinung das Gepräge derjenigen thierischen Thätigkeiten auf, deren Ursache wir mit dem Namen des Instinktes belegen. Mit dieser Einsicht berühren wir das Gebiet der Aehnlichkeiten, die zwischen thierischen und pflanzlichen Verrichtungen so vielfach vorhanden sind.

Statt dessen aber drängt sich nun zunächst zur genaueren Besprechung die Frage auf, ob denn die Quelle dieser Kräftewirkungen, sowie ihr unmittelbarer Angriffspunkt thatsächlich in der gesammten Pflanzensubstanz, oder nur in demjenigen einzelnen Sondertheile zu suchen sei, der schon im ganzen ersten Theile dieser Schrift als Sitz und Hebel derselben vorausgesetzt worden ist, nämlich dem Protoplasma.

5. Die biologischen Eigenschaften des Protoplasmas.

§. 25. In den vorstehenden Abschnitten handelte es sich um die Frage nach den Grenzen zwischen der Wirkung der molekularen und der individuellen Kräfte im Pflanzenkörper. Es blieb dabei gleichgültig, den letzteren im Ganzen oder nach differenten Theilen zu behandeln. Es fragte sich eben nur, ob Anziehung und Schwingung auf Molekeln organischer Verbindungen überhaupt Einflüsse haben können, welche organische Gestaltentwicklung hervorzurufen geeignet sind. In welchem Theile des Pflanzenkörpers solche Einflüsse vorzugsweise zur Geltung kommen, das war zunächst ausser Frage zu lassen.

Es ist aber schon im Eingang dieser Schrift an leicht erkennbaren Erscheinungen im Pflanzenkörper nachgewiesen worden, dass, welcher Art immer die gestaltende Kräftequelle in der Pflanze sein mag, dieselbe nicht in allen Theilen der pflanzlichen Gewebe gleichmässig vertheilt sei, sondern vielmehr in einem einzigen plastischen Element allein zu suchen ist. In jeder Zelle ist der Protoplasmaleib nachgewiesenermaassen der Ursprungsort ihrer Gestaltungskraft und zugleich ihr nächster Angriffspunkt. Behufs genauerer Prüfung dieses schon früher besprochenen Erfahrungssatzes, die hier nur im Lichte der in den vorstehenden Paragraphen gewonnenen Anschauungen nochmals vorzunehmen ist, seien zunächst die Gründe für die Bedeutsamkeit des Protoplasmas kurz wiederholt.

Jede Zelle, welche noch Aenderungen ihrer Gestalt vornimmt, enthält einen protoplasmatischen Binnenleib, welcher mittelst einer zarten Aussenmembran der Zellstoffhülle eng anliegt. Derselbe zeigt im Inneren Gliederungen, welche eine selbständige Gestalt besitzen und bewahren.

Jede Zelle verdankt ihre Wand unmittelbar dem Protoplasmaschlauch, was sich am deutlichsten an den freischwimmenden Einzelzellen nachweisen lässt. Bei den Gewebezellen baut derselbe die Scheidewände und Verjüngungsschichten der Zellwand auf.

Jede Zelle, innerhalb welcher organochemische und metaplastische Arbeiten ausgeführt werden, enthält einen Protoplasmaleib, und nur in Berührung mit diesem vollziehen sich jene Arbeiten.

Dagegen vermag eine des Protoplasmas entbehrende Zellhülle, wenn sie mittelst ihrer fertigen Wandung auch noch imbibiren und filtriren, tragen und binden kann, weder chemische noch plastische Bildungen auszuführen.

Keineswegs aber ist andererseits der Protoplasmaleib an die Zellwand gebunden. Er kann dieselbe durchbrechen, auflösen und zertrümmern und sich dadurch in Freiheit setzen oder innerhalb derselben beliebig lange existiren.

Der Protoplasmaleib kann sich theilen und seine Individualität in getrennte Einzelwesen zerlegen. Eine theilende Scheidewand innerhalb einer Zelle entsteht nie anders, als unter vorhergehender Theilung des Protoplasten.

Getrennte Protoplasten können mit einander zu einer Individualität verschmelzen, getrennte Zellstoffzellen nur, wenn sie noch Protoplasten enthalten, welche die Wand zu durchbrechen und die Verschmelzungsmasse herzustellen vermögen.

Der zellbewohnende Protoplast ist in steter autonomer Bewegung, die durch Aussenumstände nicht veranlasst wird. Jede andere Bewegung im Innern der Zelle, besonders die des Zellsaftes, wird durch die des Protoplasmas bewirkt.

Der freie Protoplast besitzt Ortsbewegung und autonome Umgestaltung seiner Umrisse und seines Inneren. Er streckt Glieder aus und zieht sie wieder ein. Er besitzt eine unbegrenzte Bildsamkeit.

Jeder Wachsthums- und Umgestaltungsbewegung der Zellwand geht eine dazu in Beziehung stehende Bewegung im Protoplasten voraus. Cellulose-Wände ohne Protoplasma können höchstens durch Aenderungen ihrer Elasticität oder ihrer Hygroskopicität bewegt werden.

Mithin giebt es keine Neubildung weder chemischer noch plastischer Art, keine derartige Umbildung, keine Vergrösserung, keine Rückbildung, in Summa keine An- oder Um- oder Weglagerung von Stoff ohne Mitwirkung des Protoplasmas.

In jeder lebenskräftigen Gewebezelle findet sich ein lebendiger Protoplasmaleib mit beweglichem Schlauchtheil, Kern und Bändern. Jede Theilung der Zelle lehrt das oben Gesagte, ebenso jede Bildung neuer Schichten der existirenden Wände. Jede Bildung von Stärke oder Chlorophyllkörpern, von Verdickungsschichten und lokalen Neubildungen liefert Beispiele dazu. Die Fähigkeit unbegrenzter Gestaltsamkeit geht ausserdem besonders schlagend aus dem Benehmen der amöben- und euglenenförmigen Arten der Schwärmsporen, der Spermatozoiden und der Plasmodien hervor. Für die Theilbarkeit nackter Protoplasten liefern dieselben Körper Beispiele, für die Verschmelzungen der Protoplasten dagegen ausser mehreren der genannten Körper, wie der Amöben und Plasmodien, besonders die Gamoplasten und die Gefässbildungen. Die oben geschilderten Wachsthumsvorgänge einzelliger Algen, wie *Vaucheria* und die Palmellen, illustriren alle Vorkommnisse auf das Unzweideutigste. Daraus allein schon ist die ganze Reihe der Eigenschaften des Protoplasmas genügend ersichtlich.

Dies sind die Thatsachen, aus denen schon von vorn herein für die hier entwickelte Anschauungsweise die Eigenthümlichkeit des Protoplasmas im Gegensatz zu allen anderen plastischen Formelementen des Pflanzenleibes gefolgert und in ihren Wirkungen geschildert worden ist. Hiermit verbinde man nun die in den vorhergehenden Abschnitten gewonnenen Ergebnisse.

Man erinnere sich der Korkbildung. Bald innerhalb der noch lebenskräftigen, saftstrotzenden Primärrinde, bald innerhalb einer älteren, vom Austrocknen bedrohten Aussenrinde, bald innerhalb von Einschnitten scharfer Verwundung entstehen übereinstimmend eigenartige Zellschichten. Wie schon durch diese Ungleichheit des Ortes der Korkbildung, so wird noch deutlicher durch die Entstehungsart des Wundperiderms die Annahme, dass dasselbe aus äusseren Umständen zwangsweise hergeleitet werden könnte, abgewiesen. Die normalen Peridermata wenigstens erscheinen planmässig, vom Wundperiderm ist auch dies nicht einmal zu sagen. Unter einer Verwundung, welche die Gewebe theils gequetscht, theils zerrissen, theils scharf durchschnitten hat, dabei ungleich tief eingedrungen ist, erscheint eine glatt und gleichmässig, in möglichst einfacher Nützlichkeitsfläche im Inneren verlaufende Peridermbildung. In Zellen, die bisher keinerlei gemeinsame Thätigkeit besassen, wird diese Peridermlage hergerichtet, indem dieselben zu einer neuen Genossenschaft von Korkmutterzellen zusammentreten. Die Theilungsrichtungen der Mutterzellen kreuzen die Gewebeschichten unter den verschiedensten Winkeln und folgen nur ihrer eigenen Aufgabe, die ihnen plötzlich aufgedrungen worden ist. Dass die Auswahl und Zusammenreihung dieser Mutterzellkette nicht durch Schwere, Wärme, Licht, auch nicht etwa durch den austrocknenden Einfluss der in die Wunde dringenden Luft erzwungen werden kann, lässt sich leicht aus dem gesammten Verhalten der Wunde folgern und wird z. B. auch durch den Umstand bewiesen, dass Verheilungen in feuchter Luft ebenso vor sich gehen wie in trockner. Selbstverständlich geht den Theilungen der Korkmutterzellen dieselbe Protoplasmathätigkeit wie bei allen Zelltheilungen vorher. Alle Holzzellen oder Bastfasern aber, deren Protoplasmaleib nicht mehr arbeitsfähig ist, betheiligen sich an der Korkgenossenschaft nicht; sie werden von ihr umschlossen und bleiben vertrocknend in dem Periderma stecken. Die Theilwände in den Nachbarmutterzellen setzen sich in ihrer Richtung in Continuität, und die letzten derselben schliessen sich den nächst benachbarten Haut- und Schutzbildungen an. Die Form des einzelnen, neu zur Korkmutterzelle erkorenen Zellindividuums hat auf die Richtung der Theilungswand keinen Einfluss, noch weniger die Form ihrer Nachbarn. Alles wird allein durch das, was zum Schutz des nicht zerstörten Körpertheiles gegen die Wunde hin geschehen muss, bestimmt und durch die autonome Beweglichkeit des Protoplasmas in Scene gesetzt. Wenn aus diesen Thatsachen im Allgemeinen das Fehlen zwingender Einwirkungen molekularer Kräfte folgt, so erhellt nun, dass die Quelle dieser Neuthätigkeit wiederum nur im Protoplasma selbst zu suchen ist.

Immerhin ist und bleibt beim Wundperiderma der Anlass seiner Bildung die Verwundung, ohne deren Eintritt jene Zellkette nie zu der Bildung einer Zellgenossenschaft zur Fabrikation von Schutzzellen gekommen wäre. Die Zerstörung eines Theiles des Pflanzengewebes veranlasst also einen anderen in gewisser Entfernung davon gelegenen und aus sehr heterogenen Elementen bestehenden Theil zur Aufgabe der bisherigen Beschäftigung und plötzlichen Uebernahme einer bis dahin ganz fremden Aufgabe. Verschiedene Theilnehmer, die bisher Ungleiches arbeiteten, vollführen nun alle dasselbe. Wie pflanzt sich nun der Anlass dazu durch die ungleichartige, ungleichgrosse Masse zwischen der Wunde und den Zellen, die zu Korkerzeugerinnen zu wählen sind, in so auffallender Uebereinstimmung fort? Die der Verwundung unterlegenen Zellen oder Protoplasmata sind zerstört, die nächsten zum Theil abgestorben, zum Theil verletzt; dann folgen solche, die gesund geblieben sind, die aber dennoch nicht in Thätigkeit treten, dann erst solche, welche eine neue Thätigkeit beginnen. Man sieht eine Art Reflexbewegung entstehen, entfernt vom Orte ihrer Veranlassung, ohne erkennbare molekulare Vermittlung zwischen Anlass und Wirkung. Schon früher wurden derartige räthselhaft springende Einwirkungen Reize genannt, und es mag der Ausdruck trotz seiner nebelhaften Unklarheit einstweilen auch hier dafür gebraucht werden. Wie also wirken solche Reize?

Wenn man nun vergeblich nach einer greifbaren Kräftebrücke sucht, auf welcher die Einwirkung von der Verwundung direkt zum Protoplasma der Korkmutterzellen gelangen könnte, so bleibt einstweilen bis auf weitere Ermittelungen dieser Körper selbst die letzte dynamische Instanz. Seine Bewegung, welche die Zelltheilung zur Bildung des Periderms vermittelt, erscheint durchaus autonom; dieselbe lässt sich zur Zeit nicht weiter zurückschieben. Es lässt sich auch keine Ursache ausserhalb der Protoplasma-Substanz finden, welche die Theile derselben in diese Bewegung versetzen könnte. Man kommt eben über die eigene Umgrenzung des Protoplasmaleibes nicht hinaus, ausser mittelst des unbegriffenen sogenannten Reizes. Folglich bleibt zur Zeit nichts anderes übrig, als den Protoplasmaleib selbst als Sitz der Quelle dieser Kräfte-Wirkungen anzusehen, die ihn in Bewegung setzen. Und weil es wiederum die Protoplasma-Theile selbst sind, deren Bewegung zuerst als Einleitung der ganzen Zelltheilungs-Bewegung sichtbar wird, so sind diese allein auch der unmittelbare Angriffspunkt der innerhalb der Substanz des Protoplasmas ausgelösten und zur Wirksamkeit gelangenden Bewegungs-Ursachen.

In allen ähnlichen Fällen, beim Auftreten aller der verschiedenen Reproduktions-Neubildungen und bei allen den so auffallenden Reizbewegungen, deren Ort vom Orte ihrer Veranlassung durchaus getrennt liegt, führt die genaue Betrachtung stets zu demselben Resultate.

Wie nun schon keine direkte Verbindung zu ermitteln ist zwischen dem äusseren Anlass und der davon entfernten inneren Ausführung solcher Reaktions-Bewegungen, so ist ebenso wenig eine Auskunft darüber erfindlich, wie die Protoplasmata der Reihen von Nachbarzellen, welche in der Korkbildner-Genossenschaft sich vereinigen, ein harmonisches Zusammenarbeiten zu einem Zwecke, der ihrem angeerbten Plane nicht angehört, ins Werk setzen und überhaupt nur veranlassen können. So bleibt ein jeder Protoplast sogar als Mitglied des geschlossenen Gewebes einstweilen in seiner Thätigkeit vereinzelt stehen und muss als eigener Ursprungs- und Angriffsort einer autonomen Kräfte-Gruppe angesehen werden. Es sei gestattet, den protoplastischen Zellenleib in dieser seiner Eigenschaft als „Selbstgestalter“ einstweilen mit der Benennung „Autoplast“ zu bezeichnen.

§. 26. Wer sich durch die vorstehende Recapitulation des empirischen Causalnexus genöthigt sieht, im Protoplasma-Leib der Pflanzenzelle Quelle und Angriffspunkt der Bewegungs-Ursachen, die innerhalb der Zelle wirksam sind, und damit zugleich aller Pflanzenbewegungen überhaupt zu erkennen, der hat sich dann zunächst die Aufgabe zu stellen, aus der feineren Bildung dieses Körpers nun eine genügend einfache Anschauung solcher Begabung abzuleiten.

Man erinnert sich aus dem histologischen Theile dieser Schrift, dass wir von der feinsten Natur des Protoplasma-Leibes oder auch nur von der Plastin-Materie mit Sicherheit nicht viel wissen. Wohl aber vermögen wir aus seiner mikroskopischen und chemischen Analyse, wenn wir auch seine Molekeln nicht sehen können, doch einiges über das Verhalten derselben zu erschliessen. Besonders ist es der grosse Unterschied der Dichtigkeit des Protoplasmas, der im Vergleich mit manchen optischen und endosmotischen Eigenschaften des Zellstoffs dazu nöthigt, für das Plastin eine principiell ähnliche Molekular-Struktur anzunehmen, wie für die Cellulose. Es ist daher schon oben darauf hingewiesen, dass wir uns die Plastin-Molekeln, die aus verschiedenen Elementen in hoher Atomzahl zusammengebaut sind, wieder zu grösseren Molekel-Complexen von sehr verschiedener Masse zusammengeballt denken müssen. Die verschiedene Dichtigkeit des Protoplasmas, die so wechselnde Menge des flüssigen und festen Plastin-Antheiles in demselben Protoplasten und der augenscheinlich leichte Uebergang dieser Substanz aus einem in den anderen Aggregat-Zustand begünstigen ganz besonders die Annahme verschieden grosser Molekel-Anhäufungen. Eine leicht wechselnde Cohäsion würde sich leicht dadurch erklären, dass man sich die grösseren Massentheilchen an sich leicht zerfällbar denkt. Jede örtliche Aenderung der Molekular-Attraktion würde ohne weiteres zu Verschiebungen der benachbarten Molekel-Gruppen führen, welche sich je nach Verhältniss ihrer Intensität mehr oder weniger weit fortpflanzen könnten. Stärkeres Zerfallen, grössere Auflockerung würde zu Verflüssigungen und Strömungen hinführen. Annäherung und Abstossung in wechselndem Verhältniss könnten die Molekular-Zwischenräume ändern und damit auch die Fähigkeit, die Atome niederer Verbindungen, besonders des Wassers, einzusaugen. Dicht gelagerte, schwere Molekel-Complexe saugen bei beginnendem Auseinanderweichen in die engeren Zwischenräume mit um so stärkerer Intensität ein, weitläufigere, leichtere bei grösseren Zwischenräumen mit geringerer Kraft. Molekel-Annnäherung presst dagegen im gleichen Verhältniss aus oder filtrirt hindurch. So entstehen abgesehen von dem fliessenden Plastin noch Wasserströmungen innerhalb und ausserhalb des Protoplasmas. Die Unsichtbarkeit der Grenzen des flüssigen und gestalteten Plastins innerhalb der Protoplasma-Glieder spricht überall für den leichten und häufigen Uebergang der Plastin-Massen aus dem festen, stehenden in den fliessenden Zustand und umgekehrt. Und unter der vorgenannten Annahme erklären sich auch diese Thatsachen wieder leicht durch wechselnde Entfernung und Annäherung der Plastin-Molekeln und durch die bei zunehmender Entfernung erfolgende Vertheilung derselben unter grössere Mengen von Wasser-Atomen. So würde sich nach dieser Annahme die Beweglichkeit des Protoplasmas unter dem relativ einfachsten Bilde darstellen, und zwar als eine Anhäufung ungleich grosser Plastin-Molekeln, welche sich beliebig einander nähern und von einander entfernen, sich vergrössern und zertheilen können. Die Unmöglichkeit aber, diese Beweglichkeit dieser Substanz auf ausserhalb gelegene Ursachen zurückzuführen, stempelt ihre Ursachen eben zu einer dem Protoplasma (gestaltetem, lebendigem Plastin) eigenthümlichen physischen Kraft der Gestaltsamkeit (oder „Selbstgestaltsamkeit“, „Automorphose“).

Allein das ist nur die mechanische Seite der fraglichen Gestaltungs-Wirkung. Die Betrachtung derselben ging von der Anwesenheit schon gebildeter Molekel und Molekel-Complexe einer organischen Substanz, des Plastins, aus. Man hat noch einen Schritt weiter zu gehen. Schon die Zubereitung solcher organischen Verbindungen, wie sie zum wirklichen Aufbau des Pflanzenkörpers gebraucht werden, findet, wie oben erörtert ist, nur unter Einwirkung des Protoplasmas im organisirten (lebendig gestalteten) Zustande statt. Wir wissen über die Molekel-Bildung in der anorganischen Natur direkt so wenig wie über die der organischen Stoffe. Allein es sind einzelne Fälle bekannt, die schliessen lassen, dass der innigste Contakt einer Lösung mit einer constanten Verbindung in jener neue Atom-Umlagerungen, also neue Verbindungen hervorruft. Im Anschlusse daran könnte man sich vorstellen, dass dem Plastin diese Eigenschaft in erhöhtem Maasse zukomme. Vielleicht bildet es infolge bestimmter gegenseitiger Stellung seiner Molekeln entsprechend bestimmt geformte Zwischenräume, in welche dann die Atome von Kohlenstoff, Wasserstoff, Sauerstoff, Stickstoff, Schwefel, Phosphor, Kalium u. s. w. in ganz bestimmter Verhältnisszahl hineingepresst und zu bestimmter Form zusammengezwängt werden. Vielleicht auch sind die eigenen Molekeln des Plastins unter sich nicht bloss der Grösse, sondern auch der Bauart nach unterschieden, so dass dieselbe Anzahl von Elementar-Atomen in der einen Molekel anders angeordnet ist als in der anderen. Vielleicht sogar besitzen die verschiedenen Plastin-Molekeln schon stöchiometrische Differenzen. Dann wäre das Plastin eigentlich schon an sich ein Gemenge verschiedener, unter einander gemischter Albuminate, deren Molekeln in erster Instanz der Grösse nach, in zweiter Instanz auch der Struktur nach different, in dritter Instanz endlich auch noch stofflich verschieden zu denken sind. Durch verschiedene Nebeneinanderstellung könnten dann die verschieden gemengten Plastin-Molekeln aus der Menge der disponiblen Nährstoff-Atome wiederum Molekel zwischen sich gestalten, die in jeder Hinsicht verschieden die differenten organischen Metaplasmata ausmachten. Die somit chemisch fertig gestellten Materialien könnten dann durch angemessene Entfernung und Annäherung der Plastin-Molekeln hier und dorthin gedrückt, geschoben, gezogen, bald nach aussen durchfiltrirt, bald in den Innenraum hineingepresst und jedes an seinen Ort befördert, auch nach Erfordern mit anderen vermischt werden. Endlich könnten in bestimmten Molekular-Interstitien bestimmte Atom-Gemenge herbeigeführt werden, welche nun von Wärme- und Lichtschwingungen erfasst und zu neuen Combinationen zurechtgeschüttelt und zusammengeschweisst werden. Diese einfache Vorstellung einer verschiedenen Constellation der an Masse, Stoff und Bau differenten Plastin-Molekeln giebt dann also ohne Weiteres eine einfache molekulare Erklärungsweise der Entstehung und Verwendung neuer phytoplastischer Materialien und schliesst sich einfach an das in den vorhergehenden Abschnitten Entwickelte an. Wir sehen so die Urthätigkeit im Protoplasma, durch welche die Baustoffe gebildet und an richtiger Stelle den arbeitenden Molekularkräften in die Hände gelegt werden, dem Verständnisse näher gebracht. Wir sehen so die ganze complicirte Thätigkeit der Gestaltsamkeit auf eine an sich einfache Annahme zurückgeführt; oder vielmehr es kann die Sache als einfacher Molekular-Vorgang gedacht werden, n a c h d e m die passende Constellation der Plastin-Molekeln prädestinatorisch erfolgt ist. Und damit ist man dann mit dieser Vorstellungsreihe bei der letzten atomistischen Instanz angekommen und wieder am Ende. Wenn wir in den vorhergehenden Abschnitten öfter zu fragen hatten, was bringt die Stofftheilchen der Pflanzen zu dieser oder jener plastischen Bewegung zusammen, so spitzt sich dies jetzt einfach auf die Frage zu: was bewegt die Plastin-Molekeln des Zellenleibes zu so verschiedenem, dem Gesammtplan angemessenem Zusammentreten?

§. 27. Die Molekeln des Protoplasmas bringen durch ihr gemeinschaftliches Zusammenwirken, wie immer man sich dies vorstellen will, die ganze Gestaltung der Zelle, also der Pflanze zu Stande. Oben ist nachgewiesen, dass und warum es mit der Annahme von Archiplasten oder gar Plastagogen nicht gethan ist. Die Gestalt der Molekular-Interstitien, die Massen-Verschiedenheit der Molekel-Complexe, welche dieselben bilden, und endlich die Differenz der von ihnen ausgeübten chemischen Affinitäten können allein die Herstellung neuer Molekeln der verschiedenen erforderlichen Verbindungen bewirken. Um dem Bauplan entsprechend in jedem Augenblick die Plastin-Molekel in die richtige Constellation zurechtzuschieben, müssen nach einander wechselnde und verschieden starke Anziehungen und Abstossungen derselben in differenten Richtungen wirksam sein. Die aus den anorganischen Molekular-Aktionen geschöpften Vorstellungen lassen indessen jedes Atom nur in bestimmten, gleichbleibenden Richtungen und mit constanten Intensitäten ziehen oder stossen, wie es der inhärenten atomeigenen Zugkraft oder der vis a tergo eines anderen stossenden Atoms entspricht. In solchen Fällen sind auch die Gesammtwirkungen der complexen Molekeln als constante Produkte der Atom-Wirkungen zu denken. Atomeigene Kräfte aber, die von ihren Inhabern heute so und morgen so ausgeübt werden, sind zur Zeit unbekannt. Ebenso giebt niemals eine Stoffmenge im einen Falle einen Bewegungs-Anstoss einer anderen Masse weiter und schluckt ihn in einem anderen Falle ein, ohne darauf zu reagiren. So aber müsste man sich doch die molekulare Arbeit der Plastin-Theilchen in ihrer Veränderlichkeit etwa denken. Somit bleibt keine Möglichkeit, den einzelnen Plastin-Molekeln als solchen die Ursache zur steten Aenderung ihrer Constellation zuzuschreiben, es sei denn, man schriebe ihnen willkürlich die allen bisher geltenden Vorstellungen widersprechende Einzelbefähigung zu, ihre eigenen inhärenten Kräfte-Faktoren selbständig zu ändern. Aber nicht allein selbständige Alterationen ihrer Kräfte müssten sie vornehmen, sondern diese müssten nach dem allgemeinen Bauplane geordnet sein. Und nicht allein jede einzelne Molekel für sich müsste ein Vermögen zu planmässiger Kräfte-Aenderung in ihrem Eigenbesitz haben, sondern sie müssten einander zu harmonischer Arbeitsführung gegenseitig zu veranlassen im Stande sein. Solche Begabung mit dreifach neuem, hypothetischem Besitzthum der materiellen Elementartheilchen gewisser Stoffe, welche damit während ihrer Betheiligung am Aufbau eines Organismus, also zeitweise, bereichert (man möchte sagen beseelt) wären, überschreitet wiederum alles Maass des zur Zeit wissenschaftlich Zulässigen. Das Einzel-Atom oder eine zusammengefügte Atom-Summe kann nur constante einfache Kräfte-Wirkungen ausüben oder einfach überlieferte Wirkungen einfach weitergeben. Was darüber ist, setzt Annahmen voraus, die alle bisher geltenden, atomistisch-mechanischen Anschauungen über den Haufen werfen.

Wollte man aber in der That die Einzel-Atome ausser dem ihnen allgemein zuerkannten Kräfte-Eigenthum noch je mit einem Antheil einer hypothetischen Kraft, planmässig thätig zu sein, als Einzelbesitz belehnen, so bliebe doch übrig, hypothetisch auch noch für eine Kraft zu sorgen, die dieses in der anorganischen Natur den Atomen nicht anzumerkende Talent in Arbeit umsetzt, sobald sie Mitglieder eines Organismus werden, und noch eine andere, welche die Gemeinsamkeit im Arbeiten aller herstellt. Oder man müsste sich nicht scheuen, jedem Atom sogar die Fähigkeit, sich mit seinen Genossen über gemeinsam zu verfolgende Ziele zu verständigen, anzuphantasiren.

Darnach bleibt für die zusammenwirkende Plastin-Summe — und zunächst für diejenige, welche den einzelnen Autoplasten ausmacht — der schon wiederholt aufgefundene Rest von Kräfte-Wirkungen übrig, der zum Einklang der Molekular-Bewegungen und zur Herstellung des organischen Individuums hinführt.

Und hier gelangt man dann auf dem schrittweise genauer durchmusterten Untersuchungs-Wege wieder an den Punkt, wo, wenn es darauf ankommt, von der Summe der zu erklärenden Thatsachen die möglichst grösste Anzahl auf eine einheitliche Hypothese zurückzuführen, zur Zeit nur die Annahme einer Einzelkraft (oder Kräfte-Summe) sich darbietet, welche sich nicht aus den Kräfte-Besitzthümern aller Atome eines Autoplasten heraus addiren lässt, sondern vielmehr den ganzen Complex dieser Atome harmonisch beherrscht und jedes einzelne Atom jeder Zeit in entsprechende Bewegung versetzt.

Mit gleicher Deutlichkeit können wir eine ähnliche Kraft durch die ganze Gestaltbildung der Thiere erkennen.

Aber es bleibt nicht beim einzelnen Monoplasten. Alle Zellen, alle Sprosse eines Stockes führen für das Gedeihen des Individuums übereinstimmende Nützlichkeits-Bewegungen und -Entwicklungen aus. Wie die Molekeln eines Autoplasten, so arbeiten wiederum die Autoplasten eines Organes, eines Stockes zusammen, wie in klarster Weise in den besprochenen Reflexbewegungen sich zeigt. Die autonomen Kräfte-Wirkungen aller Autoplasten eines Stockes verhalten sich in Bezug auf seine Thätigkeit im Ganzen wiederum als einheitliche, durchaus einfache Gesammt-Kräftewirkung. Besonders Angesichts der Reiz- oder Reflexbewegungen bietet sich hierfür nur die eine treffende Analogie in derjenigen Kräfte-Wirkung dar, welche im Reich der Thiere den sogenannten Instinkt ausmacht.

Allein auch damit ist des Räthsels Grenze nicht erreicht. Die Betrachtung des ganzen Pflanzenreichs, der Aufbau desselben aus seinen Arten und Geschlechtsstämmen verfolgt mittelst harmonischer Entwicklung aller Individuen unter Anpassung derselben an die äusseren Umstände einen grossen Gesammtplan, wie der einzelne Baum oder die Grasstaude ihren individuellen und specifischen und wie die Einzelzelle ihren elementaren Plan. So beweist diese Kräfte-Quelle, dass sie für eine noch weitere Allgemeinheit eine ähnliche Einheitlichkeit ihrer Wirkungen besitzt. Noch über die instinktmässigen Gesammt-Gestaltungen der Einzelpflanze hinaus geht der durch Jahrtausende nach ebenso einheitlichem Plane sich vollziehende Aufbau des ganzen Reiches.

Die empirische Grundlage dieser ganzen Hypothese reicht zur Zeit nur aus, die Nothwendigkeit der Annahme einer im Pflanzen-Organismus wirkenden Automorphose überhaupt zu erweisen. Es wäre vermessen, auf der Basis, wie sie heute liegt, über die Natur dieser Kräfte-Wirkung irgend welche genaueren Behauptungen aufstellen zu wollen. Man hat sich zu begnügen, diese Kräfte-Summe dem Protoplasma hypothetisch zuzusprechen und dem so eigenthümlichen Plastin als dem einzigen materiellen Substrat desselben einstweilen allein die Fähigkeit zuzuschreiben, der materielle Träger dieser Kräftesumme zu sein. Man muss zufrieden sein, alle die oben wiederholt gekennzeichneten Einzelzüge dieser Kraft in einheitlicher Hypothese für das Protoplasma zusammenzufassen. Das Erzeugen neuer organischer Verbindungen, das Einschieben ihrer Molekeln zur Vervollständigung von Inhalt oder

Umwandung des Protoplasten, das Einpressen in Innenraum und Wand behufs des Wachsthums, das Dislociren des Materials zur Umgestaltung, das Hin- und Herbewegen, Zusammenführen, Auseinanderrücken der eigenen Molekeln, das Versetzen derselben in festen oder flüssigen Zustand und das Spritzen und Saugen der eingeschlossenen Wassermengen zeigt die eine Seite des Bildes. Die übereinstimmend zu gleichen Zeitperioden durch gleiche Entwicklungsschritte sich wiederholende Ausführung eines einmal hergestellten Bauplanes, das Uebertragen desselben mittelst einzelner dazu abgeordneter Autoplasten zu neuem Beginn in neuer Substrat-Masse, das freie Abweichen von dem angestammten Plane vermittelst Abwandlungen ohne und durch Reaktions- und Anpassungs-Bildungen mit äusserem Anlass zeigt die andere Seite desselben.

Beide gewähren zusammen das Gesammt-Bild unbegrenzter und ausgiebigster Selbst-Differenzirung, wie diese schon Eingangs als Eigenthümlichkeit der Protoplasma-Thätigkeit hingestellt ist.

Man gewinnt so wenigstens die Befriedigung, die Menge der Hypothesen des Geotropismus und Heliotropismus, der Epinastie und Hyponastie, der Nutationen, der Erblichkeit und Veränderlichkeit, der Pangenesis und aller der mystischen Kräftemasken, die als Einzelkräfte auf der physiologischen Bühne aufgetreten sind, loszuwerden und dieselben auf eine einheitliche, logisch und plastisch traktablere Vorstellungsform zurückzuführen.

Auf welche Weise es aber in der That vorzustellen sei, dass eine einheitlich wirkende Kraft gleichzeitig vielen Molekeln entspringe und jede einzelne derselben verschieden fasse und stosse, das übersteigt heute unser Verständniss. Wie die gleiche Kräfte-Summe ohne Verlust und Gewinn ihre Substrat-Masse theilweise wechseln und wiederum, ohne diese zu wechseln, die Intensität ihrer Wirksamkeit ändern kann, wie sich die einheitliche Kräfte-Summe unter Theilung ihrer Substrat-Masse selbst theilen und wieder aus Theilmassen sich summiren kann, bleibt räthselhaft. Von Allem das Räthselhafteste ist indessen, wie die Atome und Molekeln des Plastins von der Bewegungs-Ursache, die in so eigenthümlicher Weise ihre ganze individualisirte Genossenschaft gleichzeitig bewegt, nun wirklich gefasst und zur Bewegung gebracht werden, nur dass wir ebenso wenig verstehen, wie die Wärme die Atome packt, um sie zu schütteln, die Lichtquelle die hypothetischen Aethertheilchen hin und her jagt, das Sauerstoff-Atom das Atom des Wasserstoffs ergreift und festhält, oder die Sonne ihre Planeten zu constanter Annäherung aus ihren sonst geradlinigen Flugbahnen zu sich herabreisst.

Das nur ist und bleibt Thatsache, dass zur Zeit die Plastin-Molekeln innerhalb ihrer individualisirten Genossenschaften der Zelle, des Stockes, der Art, der Phyle u. s. w. als die letzten empirisch findbaren Hebel aufgespürt werden können, an denen die Gestaltungskraft zur Arbeitsleistung anfasst, und zugleich als die letzten Unterlagen, auf die sich dieselbe zur Ausübung ihrer Wirkung mechanisch zu stützen vermag. Die Erkenntniss weiter vorzuschieben, muss der Zukunft überlassen bleiben.

Somit bleibt man am besten bei dem Annahme-Satz, der von der vorliegenden Thatsachen-Summe zur Zeit den grössten Theil am einfachsten erklärt, stehen. Nimmt man also die Selbst-Gestaltsamkeit der Pflanzen als diejenige Bewegungs-Ursache an, welche am Protoplasma als Substrat haftet, dasselbe zunächst erfasst und dazu befähigt ist, die Stofftheilchen seiner materiellen Grundlage örtlich und zeitlich nach bestimmtem Plan so zu bilden, umzubilden, aufzulösen, zusammenzustellen und umzulagern, wie es zur Herstellung einer organisch individualisirten Gestalt aus selbstgeformten Stoffverbindungen erforderlich ist, so hat man diese Kräfte-Summe einstweilen in ihrem Unterschied von den Schwesterkräften, welche sich durch Anziehung oder durch übertragbaren Anstoss äussern, genugsam gekennzeichnet.

Universitäts-Buchdruckerei von Carl Georgi in Bonn.

BOTANISCHE ABHANDLUNGEN

AUS DEM GEBIET

DER MORPHOLOGIE UND PHYSIOLOGIE.

HERAUSGEGEBEN

VON

Dr. JOHANNES von HANSTEIN,

WEIL. PROFESSOR DER BOTANIK AN DER UNIVERSITÄT BONN.

VIERTER BAND.

Mit Beiträgen von Johannes Reinke und Johannes von Hanstein.

MIT 14 TAFELN.

BONN,

BEI ADOLPH MARCUS.

1882.

Bei Fragen zur Produktsicherheit wenden Sie sich bitte an:
If you have any questions regarding product safety, please contact:

Walter de Gruyter GmbH
Genthiner Straße 13
10785 Berlin
productsafety@degruyterbrill.com